科学出版社"十三五"普通高等教育研究生规划教材

创新型现代农林院校研究生系列教材

生态学数据分析和生态学模型

主编　雷光春　　王玉玉

参编　贾亦飞　曾　晴　周　延　李　罡

　　　吴　岚　雷佳琳　李　斌　李云良

　　　董　芮　靖　磊　张雅棉

U0230257

科学出版社

北京

内 容 简 介

本书主要介绍生态学数据分析及模型选择与建模等内容，涉及现代生态学研究的热点领域，包括进化生物学、种群生态学、群落生态学、生物多样性、生产力和生态系统稳定性、生态系统时空动态过程等内容。在介绍了生态学模型原理与逻辑框架、生态学数据分析方法与建模过程后，针对上述热点问题，相关章节提供了翔实的案例分析，为研究生物多样性的形成机制、濒危物种保护等问题提供参考资料。

本书适合生态学、野生动物与自然保护区管理、环境科学专业的本科生、研究生及相关管理人员使用。

图书在版编目（CIP）数据

生态学数据分析和生态学模型 / 雷光春，王玉玉主编. —北京：科学出版社，2024.11
科学出版社"十三五"普通高等教育研究生规划教材 创新型现代农林院校研究生系列教材
ISBN 978-7-03-077808-6

Ⅰ. ①生… Ⅱ. ①雷… ②王… Ⅲ. ①生态学-数据处理-高等学校-教材 ②生态学-数学模型-高等学校-教材 Ⅳ. ①Q141

中国国家版本馆 CIP 数据核字（2024）第 006782 号

责任编辑：席　慧　林梦阳　韩书云 / 责任校对：严　娜
责任印制：肖　兴 / 封面设计：无极书装

科学出版社 出版
北京东黄城根北街 16 号
邮政编码：100717
http://www.sciencep.com

北京华宇信诺印刷有限公司印刷
科学出版社发行　各地新华书店经销

*

2024 年 11 月第 一 版　开本：787×1092　1/16
2025 年 1 月第二次印刷　印张：11 1/2
字数：294 000

定价：58.00 元
（如有印装质量问题，我社负责调换）

前　　言

进入工业文明时代以来，人类在技术上不断创新，生产力不断提升，但对自然资源的消耗过度，温室气体和各种污染物排放增多，对自然生态系统的干扰与破坏加速，深刻影响着地球生态系统平衡，导致出现了全球气候变化、生物多样性丧失、环境污染等全球性生态问题，动摇了全球可持续发展的根基，人类生存和发展面临严峻挑战。

生态学研究的是复杂自然生态系统受环境影响的演变规律，包括从直接影响生物个体的小环境到生态系统不同层级（不同尺度）的生物与环境关系。其研究方法经过描述—实验—物质定量三个过程深入演进。随着系统论、控制论、信息论的概念和方法的引入，生态大数据不断得到挖掘与提炼，促进了生态学理论的发展。尤其是人类生存发展与自然的关系不断明确，产生了多个生态学的研究热点，如生物多样性、全球气候变化、受损生态系统的恢复与重建、可持续发展等。因此，生态学不仅是人类认识自然的基础，也为人类保护和利用自然提供理论基础和解决方案，是生态文明建设的科学内涵。当前生态学的研究已经从观察和描述自然现象，发展到对种群及群落结构、功能和种间关系，以及生态系统的结构和功能的系统研究。对生态系统结构和功能动态变化规律的探索，可以解析有机体与环境系统相互作用的机制。

随着源代码开放用于统计计算和统计制图的优秀工具 R 软件、稳定同位素分析技术、卫星跟踪技术等新的研究方法和技术手段的出现，人们对经典生态学问题的研究不断深入。面对人类对自然生态系统的影响不断增强的新形势，从事生态学研究的人员需要及时根据生态学观测数据的特点，采用新的研究方法，选择合适的数据分析方法与模型，探究人类发展与生态系统组成、过程和功能之间的关系，为人类践行尊重自然、顺应自然、保护自然的生态文明理念提供理论依据。

本书内容包括生态学研究热点问题、生态学模型原理与逻辑框架、生态学数据分析方法与建模过程及研究案例。本书从种群、群落、生态系统和景观的层次分析与总结了当前生态学研究的热点问题，在介绍了生态学数据的特点和数据分析方法后，通过案例介绍了在种群、群落、生态系统和空间生态学尺度应用生态学模型开展研究的过程。本书通过当前生态学研究的热点问题和研究案例向广大研究人员介绍最新的学科研究进展与可操作的数据分析方法，为提高相关专业的本科生、研究生及从事相关研究的工作人员的创新实践能力提供助力。

本书的出版受北京林业大学 2018 年研究生课程建设项目（编号：JCCB18016），第二次青藏高原综合科学考察研究项目湿地生态系统与水文过程变化专题"重要野生水禽群落动态与栖息地保护"子专题（2019QZKK0304）和湖南省科技厅湖南洞庭湖湖泊湿地生态系统国家野外科学观测研究站建设（2022PT1010）项目联合资助，在此表示衷心的感谢！

编　者

2024 年 7 月

目　　录

前言

第一章　生态学研究热点 ………………………………………………………… 1

　第一节　种群生态学热点 ……………………………………………………… 1

　第二节　群落生态学热点 ……………………………………………………… 3

　第三节　生态系统生态学热点 ………………………………………………… 5

　第四节　空间生态学热点 ……………………………………………………… 7

　第五节　生物多样性保护热点 ………………………………………………… 9

第二章　生态学数据与建模 ……………………………………………………… 11

　第一节　生态学数据概述 ……………………………………………………… 11

　第二节　生态学数据的分析方法 ……………………………………………… 12

　第三节　生态学模型的类型与逻辑框架 ……………………………………… 20

　第四节　生态学建模 …………………………………………………………… 22

　第五节　模型验证 ……………………………………………………………… 23

第三章　种群数据与建模 ………………………………………………………… 26

　第一节　种群生态学数据和名词 ……………………………………………… 26

　第二节　时间序列数据与模型 ………………………………………………… 27

第四章　群落数据与建模 ………………………………………………………… 41

　第一节　群落结构数据特征 …………………………………………………… 41

　第二节　群落结构模型 ………………………………………………………… 43

第五章　生态系统数据与建模 …………………………………………………… 82

　第一节　水文模型 ……………………………………………………………… 82

　第二节　水文模型应用案例 …………………………………………………… 87

　第三节　物质循环模型 ………………………………………………………… 93

　第四节　食物网模型 …………………………………………………………… 102

第六章 空间生态学数据与建模 ·································· 120

第一节 空间生态学数据特征 ·································· 120

第二节 物种分布模型 ·································· 126

第三节 运动模型 ·································· 132

主要参考文献 ·································· 144

附录 中国中华秋沙鸭越冬历史分布点 ·································· 175

《生态学数据分析和生态学模型》教学课件索取单

凡使用本书作为授课教材的高校主讲教师,可获赠教学课件一份。欢迎通过以下两种方式之一与我们联系。

1. 关注微信公众号"科学 EDU"索取教学课件

扫码关注→"样书课件"→"科学教育平台"

2. 填写以下表格,扫描或拍照后发送至联系人邮箱

姓名:		职称:		职务:	
手机:		邮箱:		学校及院系:	
本门课程名称:			本门课程每年选课人数:		
您对本书的评价及修改建议:					

联系人:林梦阳 编辑   电话:010-64030233   邮箱:linmengyang@mail.sciencep.com

第一章 生态学研究热点

生态学是一门研究生物与环境之间相互关系的学科。近年来，随着全球环境变化和人类活动对生态系统的影响加剧，生态学研究也面临着新的挑战和机遇。本章将深入探讨种群生态学、群落生态学、生态系统生态学、空间生态学和生物多样性保护的研究热点，以及面临的挑战与未来的发展方向。

第一节 种群生态学热点

同种生物个体之间在一定的时间和空间内，往往会天然形成与其所处环境相适应的、具有一定规模的集合体，即种群。种群是物种具体的存在单位、繁殖单位和进化单位。一个物种通常可以包括许多种群，不同种群之间存在着明显的地理隔离，长期隔离可能发展出不同的亚种，甚至产生新的物种（尚玉昌，2002）。种群生态学定量研究种群的出生率、死亡率、迁入率和迁出率，从而了解种群波动的范围和原因。近些年，由于全球变化及人类长期对自然生态系统的干扰，大量生物种群的生存环境受到威胁，生物入侵加剧，导致生物种群退化，乃至濒临灭绝，亟须开展种群恢复或重建，并通过建立以国家公园为主体的保护地体系对动植物种群进行保护。

一、种群动态的模拟及预测、种群数量统计

种群调节机制及数理统计模型在种群波动和预测中的应用是种群生态学的基础，也是经久不衰的热点（边疆晖，2021）。种群数量统计的研究方法包括标记重捕法、定点观察法、样线抽样调查法、无线电遥测和卫星跟踪法等。这些方法经常结合使用，以提供更全面、准确的种群动态信息。伴随着新理论的提出，如何选择合适的方法，将种群统计参数用于种群建模，从管理和保护出发，研究时空动态变化及栖息地破坏、人类活动干扰等因素如何影响种群数量，预测种群数量变化趋势，是当前种群动态的模拟及预测中的热点。

二、全球变化背景下的生物种群适应

以减缓和适应全球气候变化为核心任务的全球变化科学研究一直是 20 世纪末以来生态学研究的重要领域和热点科学问题。

亟须解决的重要科学问题是重要和典型种群对全球变化的响应及敏感性：以代表性种群为研究对象，研究其对全球变化主要驱动因子（如温度、水分、氮沉降、人类活动）的响应

和敏感性、对全球变化的适应性进化，揭示不同组织层次和营养级水平关键种群的适应机制，验证全球变化生物学领域的相关理论和假说。

三、入侵生态学

入侵生态学是研究外来物种的入侵性与生态系统的可入侵性、外来入侵物种预防与控制的科学，主要包括外来有害物种在入侵过程中的传入与种群构建、生存与适应、演变与进化、种间互作的生物内在特性、环境响应与系统抵御的外部特征及预防与控制的技术基础等。

研究重心是入侵生物传入至成灾的过程与机制、入侵过程中的防控技术。近年主要围绕外来有害生物的入侵种种群的形成与发展、入侵种生态适应性与进化机制、生物入侵对生态系统结构与功能的影响机制，从入侵种本身的入侵特性、与本地种互作中的逐步扩张等展开研究（郑景明和马克平，2010）。

入侵生态学的主要科学问题包括：什么样的物种更容易成为入侵种；对某一个特定的入侵种来说，什么样的群落更容易被入侵；入侵发生时，入侵种的扩散速度；如何评价入侵者的生态学效应；什么是控制入侵种的有效对策。其中前两个问题尤其是讨论和争议的热点与核心。外来种和本地种是否存在生态学差异，以及这种差异如何影响生物入侵，是入侵生态学研究和争论的焦点问题。现代物种共存理论通过将外来种和本地种的生态学差异划分为生态位差异和适合度差异，为入侵生态学概念的整合提供了新的视角。依据该理论，外来种可以通过两种策略实现成功入侵：一是扩大与本地种的生态位差异，二是提高自身相较于本地种的适合度优势。因此，外来种–本地种的生态位差异和适合度差异共同决定了入侵的成败与危害程度（于文波和黎绍鹏，2020）。

四、生物种群退化、恢复与重建

生物种群恢复重点研究退化的过程与原因、恢复的过程与机制、生态恢复与重建的技术和方法。

最小存活种群（minimum viable population，MVP）狭义上指特定地域内同种生物以一定的概率存活一定的时间所需的最小种群规模（Shoemaker et al.，2014）。国外已将种群生存力分析应用于种群恢复计划，如美国 258 个濒危物种恢复计划中，约 1/4 的计划采用或推荐了种群生存力分析方法（Zeigler et al.，2013）。

种群恢复主要是通过人工促进天然更新和增强型回归引种等措施，改善种群结构，调节种群动态，使现存天然种群得到恢复壮大。应注意恢复中关键过程（授粉、扩散、水灾、养分循环等）的时空动态；生态恢复中不可逆转的阈值；物种间相互作用及其在区域间的转移；"神秘"的生物群落（真菌、假瘤菌、土壤原生动物等）在恢复中的作用（张雪和邱鹏飞，2017）。

五、动植物种群保护与保护地规划

极小种群野生植物（plant species with extremely small population，PSESP）是为遏制生境退化和片段化加剧趋势、防止野生植物物种灭绝而提出的概念。开展极小种群野生植物保护的系统研究，是指导或支撑其有效保护的重要工作。国家在"十三五"期间启动实施了极小种群野生植物拯救保护工程，并在《中华人民共和国国民经济和社会发展第十四个五年规划和 2035 年远景目标纲要》中，明确把 48 种极度濒危野生动物和 50 种极小种群植物专项拯救纳入重要生态系统保护和修复工程。极小种群野生植物的拯救保护是一项科学性强、技术性和专业性要求高、周期长的系统工程。此外，极小种群野生植物栖息地被纳入了国家和有关省（自治区、直辖市）的生态红线划定方案中。2022 年修订的《中华人民共和国野生动物保护法》也规定了对野生动物及其栖息地状况进行保护，依法划定保护地。

建设以自然保护区为基础、以国家公园为主体的保护地体系，依据保护对象生物学特性和种群动态特征进行规划将是重点与热点。

第二节　群落生态学热点

物种何以共存？某一物种能否在特定区域存在？某一区域对特定物种的承载量是多少？为了解决这些群落生态学的基础问题，生态学家提出了一大批理论、概念和假说（Mittelbach and Mcgill，2019），如生态位（ecological niche）、资源比假说（resource-ratio hypothesis）、中性理论（neutral theory）、共存理论（coexistence theory），以及共存调节的多样性与生态系统功能间的关系等（Chesson，2000）。这些研究成果的提出，对群落生态学的发展起到了巨大的推动作用，在不同维度和不同方面很好地解决了群落生态学的基础问题。

但这种分散推进的方式在发展到一定程度后遇到了不可避免的瓶颈。这些传统理论、概念和假说彼此之间的关系没有得到很好的阐明，彼此之间是否可以比较没有得到很好的验证。近年来，学界逐渐将目光聚焦于集合群落（metacommunity），利用集合群落的概念来研究不同时空尺度的群落生态学问题逐渐成为研究热点。

一、集合群落理论框架

集合群落是指可以相互交换繁殖体的局域群落的集合。构成集合群落的基本定义包括以下 4 个方面。

（一）物种集合的生态学尺度

种群（population）：栖息地斑块中同种个体的集合。

集合种群（metapopulation）：局域种群通过某种程度的个体迁移而连接在一起的区域种群。

群落（community）：某一栖息地斑块或局域范围内彼此相互关联的所有物种个体的集合。

集合群落（metacommunity）：可以相互交换繁殖体的局域群落的集合。

（二）空间描述

斑块（patch）：栖息地中不连续的区域。

点位（point）：可以承载单个个体的区域。

局域（local area）：能够承载局域群落的区域。

区域（region）：由多个局域区域组成，能够承载集合群落的区域。

（三）动态类型

空间动态（spatial dynamics）：由个体空间移动或分布引起的局域或区域种群动态变化的

机制。

质量效应（mass effect）：由不同斑块间种群密度差异引起的个体净流入的机制。

拯救效应（rescue effect）：由不同局域区域间个体迁徙引起的局域物种灭绝中止的机制。

源汇效应（source-sink effect）：个体由某一局域种群（源）向另一局域种群（汇）迁徙，导致源种群比库种群变小的机制。

定植（colonization）：物种迁徙到未分布区域建立种群的机制。

扩散（dispersal）：个体从一个点位（迁出）移动到另一个点位（迁入）。

随机灭绝（stochastic extinction）：局域种群由小种群（small population）、随机性的环境变化（如扰动）等与其他物种或栖息地斑块质量定向变化无关的随机性因素导致的灭绝事件。

决定灭绝（deterministic extinction）：局域种群由栖息地斑块质量定向变化等决定性因素导致的灭绝事件。

（四）种群或群落结构模型

源汇系统（source-sink system）：一种栖息地特异性的种群结构系统，其中作为"源"的栖息地斑块拥有高于整体的有限制的种群增长率，并能持续地为作为"汇"的栖息地斑块提供净迁入个体。作为"汇"的栖息地斑块种群增长率小于1，在没有"源"净迁入个体的情况下将逐渐灭绝。

大陆-岛屿系统（mainland-island system）：由不同大小的局域种群组成的系统，种群大小影响灭绝可能性。该系统中通常包括不易灭绝（extinction-resistant）的大陆种群和易于灭绝（extinction-prone）的岛屿种群。

开放群落（open community）：有迁入和迁出的群落。

封闭群落（closed community）：没有迁入和迁出的群落。

斑块占领模型（patch occupancy model）：模拟一个或多个物种的个体或种群对斑块占领的模型，但不包括种群大小。

空间显性模型（spatially explicit model）：模拟斑块空间排布和彼此距离与迁徙和相互作用格局之间关系的模型。

空间隐性模型（spatially implicit model）：斑块或个体的空间排布不影响系统动态的模型。在模型中斑块间的个体运动被认为具相等的可能性。

二、集合群落的基本观点

经过长期的理论和实践发展，集合群落逐渐形成4个基本观点，即斑块动态（patch-dynamics）、物种筛选（species-sorting）、质量效应（mass effect）和中性范式（neutral paradigms）。

（一）斑块动态观点

该观点强调生态系统中空间结构对物种分布和多样性的影响。该观点认为，斑块能够容纳种群，斑块的状态可以是被生物群体占领，也可以是未被占领。这反映了斑块的动态性，即生物群体的迁徙和扩散会导致斑块的状态发生变化。局域尺度的物种多样性受物种扩散的限制。集合群落的空间动态受局域种群灭绝和定植的影响。

（二）物种筛选观点

该观点强调资源梯度或斑块类型在局域种群结构中的作用。斑块间资源水平的差异是局域物种间相互作用的主因，斑块质量和物种扩散能力共同影响了局域群落的组成。该观点更强调空间生态位分化，认为物种扩散能力之所以重要，是因为物种可以通过扩散来适应局域环境条件的改变，趋利避害。

（三）质量效应观点

该观点聚焦物种迁入、迁出对局域种群动态的作用。在集合群落系统中，某一处于竞争劣势的物种，依靠另一处于竞争优势群落中物种个体的迁入来避免在局域尺度发生竞争排斥。该观点强调群落空间动态对局域种群密度的影响。

（四）中性范式观点

该观点认为群落中的所有物种具有相似的竞争能力、迁徙能力和适应性。种群间相互作用是由随机性事件组成的。物种多样性动态变化源于物种的丢失（灭绝、迁出）和获得（迁入、物种形成）。

三、基于过程的集合群落理论框架

Thompson 等（2020）提出了基于过程的集合群落理论框架（process-based metacommunity framework），用一系列群落动态过程将现有的生态学理论进行重塑，使其归于统一理论框架体系下，在局域尺度的共存理论和区域尺度的集合群落理论间建立了明确的连接。该理论框架主要包括以下 4 种基本观点：①密度独立种群的增长率取决于局域非生物条件；②种群实际增长率取决于密度相关的种内和间相互作用；③种群大小取决于物种扩散；④出生、死亡、迁入、迁出是随机过程。

第三节　生态系统生态学热点

生态系统生态学主要根据能量流动和养分循环，在生态系统水平上研究非生物环境中生态群落的功能。生态系统生态学研究采用的单位一般为通过系统传递的能量或物质量。这与种群和群落生态学有所不同，它们的单位通常为个体数量。在生态系统生态学研究中，常利用守恒单位构建平衡方程和输入-输出模型，探究生态系统特征之间的相互作用。生态系统生态学的一个主要关注点是功能过程，即维持生态系统结构和所产生服务的生态机制。这些机制包括初级生产力（生物量的生产）、分解和营养级间的相互作用。种群、群落和生理生态学的研究成果提供了许多影响生态系统和其维持机制的原理。理解这些生态系统功能之间的相互作用和维持机制，以及预测其对干扰的响应，是生态学领域几十年来的主要挑战，也是其活力所在。

一、生态系统生态学研究热点

生态系统可被认为是食物网中生物组分的能量转化和养分处理器，食物网需要不断输入能量，以补充新陈代谢、生长和繁殖期间的能量损失。Lindeman（1942）首次将植物和动物群落视为一个整体，并包括了分解者和非生物组分，通过将个体物种分组为功能营养类型（生产者和初级、次级、三级等消费者），描述生物量金字塔和功能营养类型（营养级）之间的能量流动。生态系统中的能量传递效率可以估算为"营养转移效率"，即从一个营养级转移到下一个营养级的生产量部分。没有被转移的能量损失在呼吸或碎屑中。了解生态系统的营养转移效率，有助于研究者评估维持特定营养级所需的基本生产量。其关于湖泊生态系统营养动态研究结果的发表，引发了生态系统生态学家对食物网能量流动、营养传递效率和生产力等的广泛研究。

通过简化生态系统的复杂性，开展假设及情景分析预测，数学模型可以为研究生态系统的过程提供宝贵的见解，并从应用角度上为管理政策的制定（如物种保护、土地管理、收获制度）提供参考信息，从而应对生物多样性丧失速度增加、全球气候变化及新型传染病出现的挑战。

二、生态系统生态学研究方法

（一）稳定同位素技术

稳定同位素技术为判断物质流和营养级位置提供了强有力的工具。稳定同位素由于中子数不同，在物理和化学反应中存在分馏作用，在消费者和食物来源中，碳同位素（$\delta^{13}C$）分馏非常小（0.4±1.0‰），而氮同位素（$\delta^{15}N$）分馏在营养级间平均为3.4±1.0‰（Post，2002）。稳定同位素提供了连续的营养级测度方法，可以用来计算通过不同营养路径同化的能量。

（二）生态系统尺度实验

生态系统尺度实验研究为理解生态系统中物种相互作用在处理养分和能量中的作用提供了重要依据。Schindler（1990）在安大略湖开展的整个湖泊养分添加系列经典实验说明了磷在温带湖泊富营养化中的作用。Tilman等（1994）在美国明尼苏达州的雪松溪流生态系统科学保护区（Cedar Creek Ecosystem Science Reserve），通过操纵植物物种数量和组成，研究植物多样性对草原生态系统结构和功能的影响，实验结果提供了关于生物多样性在生态系统功能和稳定性维持中所发挥作用的重要见解。

（三）生态系统模型

生态系统模型是将生物因素（如物种）和非生物因素（如影响生态系统功能的营养物质和其他组分）之间的相互关系纳入单一框架的模型。越来越多的研究尝试将种群的动态变化与其所处的生态系统物流网络变化相结合。

生态系统模型最常见的应用之一是研究水域生态系统，通常旨在了解全球气候变化如何影响其功能。营养通道模型EwE（Ecopath with Ecosim）就是通过对水域生态系统的分析、建模来研究水域生态系统结构和能量流动特征的（Christensen and Walters，2004）。其结果对于了解生态系统的结构、功能、食物产出过程和数量及质量具有重要的意义。EwE以食物网的数量平衡模型为基础，通过整合一系列生态学分析工具，研究生态系统的规模、稳定性和成熟度，物质循环和能量流动的分布和循环系统，食物网内部捕食、竞争等营养级关系和不同营养级间能量流动的效率，生物种群间生态位及彼此互利或危害的程度等。

三、生态系统功能和生物多样性

物种灭绝的加速，促使研究人员对生物多样性在提供、维持，甚至"提升"生态系统功能中的作用开展研究。单个生态系统功能指标［如净初级生产力（NPP）］并不能完全反映多样性对生态系统功能的影响，因为一个生态系统具有同时提供多种功能和服务的能力，这被称为生态系统多功能性（ecosystem multifunctionality）（Hector et al.，2007）。生物多样性与生态系统多功能性之间的关系已成为生态学研究的热点之一。

第四节　空间生态学热点

空间生态学研究的是生物体（包括动物、植物和微生物）如何在其环境或生态系统中移动，如日常活动中的觅食，或在景观中散步，或每年的迁移（迁徙、洄游）。

在生态学大量的理论研究和实际应用工作中，动物的迁移运动是研究的部分重点之一，这是因为动物的迁移运动为个体和种群之间提供了一个时间和空间上的纽带。理解这些动物的运动迁移模式能加深研究者对动物生态、动物生活史及动物行为的理解，从而更有效地进行动物保护工作（Swingland et al.，1983）。

将卫星跟踪技术应用于迁徙鸟类的研究是从 20 世纪 80 年代开始的，1981 年，在应用物理实验室（Applied Physics Laboratory）开始了一项鸟类负荷实验（bird-borne program），以研制一款能够在不同尺度上定位及监测小型高速移动的动物的装置（Seegar et al.，1996）。之后遥感测量和卫星技术［如卫星发射器、全球定位系统（GPS）追踪器和光照记录追踪器等］的快速发展（Bridge et al.，2011，2013；Robinson et al.，2010），为动物研究者提供了一个研究动物行为更简便、更高效且更大尺度的机会。与空间追踪技术一同发展的还有相关模型分析技术，如高斯混合模型（Guilford et al.，2008）、隐马尔可夫模型（Dean et al.，2012；Roberts et al.，2004）等都被应用于分析动物追踪数据，得到空间、时间上动物行为的预测。鸟类被选为重点研究对象是因为其体型小且移动迅速，范围大。在此之前，对候鸟的迁徙研究只能使用环志标记法及雷达跟踪法，但这些方法受限于准确性及可获得性，所以并不能很准确地解决动物的行为、家域、栖息地选择等问题。80 年代末期，人们开始尝试利用人造卫星对候鸟的迁徙进行研究，并取得了很大的成功。与环志标记法及雷达跟踪法相比，卫星跟踪技术具有跟踪范围广、时间长，可以准确地得到跟踪对象的迁徙时间、地点及迁徙路径等优点（Bridge et al.，2011）。追踪器根据其佩戴位置及方法的不同可分为背负式（backpack harness）、颈环式（neck collar）、腿环式（leg loop）、植入式（implant）、皮下植入式（subcutaneous）等。

关于动物为什么要耗费大量能量和时间来建立与维持一个基本活动区（家域），一直是动物运动生态学的基本问题之一。有的学者认为这个行为是为了更好地适应环境从而躲避天敌，有的则认为熟悉一个区域能够提高适应度优势，总之我们能确定的是动物通过维持基本活动区带来的好处是大于其付出的代价的（Hayne，1949；Stickel，1954）。自从 Seton 在

1909 年把家域（home range）（又称巢域）作为正式的概念提出来后，有很多学者对此进行了深入的研究，而对其内涵的理解程度也经历了从只针对家域的面积、大小、形状到更关注于动物在其家域范围内对不同区域利用强度信息的过程（Kernohan et al.，2001）。研究表明，有很多动物种类确实对它们生活的区域内不同资源的分布情况和特点及如何在资源之间移动有完全的认知地图。大量关于最佳觅食地的研究表明，动物一般会对其家域内的资源划分等级（Boitani et al.，2000）。Hayne（1949）通过引入"活动中心"的概念来强调动物在其活动范围内对不同区域的利用强度信息，"活动中心"后被概念"核域"取代（Samuel et al.，1988），表示家域中利用强度高于随机分布的区域，主要反映了动物空间利用的生物学意义。诸多经典的数学计算方法如基于位置的核密度估算法（Worton，1989）和基于运动的核密度估算法（Benhamou，2011）也被用于计算动物空间利用率（即定义动物使用空间的概率分布）以量化动物的家域范围。

目前人造卫星跟踪技术已经被应用于动物学（特别是鸟类学）研究的很多方面，包括迁徙研究、行为研究及栖息地选择研究等。如鸟类迁徙研究中，通过将发射器装在跟踪对象身体上来揭示候鸟的迁徙路径，确定候鸟的繁殖体、停歇地和越冬地，从而对它们进行生物学研究（Battley et al.，2012）。Chen（2016）对北海道越冬的 16 只小天鹅（*Cygnus columbianus*）佩戴追踪器，发现它们春季迁徙从 4 月 18 日开始，到 5 月 27 日截止；秋季迁徙从 9 月 9 日开始到 11 月 2 日结束。春季和秋季迁徙在停歇地的平均停留时间分别为 5.5 天和 6.8 天。而利用卫星跟踪技术和卫星遥感技术相结合则能对鸟类栖息地环境进行研究。利用遥感数据来对栖息地进行监测和分类，结合鸟类卫星跟踪位点数据，能够从景观生态学和保护生物学角度研究并预测环境变化可能给候鸟带来的影响（Mardiyanto et al.，2015）。

此外，"资源追踪"即研究动物运动来追踪空间（栖息地）的物候变化。研究空间的物候变化，正在成为动物运动生态学研究的一个基本属性。"资源追踪"的概念描述了为应对环境与资源的可用性"物候变化"而进行的规模运动变化，如鸟类的迁徙。从行为学和空间生态学领域中提取的资源信息的核心原则是，动物可以通过移动来利用资源的物候变化而获得跨越空间红利。例如，有蹄类追踪稍纵即逝的植物物候，到鲸鱼追踪食物集群，到猛禽追踪上升气流，目前已经在多个不同动物类群中进行研究。将最优觅食理论和景观生态学相结合是开展"资源追踪"研究的基础。

植物扩散是空间生态学中一个重要的研究领域，涉及植物在空间中的分布、扩散、传播和演化等方面的问题。与动物不同，植物的扩散往往需要借助媒介，诸如风、大型脊椎动物、迁徙鸟类、极端气候事件、洋流和人类活动才能完成。植物扩散通常定义为不同生物和非生物因子引起的繁殖体（种子、孢子或植物体其他繁殖部分）传播。鉴于持续的生境破碎化和气候变化，扩散是当地、区域和全球植物物种生存的一个特别关键的决定因素。根据Robledo-Arnuncio 等（2014）的研究，本领域的前沿问题可归纳为：①不同媒介对植物传播的贡献是什么？②如何才能更好地表征与景观格局变化相关的种子和花粉沉积，以及如何更好地评估其后果？③如何测量植物物种分布范围的长距离扩散？④个体和种群之间的扩散核有多大变化，导致这种变化的最重要因素是什么？⑤扩散在时间尺度上的变化有多大，这种变化对植物种群和群落有何影响？⑥种子传播在确定群落过程和模式方面的实际重要性是什么？⑦气候变化下，种群扩散将如何影响种群生存能力？⑧在全球化的世界中，人为景观的扩散是受到限制还是得到加强？

第五节 生物多样性保护热点

生物多样性（biological diversity/biodiversity）是生物界的多样性的简称，是生物及其与环境形成的生态复合体以及与此相关的各种生态过程的总和（蒋志刚等，1997）。这一概念问世的时间并不长，1987 年，联合国环境规划署（UNDP）正式提出了这一概念，包括生物物种多样性、生态系统多样性和物种内基因多样性。1992 年 6 月在巴西里约热内卢召开的世界环境和发展大会上，中国是最早签署《生物多样性公约》的国家之一。

生物多样性通过自然生态系统为人类提供了巨大的直接经济价值和众多间接的基本服务，并在调节生态系统功能和稳定性方面发挥了突出作用（Singh，2002）。从 20 世纪开始，由于人类活动的影响，物种灭绝速度显著上升，截至 21 世纪初，物种灭绝的速度比从化石记录推断的 10^{-7} 个物种/年的背景速度提高了 1000～10 000 倍（Singh，2002）。物种及生物多样性损失的速度和规模引起了全世界的关注，生物多样性保护成为全球政府和相关领域科学家、工作者关注的热点问题之一。在全球范围内，生物多样性并不是均匀分布的，生态系统提供的物种数量也有很大差异（Habel et al.，2011）。

在物种多样性层面，研究表明，生物多样性所处的位置和受到的威胁分布不均匀，因此优先考虑对最大限度地减少生物多样性损失至关重要（Brooks et al.，2006）。为了解决这一需求，2006 年，生物多样性保护组织提出了此前 10 年全球优先事项的 9 个模板，包括受胁生态区、生物多样性热点地区、特有鸟种分布区、植物多样性中心、高生物多样性国家、全球 200 生态区、高生物多样性荒野区、森林边界和最后的荒野（Brooks et al.，2006）。其中，由于资金和资源的缺乏，无法满足保护所有地区、所有受威胁物种的需求，"生物多样性热点"（biodiversity hotspot）的概念至今仍受到高度关注。多达 44%的维管植物物种和 4 个脊椎动物类群中 35%的物种被限制在仅占地球陆地表面 1.4%的 34 个热点地区。这为保护规划者开辟了道路，他们将重点放在这些热点地区，按它们在世界濒危物种中所占份额的比例进行研究（Myers，2000；Asaad et al.，2016），这长期以来被认为是以最小的成本支持最多的物种的方法之一（Sloan et al.，2014）。但随着对生物多样性的进一步了解，人们也发现，定义及保护热点地区也有所局限，不同类群的物种的热点区域并不完全一致，而部分类群的多样性丧失可能被忽略。因此，根据热点地区来分配全球保护重点充其量是一种有限的策略（Ceballos et al.，2006），而努力寻找减少生物多样性丧失的基本驱动因素的方法十分重要，其中包括生物多样性保护中各种标准的制定（Salafsky et al.，2008），人口增长、人口密度与生物多样性的关系（Luck，2007），富人的过度消费，错误的技术和社会经济政治体系的使用（Ehrlich et al.，2004），承认生物多样性是一种全球公共产品，将生物多样性保护纳入资源生产和消费的政策与决策框架等措施（Rands et al.，2010）。

城市化进展对于生物多样性保护的影响表现在多个方面，城市化将给世界各地的生物多样性带来巨大压力。研究表明，世界各地的保护区在其边界 50km 内的城市土地将显著增加。中国也将在保护区附近增加大量的城市用地（Güneralp et al.，2013）。随着城市面积的扩大，了解生态过程如何在城市中发挥作用对保护生物多样性变得越来越重要，城市绿地是支持生物多样性的关键栖息地之一（Lepczyk et al.，2017）。而在一些国家（如澳大利亚），对真实城市和虚拟城市的分析表明，即使在考虑了净初级生产力和到海岸的距离等因素后，城市仍然支持着更多的濒危物种（Ives et al.，2016）。与此同时，耕地的废弃正在改变世界范围内的乡村景观，但是它对生物多样性的影响在科学文献中仍然存在争议。一些研究认为这是对生物多样性的威胁，但在另一些地区是栖息地再生的机会（Queiroz et al.，2014）。在基因多样性层面，保护遗传资源的重要性日益受到重视，小尺度的城市绿地和家庭花园作为生物多样性宝库的作用也得到了关注和证实（Galluzzi et al.，2010；Lindenmayer，2019）。研究表明，无论是在农村还是在城市地区，家庭花园的特点是结构的复杂性和多功能性，能够为生态系统和人们提供不同的好处。在各国进行的研究表明，在家庭菜园中保存了高度的种间和种内植物遗传多样性，特别是传统作物品种和地方品种（Galluzzi et al.，2010）。

全球气候变化对生物多样性保护的影响也受到广泛关注，有大量关于全球气候变化对物种和生态系统所观察到的与潜在影响的描述，为了应对气候变化的预期影响，保护组织和政府机构正在制定"适应战略"，以促进人类社会和生态系统适应变化的气候制度的制定（Mawdsley et al.，2009）。对未来变化的预测表明，许多生态系统的状态发生了巨大的变化，如何适应这些变化以有效地保护生物多样性是保护规划者面临的最困难的挑战之一（Watson et al.，2012）。除了对陆地生物和生态系统的影响，人类活动和气候变化在一定程度上也推动了海洋环境的巨大变化。基于 1729 种鱼类、124 种海洋哺乳动物和 330 种海鸟的全球分布的研究表明，海洋生物多样性热点地区与受全球变暖影响最严重的地区相吻合，这些海洋生物多样性热点地区经历了局部到区域的水温升高、洋流循环减慢和初级生产力下降等威胁，甚至世界上海洋生物多样性最丰富的地区同时也是受气候变化和工业渔业影响最大的地区（Ramírez et al.，2017）。

同时，人们也逐渐认识到，生物多样性不仅仅是一个地区物种的数量，保护策略不能仅仅基于一个生态系统中存在的分类单元的数量（Marchese，2015），而保护生物学家积极参与科学传播（Bickford et al.，2012），视觉参与式方法（visual participatory method，VPM）的运用（Swanson and Ardoin，2021），生物多样性补偿（biodiversity offsetting，BO）在保护政策上的运用（Coralie et al.，2015），基于社区的保护（Lele et al.，2010），本土知识、文化、宗教等对于生物多样性保护的促进（Khan et al.，2008），以社区为基础的生态旅游（Kiss，2004）均可带来切实的保护效果。此外，在当前人口快速增长的情况下，在保护生物多样性的同时实现高效和生产性的农业土地利用是一项全球性挑战（Tscharntke et al.，2012）。为了克服生物多样性保护中的数据危机，更好地利用现有信息，先前的生理学、生活史和群落生态学知识可以为构建种群模型提供信息，利用模型中共享进化或生态特征的物种共性，以及对未来可能的气候变化情景（Dawson et al.，2011；Kindsvater et al.，2018）做出预测，填补数据空白，不断评估保护优先等级是十分关键的。

总之，由于与人类生存和发展紧密相关而产生了上述生态学的研究热点，如生物多样性的研究、全球气候变化的研究、受损生态系统的恢复与重建研究、可持续发展研究等。生态学的研究对象具有高度复杂性和多样性，涉及不同研究层次和不同生物类群。生态学研究的大自然是包括人在内的一切生物的摇篮，是人类赖以生存和发展的基本条件。大自然孕育抚养了人类，人类应该以自然为根，尊重自然、顺应自然、保护自然。不尊重自然，违背自然规律，只会遭到自然报复。自然遭到系统性破坏，人类生存和发展就成了无源之水、无本之木。我们要像保护眼睛一样保护自然和生态环境，推动形成人与自然和谐共生新格局。

第二章　生态学数据与建模

本章将重点介绍生态学数据与建模的最新进展，包括生态学数据的类型和分析方法，生态学模型的类型与逻辑框架，生态学模型的类型、构建方法和模型验证等内容。

第一节　生态学数据概述

一、生态学数据的类型

生态学研究中常见的数据主要有如下几种类型。

1. 连续数据

连续数据是在一定范围内可以取任意值的数据，常见的例子包括温度、降雨量和距离。统计方法中，回归分析可以用于研究连续变量之间的关系，方差分析则用于比较连续变量在不同组别之间的差异。

2. 计数数据

计数数据是指某一特定事件或物体的数量，如鸟巢的数量或栖息地中物种的数量。对于计数数据，常用的统计方法包括对数线性模型（用于研究计数变量与其他因素之间的关系）和列联表分析（用于分析分类变量之间的关联关系）。

3. 比例数据

比例数据表示某个事件或属性的百分比或比例，如死亡率百分比、性比或出没百分比。逻辑回归是常用的统计方法，用于分析比例数据与其他因素之间的关系，以推断因素对比例的影响。

4. 二元数据

二元数据是表示两种互斥状态的数据，如存在/不存在、死亡/活着、男性/女性等。逻辑回归是常用的统计方法，用于分析二元数据与其他因素之间的关系，以预测某种状态的概率。

5. 死亡时间数据

死亡时间数据描述了某个事件发生的时间，如动物的寿命或失败事件的时间。生存分析是常用的统计方法，用于分析死亡时间数据，研究事件发生的概率和影响因素。

6. 时间序列数据

时间序列数据按照时间顺序收集，如每日、每月或每年的河水流量、水位和人口数量。在统计分析中，自相关、频谱分析和小波分析是常用的方法，用于揭示时间序列数据中的趋势、季节性和周期性等模式。

7. 循环数据

循环数据是具有循环性质的数据，如角度、年份和风的方向。对于循环数据的统计分析，常使用指定循环统计方法，以考虑循环变量的特殊性，并进行合适的推断和模型拟合。

二、生态学数据分析面临的挑战

生态学数据由于生态过程和模式的复杂性而嘈杂与混乱，主要是由于多个因素同时作用；在不同的时间或空间尺度上获得的数据可能有时间延迟，由于空间和时间的自相关，从位于不同地区的不同样地中获得的样本具有分层结构。有时我们甚至不知道哪些变量是主要因素，因而很难确定因果关系。

生态学收集数据的方式并不像精心设计的实验随机且独立；数据通常不完整，且存在大量未知的测量误差或数据不确定性；结合了不同的空间和时间分辨率各种数据源。因此，生态建模领域在多年间发展迅速且复杂，大量方法被开发出来，而且仍在增加。生态学家面临的挑战是：方法彼此间是如何相关联的？哪种方法适用于手头的问题？如何解释结果？

本书不可能涵盖所有内容，旨在澄清和探讨适合分析生态学问题的方法及区分方法的因素。

第二节　生态学数据的分析方法

一、生态学数据分析步骤与常用统计方法

（一）数据分析步骤

一次成功的数据分析一般包括以下 8 个步骤。

（1）决定你对什么感兴趣。

（2）首先要明确研究的目标和问题是什么，明确你感兴趣的生态学现象或变量。这有助于确定需要收集的数据类型和分析方法。根据你对感兴趣现象的理解和研究目的，提出一个或多个假设。假设是关于变量之间关系的预测性陈述，为后续的数据分析提供指导。

（3）设计实验或取样程序。根据研究目标和假设，设计适当的实验或取样程序。这包括确定实验设计、样本选择和数据收集方法等。合理的实验设计和取样程序是确保数据分析可靠和有效的关键。

（4）收集预实验数据。在进行真实实验或取样之前，可能需要先收集一些预实验数据。这些数据可以用来预估样本大小、样本变异性，以及确定数据收集过程中可能遇到的问题。预实验数据有助于进行实验设计和样本大小的估计。

（5）使用统计方法决定适当的测试。根据研究设计和数据类型，选择适当的统计方法和假设检验。例如，对于连续数据可以使用回归分析或方差分析，对于计数数据可以使用对数线性模型或列联表分析等。

（6）使用预实验数据进行测试。在实际数据收集之前，可以使用预实验数据进行模拟测试，以验证所选择的统计方法的适用性和效果。这有助于确保所选方法可以正确地回答所研究的问题。

（7）如果出现问题，返回步骤（3）［或步骤（2）］，否则收集真实数据。在收集实际数据过程中，如果遇到问题或需要进行修正，可以回到步骤（3）重新设计实验或取样程序，或者重新考虑假设。否则，继续收集真实数据。

（8）使用真实数据进行测试。最后，使用真实数据对假设进行测试。根据所选的统计方法，对数据进行适当的分析，包括数据清洗、探索性数据分析和假设检验等。根据分析结果，对假设进行接受或拒绝，并得出相应的结论。

这些数据分析步骤提供了一个基本的框架，以指导在生态学研究中进行数据分析的流程。然而，实际分析步骤可能会依据所研究问题、数据类型和具体方法而有所变化。

（二）数据分析方法的选择

常用的数据分析方法包括以下 5 种。

（1）统计分析：统计分析用于总结和描述生态学数据的基本特征，包括均值、中位数、标准差、频数分布等。常用的统计分析方法有均值、中位数、方差、频数分布表和直方图等。开展探索性数据分析，通过可视化和统计工具来识别数据中的模式、异常和关联。它可以帮助研究人员了解数据的分布、相关性和变异性等特征。

（2）方差分析：方差分析（ANOVA）用于比较多个组之间的均值是否存在显著差异。在生态学中，ANOVA 常用于比较不同处理组的生态学参数，如物种多样性在不同栖息地类型间的差异。

（3）回归分析：回归分析用于探究变量之间的关系，如环境因素对物种丰富度的影响、温度对物种迁移的影响等。常用的回归分析方法有线性回归、广义线性回归和广义加性回归等。

（4）聚类分析：聚类分析用于将相似的样本或物种分为不同的群组。聚类分析可以帮助人们揭示生态系统中的物种组成模式和样本相似性。常用的聚类分析方法有层次聚类和 k 均值聚类。

（5）相关分析：相关分析用于衡量两个或多个变量之间的相关性。在生态学中，相关分析常用于探究环境因素与物种分布、丰富度等之间的关系。常用的相关分析方法有皮尔逊相关系数和斯皮尔曼等级相关系数。

根据所观测数据分组、数据分布特征、数据类型和分析目的的不同，生态学数据分析路径见图 2-1～图 2-5。

当生态学数据统计分析过程中某些因变量可以充当其他因变量的自变量，变量之间的关系复杂时，可以使用结构方程模型（structural equation model，SEM）这种统计方法来探讨和验证变量之间的复杂关系结构。这种建模方法通过预先构建概念模型，评估观测变量（指观测到的数据）与潜在变量（无法直接测量的概念）之间的关系，揭示变量之间的因果关系或相互影响。这种模型可以包括直接效应和间接效应，因此有助于理解多层次、复杂的关系网络。SEM 提供了多个模型拟合指标，如卡方拟合度检验、比较拟合指数（CFI）、标准化均方根残差（RMSEA）等，用于评估模型与实际数据的拟合程度。这些指标可帮助研究者判断模型的可接受性和解释能力。

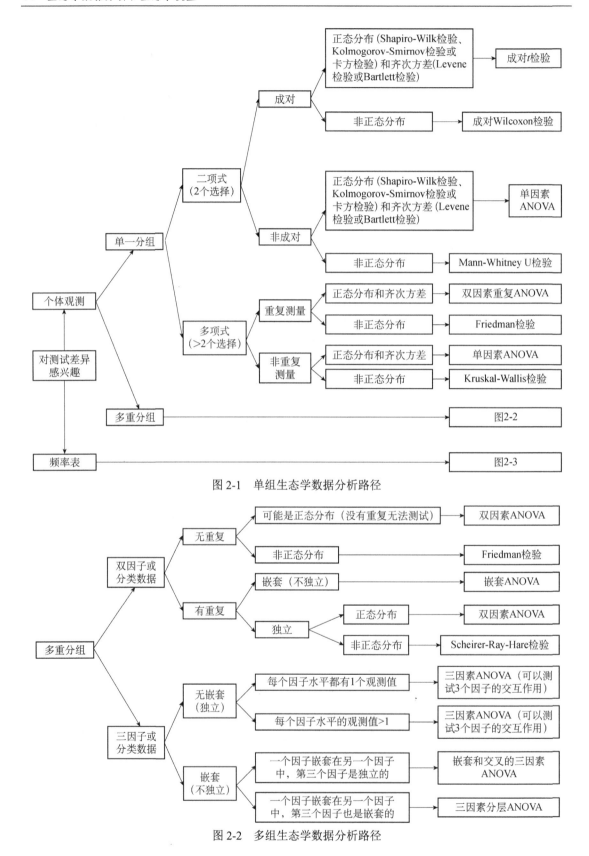

图 2-1 单组生态学数据分析路径

图 2-2 多组生态学数据分析路径

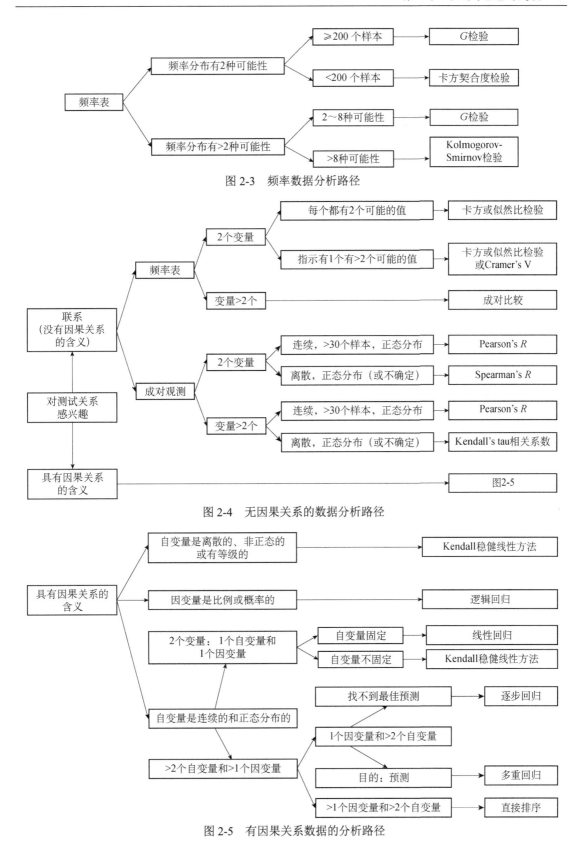

图 2-3　频率数据分析路径

图 2-4　无因果关系的数据分析路径

图 2-5　有因果关系数据的分析路径

二、生态学数据分析常用的统计软件

生态学数据分析常用的统计软件有以下几种。

1. Excel

Excel 具有强大的统计分析功能，可以解决常见的统计分析问题，是常用的办公和数据处理软件。其统计分析过程主要通过内置的"分析工具库"和粘贴函数来完成。

2. SPSS 统计分析软件

SPSS 统计分析软件是"社会科学统计软件包"（statistical package for the social science）的简称，是一种集成化的计算机数据处理应用软件。

3. CANOCO

CANOCO 是生态学及相关领域多元数据排序分析最流行的软件之一（赖江山，2013）。

4. Origin

Origin 是由 OriginLab 公司出品的专业绘图软件，其因强大的数学数据分析功能而受到广大科研人员的喜爱，使用者可以通过该软件进行各种数据分析和专业刊物品质的绘图（高慧雅等，2020）。

5. R 语言

R 语言来自 S 语言，是 S 语言的一个变种。S 语言由 Rick Becker 和 John Chambers 等在贝尔实验室开发。R 语言是自由软件，免费、开放源代码，支持各个主要计算机系统；具有完整的程序设计语言，基于函数和对象，可以自定义函数，调入 C、C++、Fortran 编译的代码；具有完善的数据类型，如向量、矩阵、因子、数据集、一般对象等，支持缺失值，代码像伪代码一样简洁、可读；强调交互式数据分析，支持复杂算法描述，图形功能强；实现了经典的、现代的统计方法，如参数和非参数假设检验、线性回归、广义线性回归、非线性回归、可加模型、树回归、混合模型、方差分析、判别、聚类、时间序列分析等。R 语言有上万个扩展包，科研工作者广泛使用 R 语言进行计算和发表算法。

6. Python

Python 是一种类似 Java 等面向对象的编程语言；具有简单易用、标准库庞大、交互模式、跨平台运行等特点（https://www.python.org/）；支持 C、C++编译的代码，也可采用嵌入软件系统提供编程接口；还可以与 Anaconda 结合使用，便于配置环境变量和不同的 Python 版本（https://www.anaconda.com/）；目前已成为机器学习领域的基础工具之一。

三、常用的生态学模型

常用的生态学模型包括以下几种。

1. 确定性模型

确定性模型是对所研究模式的一种数学描述。其包含的部分是在没有任何随机性或测量误差的情况下，模式的平均值或预期模式。

1）现象模型　可以非常简单，如"捕食者密度是猎物密度的线性函数，或者 $P=a+bV$"。

2）机械模型　可能包括猎食速率的二次型响应函数，甚至是一个复杂的基于个体的模拟模型。

2. 随机模型

为了估计模型参数，我们不仅需要了解预期模式，还需要了解预期模式周围的变异性。生态学家通常对随机构建块的了解较少。

通常，我们通过制定合理的概率分布来描述随机模型中的变异性。根据因变量的类型，该概率集合基于随机变量的所有可能结果。随机变量可分为以下两类。

1）离散型随机变量　　离散型随机变量的结果为整数，通常用于计数或计量离散事件。它们的取值集合是无限可数的整数集合或有限的整数集合。

常见的离散型随机变量和它们的分布包括以下几种。

（1）泊松分布：用于描述在固定时间或空间间隔内事件发生的次数。它适用于稀有事件，其中事件发生的概率很小，但观测时间或空间很大。泊松分布的方差等于均值。

（2）二项分布：用于描述在 n 次独立的、相同的二元试验中，成功（事件发生）的次数 k。每次试验的成功概率为 p。当 n 趋近于无穷大，并且 p 趋近于 0，同时 np 保持一定的值时，二项分布逼近于泊松分布。

（3）伯努利分布：是二项分布的特例，其中 $n=1$。其用于描述只有两个可能结果的单次试验，成功的概率为 p，失败的概率为 $1-p$。

（4）负二项分布：在每次试验中成功概率相等的样本中，描述预定数量的成功（n）之前的失败次数。它可以看作进行独立的伯努利试验，直到获得固定数量的成功为止。

（5）Tweedie 分布：是一组分布的名称，用于连续随机变量，通常用于描述偏态和过度离散性的数据。它有许多变种，如正态分布、伽马分布、泊松分布等。

（6）零膨胀泊松分布（zero-inflated Poisson distribution，ZIP）：用于描述存在大量零值的情况下的数据。它是泊松分布和另一个分布（通常是伯努利分布）的混合分布，其中有两种可能的生成方式：生成零值的机制和生成非零值的机制。

2）连续型随机变量　　与离散型随机变量相对的是连续型随机变量，其结果可以是任意实数值。

（1）正态分布（高斯分布）：是最常见的概率分布之一，也称钟形曲线。它在自然界和社会科学中广泛出现，符合许多现实世界的数据。正态分布由其均值和标准差来完全描述。

（2）伽马分布：适用于正数据且具有过多方差和右偏的情况。它由两个参数形状和尺度来定义，可以用于建模许多类型的数据。

（3）指数分布：是伽马分布的特殊情况，当伽马分布的形状参数为 1 时，即指数分布。它通常用于描述事件发生的时间间隔，如在生态学中经常用于描述生物种群的寿命。

（4）β 分布：与二项分布密切相关，用于描述在数据范围 0～1 的概率分布。它有两个参数，通常用于表示成功和失败的概率。

（5）对数正态分布：是正态分布的对数转换，因此它的对数是正态分布。在某些数据集上，使用对数正态分布可以使数据更加符合正态性假设。

（6）多元正态分布：是多维空间中连续型随机变量的概率分布，由均值向量和协方差矩阵完全描述。它在统计学和机器学习中广泛应用。

（7）Student t 分布：用于小样本情况下对均值的推断，当样本量较小时，Student t 分布通常比标准正态分布更适用。

模型的随机组成部分通常称为噪声。生态学数据中的两个噪声源如下。

（1）测量误差：与所研究的系统无关，只与准确测量该系统的能力有关。

（2）过程噪声：系统未被测量但确实存在的变异性来源。这使得模型推断变得困难，具有大的置信区间和低的统计功效。

3. 基本统计模型

基本统计模型（一般线性回归模型）由两部分组成：确定性组成部分和随机（或误差）组成部分。确定性组成部分是通过预测变量（自变量）与其对应的参数（回归系数）的线性组合来建模因变量（响应变量）。这部分表示对因变量的期望或平均水平的解释。例如，在简单线性回归模型中，确定性组成部分可以表示为图 2-6，其中 β 是回归系数，X 是自变量，Y 是因变量。

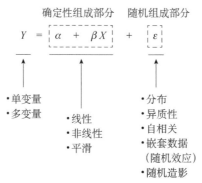

图 2-6　基本统计模型概念图

随机组成部分（或误差项）表示因变量的未被确定性组成部分所解释的变异性。它包括未被模型中的预测变量所解释的因素，以及可能存在的随机误差或不可预测的因素。随机组成部分通常假设为一个具有特定分布（如正态分布）的随机变量，其表现为观测值与确定性组成部分之间的离差或残差。

通过将确定性组成部分和随机组成部分结合起来，基本统计模型能够解释数据中的变异性，并通过估计参数值来对因变量进行预测和推断。

单因素方差分析（one-way ANOVA）：单个分类预测变量（因子）

$$Y_i \sim \mathrm{Normal}(\alpha_i, \sigma^2) \tag{2-1}$$

多因素方差分析（multi-way ANOVA）：多个分类预测变量

$$Y_i \sim \mathrm{Normal}(\alpha_i + \beta_i + \gamma_{ij}, \sigma^2) \tag{2-2}$$

协变量分析（ANCOVA）：混合了分类预测变量和连续协变量的分析，它允许在不同组（因子水平）中对于协变量 x 有不同的截距和斜率。

$$Y_i \sim \mathrm{Normal}(\alpha_i + \beta_i x, \sigma^2) \tag{2-3}$$

方法之间的差异来自对响应变量、确定性模型或误差模型的假设不同。

（1）如果有多个自变量（或一个独立自变量集合）使用多元方法。

（2）如果只有一个自变量使用简单回归模型，有两个或多个自变量使用多元回归模型。

（3）加法模型和非线性最小二乘模型处理非线性确定性模型。

（4）广义线性模型处理非正态误差分布的非线性确定性模型。

（5）广义最小二乘模型处理异质（即非常数）误差。

（6）混合效应模型处理空间和（或）时间嵌套误差结构。

（7）自回归模型处理时间和（或）空间相关误差（非独立）。

（8）非参数方法，如基于树的模型（如分类和回归树）和分位数回归，不对误差作任何假设。

4. 广义线性模型

在广义线性模型（generalized linear model，GLM）中，我们可以处理线性模型无法满足的非线性关系和非正态分布的误差。GLM 使用连接函数（link function）来线性化非线性关系，并允许拟合具有非线性和非正态分布误差的数据。

GLM 的基本假设包括：①所有观测值是独立且随机的。②所有观测值服从正态分布。③所有观测值具有恒定的方差，也称齐次性。当处理非线性问题时，可以采取以下方法。

（1）线性化转换：对 X 和（或）Y 进行转换以使用一般线性模型。然而，转换可能会改变误差分布，导致解释困难。

（2）多项式回归：添加 X 的幂作为额外的协变量，并使用一般线性回归。高阶多项式可以适应各种形状，但可能缺乏解释性。

（3）非线性最小二乘法（nls）：放宽线性要求，仍满足独立性、正态误差和恒定方差。在 R 语言中，可以使用函数 nls( ) 进行拟合，但需要小心选择起始值以确保模型收敛。

（4）加性模型：通过数据拟合平滑曲线，仍满足独立性、正态误差和恒定方差。可以使用多种平滑方法，如三次样条、局部回归和惩罚样条。在 R 语言中，可以使用函数 gam( ) 进行拟合。

对于特定类型的非线性关系和非正态分布误差，可以使用 GLM 进行拟合。GLM 适用于包括泊松分布和（负）二项分布（用于计数或存在/不存在的数据）及伽马分布（用于连续数据）在内的各种分布。

5. 广义加性模型

广义加性模型（generalized additive model，GAM）是广义线性模型的扩展，包括用于协变量的平滑函数。GAM 是 GLM 的扩展，它允许对协变量使用非线性的平滑函数，从而能够更灵活地建模非线性关系。GLM 具有特定类型的非线性和非正态分布（但仍独立且方差恒定）的误差。可以拟合具有线性化转换（连接函数）的任何非线性关系。在生态学研究中，通常使用泊松分布、（负）二项分布（用于计数或存在/不存在的数据）和伽马分布（用于连续数据）。

GAM 的基本思想是通过将预测变量的非线性部分表示为平滑函数（如样条函数、局部回归等），而线性部分仍然由线性函数表示。这样，GAM 就能够拟合比线性模型更复杂的数据关系，并提供更准确的预测。

GAM 具有以下特点：可以处理连续变量、分类变量和交互效应；具有灵活的非线性建模能力，适用于各种非线性关系；通过平滑函数的选择和参数调整，可以控制平滑度和模型复杂度；可以处理不同分布类型的响应变量，如高斯分布、泊松分布、二项分布等。

在使用 GAM 时，需要选择适当的平滑函数和平滑度，这通常需要经验和实践。常见的平滑函数包括样条函数（如 B 样条、自然样条）、局部回归和惩罚样条。平滑度可以通过交叉验证或信息准则等方法进行选择。

在 R 语言中，可以使用包括 mgcv 和 gam 等进行 GAM 建模。这些软件包提供了一系列函数和工具，用于拟合和分析 GAM。

总之，GAM 是一种强大的统计建模方法，适用于探索和建模非线性关系。它在生态学、环境科学、医学等领域被广泛应用，并能提供对数据更准确、更具解释性的建模结果。

第三节　生态学模型的类型与逻辑框架

一、生态学模型的类型

模型是对某一特定事物、想法或条件的描述。模型可以很简单，比如关于一个主题的口头陈述，或者用一个箭头连接的两个框来表示某种关系。另外，模型也可以是极复杂和详细的，如生态系统中氮循环途径的数学描述。建模过程是将一个想法首先转化为概念模型，然后转化为定量模型所采取的一系列步骤。因为生态学家所做的部分工作是修正假设和收集新数据，所以模型所代表的自然情况从最初的概念到最终产品的过程中经常会发生许多变化（Jackson et al.，2000）。

Jakeman 等（2006）提供了生态学模型形式的清单，本书参考他的分类重新进行了归类。

（1）经验性数据驱动的统计模型（经验模型）：其结构的选择主要是为了其通用性，因而事前的假设很少。统计模型通常被称为"黑箱"，因为除了变量的选择，几乎没有对过程的理解。

统计模型通常被用来帮助描述一个系统，通过评估拟合模型的不同元素所获得解释的方差来推断出因果关系，对这些关系的解释有助于描述系统。常见的模型形式有数据化聚类、参数和非参数时间序列模型、回归和其他线性模型，如自回归移动平均模型、广义线性模型、广义加性模型、幂律和神经网络。

（2）确定性的、基于过程的或基于特定理论的模型：这些模型形式是由对系统如何工作的具体理解所驱动的。在数据可获得的情况下，这种模型形式也可以包括经验性元素。例如，集水区沉积物生成模型可能部分基于经验关系，但沉积物如何被输送到河道并在河网中流动则基于确定性方程。

（3）随机模型：可能基于确定性或经验性的模型形式，但计算过程包含了输入数据或模型过程的随机性，允许有一系列可能的结果，这些结果受随机因素的制约。这通常是通过向输入数据添加随机成分来实现的（如状态空间和隐马尔可夫模型）。

（4）概念模型：这类模型的抽象过程通常表现为描述对系统理解的图形化图表，通常称为概念模型（或思维导图）。概念模型中各元素之间的联系可以是规定的功能关系（以实现预测能力），经验性和确定性的模型可以用这种方式描述。相比之下，贝叶斯（决策）网络根据模型元素之间的因果互动来制定概念模型，它们通常表现为离散或连续的概率分布。

（5）基于规则的模型：如专家系统和决策树，包括启发式模型，这些模型最常被理解为"如果 X 则 Y"形式的定性，其中 X 是大量可测试的条件，Y 是这些条件为真实的后果。基于规则的模型可以是经验性的，如那些从分类树方法中开发出来的模型，也可以是确定性的，如那些基于专家判断的系统功能模型。

（6）基于代理的模型：是通过结合离散的子模型来观察出现的行为。例如，鱼类种群增长模型可与藻类生长模型单独耦合，以允许模型元素之间的互动。这些模型之间的响应与互动可能会产生一种反应，而这种反应是孤立地考虑这些模型所不能直接预测的。

二、生态学模型建模逻辑框架

生态学模型建立的逻辑过程包括以下 6 个方面（图 2-7）（Bolker，2008）。

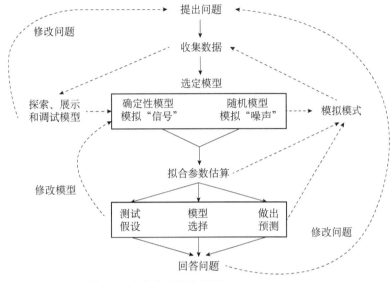

图 2-7 生态学建模流程图（Bolker，2008）

（1）确定生态学问题：研究者必须知道想要什么。知道如何提出好问题是生态学家的基本技能之一。因为它是任何分析的第一步，也是最重要的一步，并关系着其他所有步骤。生态学模型既可以是确定性的，也可以是随机性的。

（2）选择确定性模型：接下来，研究者需要为试图描述的模式选择一个特定的数学描述。确定性组成部分是平均数，或者说在没有任何随机性或测量误差的情况下的预期模式，不存在任何种类的随机性或测量误差。

（3）选择随机模型：为了估计一个模型的参数，研究者不仅需要知道预期的模式，还需要知道该模型的参数和围绕预期模式的变化。通常情况下，研究者通过为变化指定一个合理的概率分布来描述随机模型。

（4）拟合参数估算：一旦研究者定义了模型，就可以估计确定性的参数（斜率、攻击率、处理时间……）和随机参数（方差或控制方差的参数……）。与前面的步骤不同，它没有针对基本的生态学问题。这一步是一个纯粹的技术练习，即找出如何让计算机对数据进行模型拟合的方法。拟合步骤确实需要以生态学的洞察力作为输入（对于大多数拟合程序，必须从大量的想法中找出一些合理的参数值）和输出（拟合的参数基本上是所研究生态学问题的答案）。

（5）估计置信区间/测试假设/选择模型。研究者需要知道的不仅仅是模型的最佳拟合参数。如果没有对不确定性的某种测量，这种估计是没有意义的。通过量化拟合模型的不确定性，研究者可以估计参数的置信限。研究者也可以从生态学和统计学的角度测试生态学的假设。研究者还需要量化不确定性，以便从一组竞争的模型中选择最好的，或决定如何权衡不同模型的预测结果。所有这些程序——估计置信度、测试两个模型中的参数之间或一个参数与零空假设值之间的差异，以及检验一个模型是否明显优于另一个模型，是建模过程中值得密切关注的方面。

（6）斟酌问题答案的科学性，并追溯到步骤，形成闭环。

建模是一个反复的过程。以上过程可能已经回答了提出的问题，但更有可能的是，估计参数和置信限会迫使研究者重新定义其模型（改变其形式、复杂性或生态协变量），甚至重新定义原有的生态学问题。研究者可能需要提出不同的问题；或收集另一组数据，以进一步了解其系统如何运作。

第四节　生态学建模

建立生态学模型的方法一般认为至少有两种途径：一种是组分方法，用以研究生态系统中各组分的物质与能量的流动，并给出定量的表示；另一种是实验组成成分法，主要用于复杂生态系统的生态过程（如捕食、竞争等）的分析。

生态学模型的建立一般包括以下步骤。

（1）模型准备：首先要确定建模目的，确定系统边界和模型的组分（输入和输出变量、初始和驱动变量、参数、时空尺度），搜集建模必需的各种信息如现象、数据等，尽量弄清楚对象的特征，由此初步确定用哪一类模型。

（2）模型假设：根据对象的特征和建模的目的，对问题进行必要、合理的简化，用精确的语言作出假设，这是建模的关键一步。假设的依据一是出于对问题内在规律的认识，二是来自对数据或现象的分析，也可以是二者的综合。作假设时既要运用与问题相关的物理、化学、生物、经济等方面的知识，又要充分发挥想象力、洞察力和判断力，善于辨别问题的主次，果断地抓住主要因素，舍弃次要因素，尽量将问题线性化、均匀化。经验在假设中也发挥着重要作用。写出假设时，语言要精确，就像做习题时写出已知条件那样。

（3）模型构成：应分析模型的基本构成的特点，不同影响因子之间的相互作用不同（李锦秀等，2005），根据所作的假设分析对象的因果关系，利用对象的内在规律和适当的数学工具，构造各个量（常量和变量）之间的等式（或不等式）关系或其他数学结构。这里除需要一些相关学科的专门知识外，还常常需要较广阔的应用数学方面的知识，以开拓思路。当然不能要求对数学学科门门精通，而是要知道这些学科能解决哪一类问题及大体上怎样解决。建模时应该遵循尽量采用简单的数学工具的原则，因为所建立的模型总是希望能有更多的人了解和使用，而不是只供少数专家欣赏。

（4）模型分析：对模型解答进行数学上的分析，有时要根据问题的性质分析变量间的依赖关系或稳定状况，有时要根据所得结果给出数学上的预报，有时则可能要给出数学上的最优决策或控制，不论哪种情况还常常需要进行误差分析、模型对数据的稳定性或灵敏性分析等。

（5）模型检验：模型检验对建模的成败十分重要，可定义为把数学上分析的结果翻译回到实际问题，并用实际的现象、数据与之比较，检验模型的合理性和适用性。模型检验的结果如果不符合或者部分不符合实际，问题通常出在模型假设上，应该修改、补充假设，重新建模。有些模型要经过几次反复、不断地完善，直到检验结果在某种程度上让建模者满意。

（6）模型应用：模型应用的方式取决于问题的性质和建模的目的。Levins（1966）曾提出组建数学模型的三条标准：①真实性，模型的数学描述要符合生态系统实际；②精确性，是指模型的预测值与实际值之间的差异程度；③普遍性，即模型的适用范围和广度。实际中，一个模型要同时满足这三条标准是十分困难的，Walters 对此做了较精辟的论述，同时还介绍了两个与真实性和普遍性有关的指标，即分辨率（resolution）和完整性（integrity）。这两个概念分别是由 Bledsoe 和 Jamieson（1969）及 Holling（1966）提出的。

总之，并不是所有建模过程都要经过这些步骤，有时各步骤之间的界限也不那么分明。建模时不应拘泥于形式上的按部就班，在实际建模过程中可以灵活选择。

第五节　模　型　验　证

模型验证一般包括模型校正、验证和证实。

一、模型校正

当模型预测值与真实观察值不一致时，需要对模型进行校正。模型校正就是要让模型结果预测概率和真实的经验概率保持一致。

二、验证

若模型运行符合建模者的要求，就可称为模型已被验证。模型验证的方法可分为灵敏度分析与拟合度分析两部分。验证、灵敏度分析和校准这一顺序并不是刻板的逐步过程，而是作为多次重复的运算过程。模型最初的实际参数值来自文献，然后需要对它们作粗略的校准，并验证模型，继而作灵敏度分析和更精细地校准。建模者必须多次重复该过程，直至验证和校准阶段的模型输出能使建模者满意。

验证这一部分在很大程度上是以主观标准为依据的。若建模者使模型的强制函数或初始条件产生变化，并且利用模型对这些变化作出响应。如果响应不是所期望的，那么只要参数空间许可，就必须改变模型结构或方程。

在验证阶段还应检查模型的长期稳定性。在强制函数的某种波动格局下长期运行模型，预计状态变量也应该呈现出波动的某种格局。当然，应该说足够长的模拟时期，允许模型显示出任何可能的不稳定性。

验证虽然麻烦，但是对建模者来说是非常必要的执行步骤，通过验证可以由模型的反应来了解自己的模型。另外，验证是在建立切实可行模型中一个重要的检验点，这也强调了良好的生态学知识对生态系统建模的重要性，没有这一点，就不可能提出关于模型内部逻辑的正确问题。

遗憾的是，由于缺乏时间，许多模型还没有经历适当的验证。但经验表明，起初似乎可能的捷径会导致不可靠的模型，这种模型在后面的阶段中可能需要花费更多的时间去补偿所缺少的验证。因此，强烈建议在建模过程中的这一重要阶段，应花费足够的时间去验证，并规划必要的资源分配。

（一）灵敏度分析

建模者了解模型的特性很重要。验证是取得这方面知识的重要步骤，而灵敏度分析则是要采取的下一步。通过这个分析，建模者就能对模型最灵敏部分有一个清楚的总体看法。

灵敏度分析试图测量模型的一些参数，如强制函数、状态变量初始值或子模型对最重要状态变量的灵敏度。

在实际建模过程中，灵敏度分析是通过改变参数、强制函数、初始值或子模型及观察重要状态变量（x）的相应反应来实现的。因此，对于参数 P 的灵敏度（S）定义如下：

$$S = \frac{\partial x}{x} \cdot \frac{\partial P}{P} \tag{2-4}$$

式中，x 为所考虑的状态变量，即依赖于某些参数 P 的状态或变量；$\partial x/\partial P$ 为状态变量 x 相对于参数 P 的偏导数，即在给定参数 P 的条件下，x 相对于 P 的变化率；P 为参数，是影响状态变量 x 的变量或因子；$\partial P/P$ 为参数 P 相对于自身的偏导数，即参数 P 相对于自身的变化率，其通常等于 1。

式（2-4）计算了状态变量 x 相对于参数 P 的变化率的比率。如果 S 大于 1，表示参数 P 的变化对状态变量 x 的变化有更大的影响，即参数 P 是关键的敏感性参数；如果 S 小于 1，则表示参数 P 对状态变量 x 的影响较小；S=1 表示状态变量 x 对参数 P 具有敏感性，但具体含义取决于模型的具体情况。

通过灵敏度分析，研究者可以识别哪些参数对模型输出的结果影响较大，从而帮助优化模型、改进参数设置，或者提供决策依据。这在系统建模、优化和决策分析等领域具有重要的应用价值。

根据对参数不确定性的了解选择参数的相对变化。如果建模者估计参数在±50%之间变化，可能选择参数±10%和±50%的变化，并记录状态变量 x 相应的变化。通常需要在两个或多个水平上发现参数变化的灵敏度，因为参数和状态变量之间的关系很少是线性的。这就意味着在进行灵敏度分析之前知道具有最高确定性的参数往往非常关键。

应该指出的是灵敏度常常随着时间而变化，因此有必要找出灵敏度的（时间）函数。

灵敏度分析和校准之间的相互作用可按下列顺序分析。

（1）在两个或多个参数变化的水平上进行灵敏度分析，在该阶段应用相对大的变化。

（2）通过校准或其他手段更精确地决定最灵敏的参数。

（3）任何情况下都要用很大的努力去获得比较好的校准过的模型。

（4）用较窄的参数变化区间进行第二次灵敏度分析。

（5）力图达到参数确定性的进一步完善。

（6）着重对最灵敏的参数进行第二次或第三次校准。

也可对子模型（方程）进行灵敏度分析。在这种情况下，当把子模型或方程从模型中去除或改换成其他表达式（如使子模型更详细）时，记录下状态变量的变化。这样得到的结果可用于改变模型的结构，如发现子模型对主要状态变量的影响很大时。因此，模型结构和复杂性的选择应与灵敏度分析同步进行。灵敏度分析对概念图有一个反馈。

如果发现所观察的状态变量对某个子模型很灵敏，应该考虑哪几个别的子模型可以替换使用，这些子模型应在野外或实验室做进一步的具体检验。

（二）拟合度分析

拟合度分析就是对建立模型的预测结果与实际情况的吻合程度进行检验。通常是对数个预测模型同时进行拟合，选择拟合度较好的进行试用。

三、证实

证实的过程就是看校准的各个参数是否能代表系统中的真实值。

即便在数据丰富的情况下，仍有可能通过参数选择使错误的模型给出与数据吻合得很好的输出。因此，对建模者来说采用一组独立的数据检验所选择的参数是非常重要的，这个过程称为证实。但是必须强调，证实仅在可用的数据所代表的条件范围内确证模型的行为。因此，最好用一个特殊时期得到的数据来证实模型，在这个时期，其他条件要比校准过程收集数据时优越。

证实的方法取决于建模的目的。用目标函数去比较测量数据和模型输出值，就是一个很明显的试验。但是这往往很不够，因为它不注重模型的主要目标，而仅注重模型正确描述生态系统状态变量的一般能力。因此，需要把模型的主要目的转换成几个证实标准。通常它们不能被公式化，而仅针对模型和建模者。

在数据缺乏的情况下，有可能不能满足这些证实标准，但比较平均状况可能会比较有用，因为可用数据的质量不高，模型不能很好地描述系统的动态，而仅能给出主要变量的一般水平或平均值的信息。

对证实的讨论可以总结如下：①证实总是需要的。②应该设法得到证实所用的数据，与校准所用的数据完全不同。从强制函数的宽广变化范围中得到的数据是很重要的，而这些强制函数则是由模型的目的来定义的。③证实标准建立在模型目的和数据质量的基础上。

第三章　种群数据与建模

　　种群是生态学研究的基本单元，是指同一物种在一定时间和空间内共同生活的个体的集合。种群的数量、年龄结构、性比、遗传多样性等特征，都会影响种群的生存和发展。本章将介绍种群数据的时序数据类型、来源，通过案例介绍种群模型的类型、构建方法和应用，以及如何将种群数据与模型结合起来以解决种群问题。

第一节　种群生态学数据和名词

　　种群（population）：生态学上将在一定时间和空间内生活、相互影响、彼此能交配繁殖的同种个体的集合称为种群。

　　种群密度（population density）：为最基本的数量特征，是指单位空间内某个种群个体的总数或生物量。

　　种群动态（population dynamics）：是指种群大小或数量、遗传结构或年龄结构在时间和空间上的变动。

　　相对密度（relative density）：是指单位面积或空间中反映生物数量多少的相对指标。

　　多度指数（index of abundance）：又称"丰度指数"，是指种群相对密度测定中表示种群数量相对多少的数值指标。

　　总数量调查（total count）：是指计数一定空间中某种生物的全部数量。

　　样方法（quadrat method）：是指在若干样方中计数全部个体，然后将其平均数推广，以估计种群总体数量的方法。

　　标记重捕法（mark-recapture method）：又称"标志重捕法"，是指在调查某地段时，捕获一部分个体进行标记，然后放回，经一定期限后进行重捕，根据重捕中的标记个体数的比例，估计该地段中个体总数的方法。样方法和标记重捕法是调查种群密度常用的方法。

　　出生率（natality）：是指单位时间里新产生的个体数目占该种群个体总数的比例。

　　死亡率（mortality）：是指在单位时间里死亡的个体数目占该种群个体总数的比例。出生率和死亡率是决定种群大小和种群密度的重要因素。

　　迁入率（immigration rate）和迁出率（emigration rate）：单位时间内迁入或迁出的个体数目占该种群个体总数的比例，分别称为迁入率或迁出率。

　　年龄分布（age distribution）：又称"年龄结构"（age structure），是指各年龄组个体在种群中所占的比例。

　　年龄组（age class）：是指对研究对象按年龄分组，如年龄、月龄等。对于不能确定实际年龄的，可以按其他指标如牙齿磨损度、体重划分相对年龄组。

增长型种群（expanding population）：是指幼年个体很多，老年个体很少，种群密度会越来越大的种群。

稳定型种群（stable population）：是指各年龄期的个体数目比例适中，种群密度在一段时间内保持稳定的种群。

衰退型种群（diminishing population）：是指老年个体很多，幼年个体很少，种群密度会越来越小的种群。增长型、稳定型和衰退型种群是种群的三种类型。

性比（sex ratio）：是指一个种群中雌雄个体数目的比例。

增长率（rate of increase）：是指单位时间内种群增长数与种群总数量之比。

繁殖成功率（breeding success rate）：常指存活到羽翼丰满或断乳期的幼体数目与母体所产幼体总数之比。

种群周转率（population turnover rate）：是指种群个体全部更新的速度，即 $1/r$（r 为内禀增长率）。

世代平均长度（mean length of a generation）：是指母世代生殖到子世代生殖的平均时间。

第二节　时间序列数据与模型

一、时间序列数据的类型和分析方法

（一）时间序列数据的类型

生态学研究中常见的时间序列数据主要包括以下 6 类。

（1）物种丰度和分布数据：记录物种在不同时间点或不同地点的丰度、密度或分布情况，可以用于研究物种的季节性变化、迁徙模式等。

（2）生物群落结构数据：包括不同物种在群落中的相对丰度、多样性指数等，用于分析群落结构和稳定性。

（3）环境数据：包括温度、湿度、pH、降水量等数据，对于研究生态系统的功能和过程至关重要。

（4）植被指数数据：如植被覆盖度、叶面积指数、植被生长状态指数等，用于监测植被生长和生态系统的健康状况。

（5）生物生长数据：包括植物的生长速率、动物的繁殖率等，可用于研究生物种群的动态变化。

（6）生态系统功能数据：如生产力、分解速率、营养循环速率等，反映生态系统的功能和稳定性。

这些数据通常具有以下特点：①数据值通常是连续的；②数据的时间间隔通常是固定的，即数据点之间的时间间隔是相同的；③数据可能存在趋势、季节性、周期性等特征。

分析时间序列数据可以帮助研究者理解生态系统的动态变化，识别环境变化对生态系统的影响，以及预测生态系统的未来趋势。

（二）时间序列数据的分析方法

生态学中常用的时间序列数据分析方法如下所述。

1）统计分析方法

（1）趋势分析：用于检测时间序列数据中是否存在趋势，如线性趋势、非线性趋势等。

（2）季节性分析：用于检测时间序列数据中是否存在季节性变化。

（3）自相关分析：用于检测时间序列数据中是否存在自相关，即数据的当前值与过去值之间是否存在相关性。

（4）异常值检测：用于检测时间序列数据中是否存在异常值，即是否存在与正常数据分布明显不同的数据点。

2）时间序列建模方法　　时间序列建模方法是用于描述时间序列数据中动态变化规律的方法，包括以下几种。

（1）线性模型：用于描述时间序列数据中线性变化规律。

（2）非线性模型：用于描述时间序列数据中非线性变化规律。

（3）自回归模型：用于描述时间序列数据中的自相关性。

（4）移动平均模型：用于描述时间序列数据中的趋势变化。

（5）混合模型：用于描述时间序列数据中不同类型变化规律的建模方法。

二、时间序列模型应用案例

（一）湿地植物生长模型

植物的生长模型是描述植物生长过程的模型，可以帮助科学家理解植物生长的规律、预测植物产量、优化植物管理措施等。常见的植物生长模型包括：①生理生长模型，基于植物的生理过程建立的模型，通常考虑光合作用、呼吸作用、营养吸收等因素对植物生长的影响。这些模型可以用来研究植物在不同环境条件下的生长速率、光合作用累积量等。②生物量积累模型，这些模型描述植物在生长过程中生物量的积累情况，通常基于植物的生长期、温度、水分、光照等因素建立。生物量积累模型对于预测作物产量、优化农业生产管理具有重要意义。③结构-功能模型，这种模型将植物的结构（如根、茎、叶）与其功能（如光合作用、水分吸收）联系起来，以理解植物的生长和发育规律。结构-功能模型可以用来研究不同类型植物在不同生境条件下的适应性和竞争性。④群落动态模型，这类模型考虑了植物个体之间的相互作用，用以描述植物群落的演替过程、种群密度变化等。群落动态模型对于研究生态系统的演化和物种多样性的维持具有重要作用。这些生长模型可以根据具体的研究目的和应用场景进行选择和应用，有助于深入理解植物的生长过程及其对环境的响应。

湿地植物对洪水耐受性的研究，无论是在内部结构方面还是在表型方面都已经有很多（Blom and Oesenek，1996）。然而，鲜少有研究关注淹没时长对薹草属植物萌发和后续生长的影响。薹草属植物是长江中游流域越冬雁类主要的食物资源之一（Zhao et al.，2012；Cong et al.，2012），调查淹没时长对薹草属植物生长的影响对于探明水文节律变化对洲滩植物生长和发育的影响是至关重要的。这些信息可以为制定流域水利枢纽工程（包括三峡大坝和拟建水利枢纽工程）的科学、生态友好型运行方案提供参考，以减轻水利枢纽工程对流域生态系统的影响。

1. 研究方法

1）土柱样品采集　2012 年 10 月 22～24 日，在东洞庭湖国家级自然保护区核心区大小西湖即将出露的洲滩上（仍有<15cm 的水覆盖在洲滩上）随机挖取了 33 块洲滩土柱样品（30cm×30cm×20cm）。在挖取土柱样品时尽可能地沿着洲滩退水边界覆盖大小西湖比较广的洲滩区域。每条样线由于长度不等，故采样数量也不相等。为了减少采样点间的相互影响，设置采样点间的距离均>200m。取土柱时，先将一个 30cm×30cm×20cm 的中空铝合金立方体采样框打入即将出露的洲滩上，然后将立方体周围的泥土刨去，再切断铝合金采样框内土柱样品和底部土壤的连接，最后将土柱取出。选择 20cm 深度的原因是湿地植物的种子和繁殖体库在土壤中的埋藏深度很少超过 10cm（Bonis and Lepart，1994），故取土深度为 20cm 能够将植物绝大多数的繁殖体包括进去。土柱样品于取土当天被运至与采样湖泊紧邻的东洞庭湖国家级自然保护区采桑湖管理站，放入 33cm×33cm×55cm 的塑料桶内，加入湖水进行延长淹没时间的模拟实验。

2）淹没处理　为了测试延长淹没时间对薹草生长的影响，进行了非对称设计的双因素交叉试验（Underwood，1997）。将 33 个土柱样品随机分入 11 组处理中，每组 3 个，随机挑选出一组作为对照组，不进行淹水处理。剩余 10 组中，任意选出 5 组加入湖水直至土壤表层以上水深为 10cm，剩余 5 组加入湖水直至土壤表层以上水深为 30cm。在不同水深的处理组中，又将任意组的淹水时长分别设为 10 天、20 天、30 天、50 天和 60 天 5 组。将样品放在一个室外的环境中让其生长，直至薹草种子成熟，培养周期从 2012 年 10 月 23 日至 2013 年 4 月 20 日。

3）植物生长监测　以每 3 天 1 次的频率记录样品内的株数、平均植株高度和盖度。在试验结束时，将植物样品的地上部分进行收割，并分种类装入牛皮纸信封中。随后将每个样品中植物地下部分的根茎进行清洗、收集。地上和地下植物样品被放入烘箱中 80℃连续烘干 72h，然后进行称重，测量样品的地上和地下生物量。尽管包括单性薹草（*Carex unisexualis*）在内的一些其他薹草种类在培养的植物样品中都有出现，但是异鳞薹草（*C. heterolepis*）的生物量占了整个样品生物量的 98%，故在后续分析时并没有区分薹草种类。

为了测算植物生物量的积累曲线，在大小西湖固定的洲滩上随机取了 3 个 50cm×50cm 的植物样方，监测频率也为每 3 天 1 次。野外监测开始和结束时间与控制试验一致。在野外采样中，当测定完每一个样方中每种植物的株数、平均高度和盖度后，将所有地上部分进行收割，并按照种类进行分装，继而放入 80℃的烘箱中连续烘干 72h，然后进行称重，记录生物量干重。

4）统计分析　在 R 2.15.2（R Development Core Team，2012）工作平台中，研究者使用 mgcv（Wood，2010）和 grofit（Kahm et al.，2010）工具包进行统计计算。

建立了生物量干重、株数和平均株高之间的广义相加回归模型，如下：

$$g[E(Y)] = \alpha + \sum_{i=1}^{n} f_i(X_i) \tag{3-1}$$

式中，g（）为一个连接函数（根据假定的分布函数，使用高斯分布）；E（Y）为响应变量 Y 的预期值，即干重（自然对数转换）；X_1，…，X_n 为一系列预测变量，即总株数、平均高度（cm），所有的变量都进行了自然对数转换；f_i（）为未明确的平滑函数，采用参数或非参数的形式；α 为一个常量。

结果表明在一个样方内的地上生物量干重与植物株数和平均高度显著相关（*P*<0.001，

R^2=0.826）。根据式（3-1），依据每 3 天 1 次的株数和高度监测数据，模拟计算了 33 个样品中的地上生物量，拟合了株数和生物量的冈珀茨曲线（Gompertz curve）。Gompertz 曲线计算公式如下：

$$W(t) = A \times e^{-B \times e^{(-rt)}}$$　　　　　　　　　　（3-2）

式中，W 为生物量干重（g）或者株数；A 为环境承载力；r 为植物内禀增长率；t 为时间（天数）；B 为内禀增长率修正函数，根据式（3-3）计算：

$$B = \lg(A / W_0)$$　　　　　　　　　　　　　（3-3）

式中，W_0 为实验起始时的生物量干重（g）或者株数。

从拟合的 Gompertz 函数中，计算了最大增长率（R_{max}）和达到最大增长率所需要的时间（t_{max}）。用双因素方差分析方法（2-way ANOVA）比较了淹没时长和淹没深度对植物生长特征的影响（即 R_{max}、t_{max} 及模型参数 A、r）。当方差分析结果具有显著差异后，使用 Tukey 事后检验（HSD）进行不同处理组之间的两两比较。

2. 研究结果

1）薹草生长曲线　　监测结果表明，在洞庭湖区，薹草一年有两个生长周期，第一个生长峰值（从 10 月末至次年 1 月中旬）要显著低于第二个生长峰值（2 月初至 4 月中旬）（图 3-1），这与 Fox 等（2008）所描述的现象一致。晚秋时节，当洞庭湖水位退落，洲滩开始出露，气温仍然比较温和的时候，洲滩薹草开始萌发。当 1 月中旬洞庭湖气温达到最低时，薹草的第一个生长周期结束。在冬末初春的时候，随着气温的上升，薹草开始萌发出新的植株，并且开始新一轮绿色生物量的积累。在 4 月，当水位上升，草洲被淹没后，薹草结束第二轮的生长。薹草在第二个生长周期的生长要显著高于第一个生长周期（图 3-1），故将两个生长周期分开进行分析。将观察数据分为两个阶段分析：10 月 24 日到 1 月 20 日和 1 月 23 日到 4 月 20 日。但是，分析结果表明第二个生长周期不同处理组的各项生长指标（即 r、A、R_{max} 和 t_{max}）并没有显著的区别（各项生长指标 r、A、R_{max} 和 t_{max} 的 P 值分别为 0.23、0.48、0.16 和 0.54）。另外，在第二个生长周期，各个处理组间的地上和地下生物量也没有明显区别（各个处理组间的地上生物量比较的 P 值为 0.64；各个处理组间的地下生物量比较的 P 值为 0.59）。研究者认为淹没处理对薹草第二个生长周期的生长没有影响是合理的，因为淹没处理是在 10～11 月进行的，所以早期的淹没（10～11 月）不会对薹草的春季萌发和生长产生影响。

将 50 天和 60 天处理组的样品的实际观测值与模拟值用卡方检验（P 值 0.15～0.57）和德宾–沃森检验（Durbin-Watson test）（德宾–沃森检验显著范围为 0.45～1.35，该值小于 1.5 表明模型残差具有连续的相关性）后发现，非线性的拟合曲线表明淹没 50 天和 60 天处理组的生长曲线是不可接受的，即拟合出的生长曲线并不能代表 50 天和 60 天处理组样品生长的实际情况。一个可能的原因是延长的淹没时长推迟和缩短了薹草的生长周期。因此，观察到的数据量太少以至于不足够拟合延长淹没 50 天和 60 天处理组的生长曲线。另外一个可能的原因是延长的淹没时长使薹草错过了第一个生长周期中生长达到峰值的时间（图 3-1）。故在本案例中仅展示延长淹没 10 天、20 天和 30 天处理组的研究结果。

经研究发现对照组和处理组薹草在株数（图 3-2）和增长率（图 3-3 和图 3-4）两方面都表现出两种不同的增长模式。与对照组相比，进行淹没处理的样品绝对增长率曲线（图 3-2 和图 3-3）和相对增长率曲线（图 3-4）都更加平滑。总体而言，随着淹没时长的增加，曲线的"平滑度"增加表明：随着淹没时长的增加，薹草的生长推迟。对照组（自然出露，没有进行模拟淹没处理的样品）薹草有一个更加狭窄的生长窗，新增株数和增长率的最大值在所有组别中最高（图 3-2 和图 3-3）。随着淹没时长的增加，这个生长窗口开始变宽。此外，随着淹没时长的增加，最大增长率开始变低。

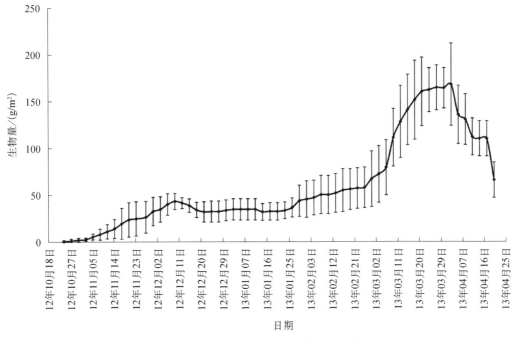

图 3-1　对照组薹草生物量积累曲线（平均值±标准差，$n=3$）

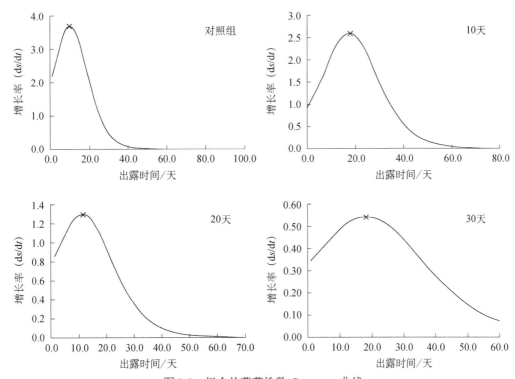

图 3-2　拟合的薹草株数 Gompertz 曲线

最大的增长率用"×"标出

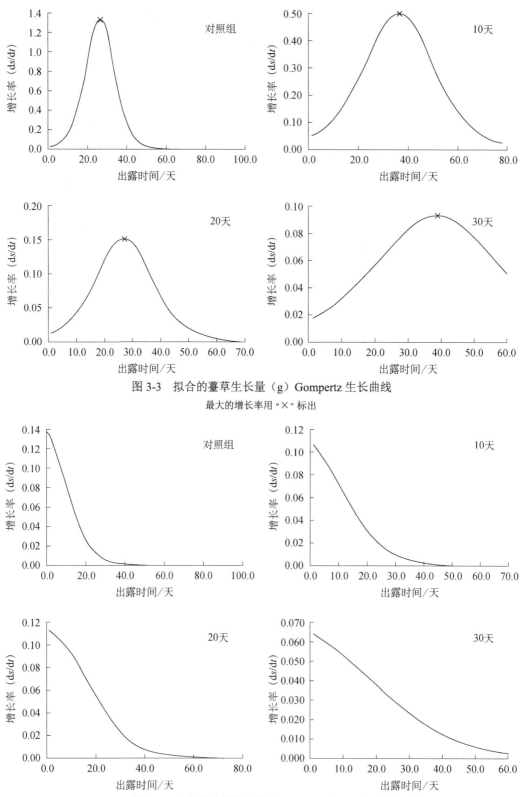

图 3-3　拟合的薹草生长量（g）Gompertz 生长曲线

最大的增长率用 "×" 标出

图 3-4　拟合的薹草萌发株数 Gompertz 相对增长率

2）淹没对薹草生长特征的影响　　研究者发现淹没深度对拟合的增长率和最大增长率都没有显著影响；淹没时长对所有的生长指标都有显著的作用（即 r、A、R_{max} 和 t_{max}，表 3-1），各个被调查的参数间没有相互作用。因为淹没深度对于株数和生物量积累都没有显著影响，所以将同一淹没时长、不同淹没深度的两组数据都归并为一组数据，用单因素方差分析方法分析不同淹没时长对薹草的影响。

表 3-1　利用双因素方差分析方法分析淹没时长和淹没深度对薹草生长的影响

因子	承载力（A）		增长率（r）		最大增长率（R_{max}）		达最大增长率的时间（t_{max}）	
	株数	生物量	株数	生物量	株数	生物量	株数	生物量
淹没深度	0.54	0.68	0.74	0.60	0.98	0.43	0.36	0.65
淹没时长	**0.02**	**0.04**	**0.03**	**<0.01**	**0.02**	**0.04**	**0.04**	**0.05**
相互作用	0.78	0.93	0.45	0.86	0.56	0.71	0.58	0.76

注：黑体字表明具有显著影响

研究者发现淹没时长对植物样品的所有生长指标都具有显著影响（表 3-2）。当淹没时长增加到 30 天时，薹草的增长率和环境承载力都显著降低。对照组的最大增长率是最高的，延长淹没 30 天处理组的最大增长率是最低的。

表 3-2　在不同的淹没时长下各生长特征平均值的比较

处理	承载力（A）		增长率（r）		最大增长率（R_{max}）		达最大增长率的时间（t_{max}）	
	株数	生物量/[g/(m²·天)]	株数	生物量/[g/(m²·天)]	株数	生物量/[g/(m²·天)]	株数	生物量/[g/(m²·天)]
对照组（0 天）	257.42ª	32.53ª	0.12ª	0.17ª	3.98ª	1.28ª	5.08ª	23.43ª
10 天	224.92ª	19.53ᵇ	0.09 ᵃᵇ	0.07ᵇ	2.48ᵇ	0.48ᵇ	12.30ᵇ	37.36ª
20 天	162.92ᵇ	12.53ᵇ	0.11ª	0.08ᵇ	2.36ᵇ	0.14ᶜ	7.66ᵇ	28.70ª
30 天	101.19ᵇ	18.39ᵇ	0.05ᵇ	0.03ᵇ	0.77ᶜ	0.09ᶜ	11.23ᵇ	50.83ᵇ

注：不同的上标字母代表 Tukey's HSD 测试中表现出显著差异（$P<0.01$）

淹没时长对薹草生物量的积累有非常相似的影响（表 3-2）。承载力和增长率中生物量指标，对照组均显著高于淹没处理的样品，30 天淹没处理组的样品株数指标显著低于对照组（表 3-2）。随着淹没时长的增加，最大增长率下降，延长淹没 20 天和 30 天处理组间生物量指标差异不显著。延长淹没 30 天处理组的样品需要 50 多天的时间才能达到最大增长率，为 0.09g/（m²·天）。

3）延长淹没时长对薹草第一个生长周期生物量积累的影响　　经研究发现，淹没时长对薹草地上和地下生物量的积累都有显著影响（$P<0.01$）。在对照组中生物量积累速率（地上生物量）是 32.89g/m²（图 3-5A），这要显著高于其他处理组。在淹没 30 天处理组生物量积累速率（地上生物量）是 2.98g/m²，这要显著低于其他处理组。延长淹没 10 天和延长淹没 20 天处理组的生物量积累速率并没有显著差异，其中淹没 10 天处理组的生物量积累速率为 17.95g/m²，延长淹没 20 天处理组的生物量积累速率为 12.42g/m²（图 3-5A）。尽管与对照组相比，延长淹没 10 天处理组、延长淹没 20 天处理组之间的株数差异不显著，延长淹没 30 天处理组的株数仍然要显著低于其他各组（图 3-5B）。

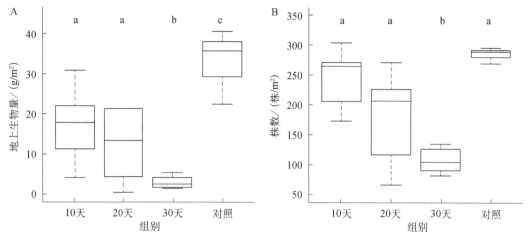

图 3-5 在不同淹没时长下地上生物量（A）和总株数（B）的比较

不同小写字母表示 Tukey's HSD 检验后的差异显著性（$P<0.05$）

3. 讨论

在该研究中，研究者分析了不同淹没时长对东洞庭湖草洲优势植物薹草生长的影响。研究结果表明薹草有两个明显的生长周期，且第二个生长周期（冬季末到春季）对生物量的积累更具优势。在实验末期（第二个生长周期），各种处理（淹没深度、淹没时长及它们之间的相互作用）对薹草地上和地下生物量的积累都没有显著作用。另外，淹没深度和淹没时长对薹草第二个生长周期生长的各项指标，包括生物量的积累及 4 项调查的指标（承载力、增长率、最大增长率，以及达最大增长率的时间）都没有显著影响。因为淹没处理发生在第二个生长周期之前，所以认为淹没处理对植物的生长没有影响。经过模拟实验，发现淹没处理对植物的第一个生长周期的生长（从 10 月末到次年 1 月中旬）具有显著作用，在不同的处理下，薹草具有不同的生长曲线。简要概括，本实验得出了以下结论：①延长的淹没时长对薹草的萌发及地上生物量的积累具有显著的作用；②增加的淹没时长显著降低了薹草的增长率和最大增长率；③在淹没时长延长的情况下，薹草需要花费更多的时间达到最大增长率。本研究的结果再次强调了在研究植物对水文变化的响应时考虑植物生活史的重要性（Greet et al.，2013）。

薹草草洲是长江中下游植食性鸟类，特别是雁类最重要的觅食地（Cong et al.，2012）。在洞庭湖，丛培昊等（2012）通过食性分析证明了薹草两个生长周期的生物量积累对小白额雁越冬的重要性。在长江中下游流域的其他区域，杨秀丽（2011）通过粪便法发现在安徽升金湖越冬的白额雁（*Anser albifrons*）的主要食物也是薹草。刘静（2011）也发现安徽省升金湖薹草草洲是豆雁最喜欢的觅食地，即使是在最冷的 12 月至次年 1 月，薹草在豆雁食物中的比例也达 80%以上。

雁类比较喜欢容易消化的低纤维高蛋白的植物，而新生的植物通常具有这一性质（Owens，1997；Vickery and Gill，1999）。然而，在 10 月末至 11 月深秋时节，在自然的水文节律下，长江中下游湖泊开始退水，湖泊洲滩逐渐出露，以薹草属植物为优势种的洲滩植被开始萌发生长。新长出的薹草成为越冬雁类非常重要的食物资源（杨秀丽，2011；Liu，2011；Cong et al.，2012）。这可能是数量如此巨大的雁类种群聚集在长江中下游越冬的主要原因。该时段（10 月末至 11 月）洲滩植物的充分萌发和生长是非常重要的。首先，当越冬雁类到达越冬地时，它们需要尽快获取充足的食物来补充它们在迁徙过程中所消耗的能量。

其次，刚到达的越冬雁类需要储存能量来应对隆冬时节（12 月至次年 1 月）寒冷的气候和稀缺的食物资源。研究结果表明推迟退水时间将会显著降低薹草的增长率和最大增长率，并延长达到最大增长率的时间。值得注意的是，推迟淹没 10 天将会使第一生长周期生物量的积累下降 45%。在极端情况下，如果推迟淹没超过 30 天，东洞庭湖国家级自然保护区将会丧失其作为雁类重要越冬地的价值，因为在该情景下，薹草生物量的积累率下降达 90%。在第一个生长周期，植物生长率和生物量积累的下降将导致越冬雁类刚到达越冬地即面临食物资源短缺的风险，尤其是在经过长距离的迁徙后，高质量食物至关重要的时期，对越冬雁类的保护是极为不利的。

在自然情况下，洞庭湖水位的退落使得第一生长周期薹草的生长和越冬雁类的到达具有耦合性。故弄清楚长江中下游湖泊的自然水文节律如何驱动长江中下游越冬雁类食物资源的分配是非常重要的。包括三峡大坝在内的长江中下游水利工程的修建，并没有将水文、植被、水鸟之间的关系考虑到其调度方案中，使得水利枢纽工程对该区域水文节律的干扰造成的影响威胁到了越冬水鸟的食物资源获取。恰当的退水时间和速率将会减少水利工程对水生生态系统的影响。根据研究结果，建议应该加强监测 10 月末至 11 月的水文节律，水利工程的调度应该保证能够在越冬雁类迁徙抵达洞庭湖时已有足够面积的洲滩出露，以保障越冬雁类能够获得足够的食物资源。但是减缓水利枢纽工程对长江中下游水鸟的影响是一个非常复杂的问题。要想为水利工程的运行和越冬水鸟的保护提供科学的参考，需要进一步更为细致地评估长江中下游草食性雁类所需要的最小草洲面积，该项研究工作正在进行中。

（二）白鹤种群动态模型

种群模型是生态学研究中的重要工具（Maynard-Smith，1973；Sutherland，1996；Bolker，2008；Wood，2010），近年来也越来越多地被应用于物种保护研究中（Dennis et al.，1991；Lande et al.，2003；Ward et al.，2010；Hatfield et al.，2012）。种群模型经常被应用于研究密度独立性的效应（Williams et al.，2003）；种群趋势或者是灭绝风险（Holmes，2001；Holmes and Fagan，2002）；物种之间的关系（Gibson et al.，1999；Forester et al.，2007）；种群对环境变化的响应（Ranta et al.，2006；Wang，2007；Creel and Greel，2009；Pasinelli et al.，2011）；人类干预对种群变化的影响（Rees and Paynter，1997；Wolff et al.，2002；Hatfield et al.，2012）。

种群动态模型一般是基于长期调查数据构建而成的（Dennis and Taper，1994；Rees and Paynter，1997；Sibly et al.，2007）。对于种群动态的推断是基于估计模型参数，这是用于预测种群变化趋势和风险管理的。但是，野生动物的种群大小，往往很难被直接观测，而大多采用种群估计的办法（Seber，1982），这使得抽样误差容易产生（Freckleton et al.，2006）；在建立种群模型时，取样方法的不确定性也被包含在其中。取样策略和过程均会造成一定的误差，如果忽略这种不确定性，可能会导致参数模型估计产生本质性的偏差。也就是说，当观察数据提供并不准确的信息时，随着时间的变化，真实的种群大小存在不能被估计变化的状态变量（de Valpine and Hastings，2002；Caroll et al.，2006；Fuller，1987）。近几年，状态空间模型作为一种处理取样误差的工具开始被广泛地应用在一些研究中（Holmes，2001；de Valpine and Hastings，2002；Dennis et al.，2006；Lele et al.，2007）。

状态空间模型，也称为动态模型或隐藏过程模型，涉及观测值 y_t，$t=1$，2，3…，通过给定 X_t 的 y_t 观测模型，对未观测到的"状态"或"参数"X_t 的响应变量 Y 进行观测，$t=1$，2，

3…。这个状态假定遵循马尔可夫转换模型（Markov transition model）。用一个线性的观察模型和一个线性的马尔可夫转换曲线来定义高斯线性状态空间模型（Gaussian linear state space model）。这个方法经常被称为"整合种群模型"或者种群生态学中的"整合分析"（Tavecchia et al.，2009；Schaub and Abadi，2011），它可以通过经典方式或者贝叶斯模式统计推论来实现（Wang，2007）。状态空间模型已被应用于鱼群的估计和管理（Millar and Meyer，2000）、调查鸟类种群（Besbeas et al.，2002）和哺乳动物种群（Buckland et al.，2004；Tavecchia et al.，2009；Fieberg et al.，2010）的变化。此外，在模型的框架下通过环境协变量，针对所需要支持和关注的物种制订恢复计划。由此可见，状态空间模型可以拓展环境因素如何影响物种种群数量方面知识的潜力（Pasinelli et al.，2011）。

1. 研究方法

白鹤是世界自然保护联盟（IUCN）红色名录的极危物种，其几乎全部种群在鄱阳湖越冬，因此鄱阳湖白鹤种群动态能够代表白鹤这个物种的种群动态。本案例收集和整理了鄱阳湖保护区白鹤历年的越冬种群数据。为了数据的准确，访问了调查数据的作者和调查人员，并记录了历年的调查方法。这些调查数据大部分是鄱阳湖保护区的工作人员调查和记录的。本案例收集了 1980~2012 年的白鹤种群数量。不过因为不能确定数据的质量，在分析白鹤种群动态时舍弃了最初几年的数据。在鄱阳湖调查白鹤的方法主要有以下两种：一种是利用双筒或者单筒望远镜进行样点法调查，另一种是航空调查和进行环鄱阳湖大湖的同步调查方法。总体上讲，白鹤种群数量调查的密度随时间不断增加。例如，在最初的几年，白鹤的种群调查是在 9 个子湖里面，依次调查每个子湖。而现在是在 9 个子湖进行同步的样点法调查。由于调查方式和效果不同，调查结果可能会出现比较大的调查误差。

1）统计建模　　所有的统计应用都是在 R 2.15.1（R Development Core Team，2012）中运算的。本案例应用 MARSS 3.2 程序包（Holmes et al.，2012）建立了自从 1983 年起白鹤在鄱阳湖保护区的种群动态模型。本案例应用了 gamlss 4.2-0 程序包（Rigby and Stasinopoulos，2005）来量化分析水位对种群增长率的影响。

2）状态空间模型（SSM）的结构和推演　　典型的 SSM 是由两个方程式组成的：一个是测量方程，是连接观察变量到不可见状态变量；另一个是马尔可夫变换方程，是描述状态变量的动态变化。SSM 并没有普遍被接受的公式被应用到不同的领域中。本案例借鉴在生态学方向的研究方法（Dennis et al.，2006；Holmes et al.，2012），应用一个关于结合输入、输出和状态变量的线性系统的状态空间反应，得到的两个公式为

$$x_t = B_t x_{t-1} + u_t + w_t \tag{3-4}$$

$$y_t = Z_t x_t + a_t + \varepsilon_t \tag{3-5}$$

当 t=1，2，3，…，n 时，符合先验分布 $x_0 \sim N(\pi, \Lambda)$（π 代表先验分布的均值，指定了 x_0 的期望值；Λ 代表先验分布的协方差矩阵。它捕获了分布的方差及 x_0 与其他相关变量之间的任何潜在关系）。式中，$w_t \sim N(0, Q_t)$ 和 $\varepsilon_t \sim N(0, R_t)$ 分别是过程误差和观察误差，同时假设这两个误差之间没有相关性，并符合正态分布。状态方程［式（3-4）］是描述状态的动态变化的矩阵 x（x 为 $m \times T$ 矩阵，但是在本案例中仅为白鹤一个物种的种群，即 m=1），这个矩阵是由输入确定性的变量（u_t）和随机变量（w_t）得到的。观察结果方程［式（3-5）］连接了被观察的因变量 y_t（$n \times T$ 观察结果矩阵，本案例中只应用鄱阳湖保护区一个白鹤越冬地的种群数量，即 n=1）与带噪声 u_t 的不确定状态 x_t 和确定性的输入变量 a_t。矩阵 B_t、Z_t、Q_t

和 R_t 是模型的参数，可以随时间变化或者略过时间常数。

状态空间模型在式（3-4）和式（3-5）中表现为线性的和呈现正态分布，也同时反映动态线性模型。但是如果输入的数据进行对数转换时，潜在的种群模型可能不是线性的。在自然的尺度，式（3-4）是一个不连续的时间序列，符合随机的 Gompertz 模型。这个模型是符合 S 形生长曲线的（一种特殊的广义逻辑斯谛函数的案例）。

$$N_t = N_{t-1} e^{(a + b \ln N_{t-1} + w_t)} \tag{3-6}$$

$N_t = \exp(x_i)$ 是时间 t 的种群数量；a 和 b 符合式（3-4）中的 u_t 和 $B_t - 1$。

随机 Gompertz 模型具有一个广为人知的统计特性，即受密度制约（Dennis et al.，2006）。

同时 B_t [式（3-4）]也是密度制约的（如 $B_t = 1$，意味着与密度无关）；u_t 为长期对数种群增长率。

环境变量可能被包含在状态或者观察模型中。依据 Holmes 等（2012），具有环境变量的 SSM 变成以下的形式：

$$x_t = B_t x_{t-1} + u_t + C_t c_t + w_t \tag{3-7}$$

$$y_t = Z_t x_t + a_t + D_t d_t + \varepsilon_t \tag{3-8}$$

式中，c_t 和 d_t 表示输入环境变量的矩阵，C_t 和 D_t 表示被揭示的参数矩阵。在本案例中，只分析环境变量对于种群动态也就是状态过程模型的影响 [如式（3-6）]，同时本案例没有足够的数据和信息来运算环境变量造成的水鸟调查中的误差。

3）模型评估和假设检验　　本案例首先根据对于小样本量的赤池信息量准则（Akaike information criterion，AIC）估算鄱阳湖白鹤种群是否呈现明显的密度制约增长规则。AIC=$-2\lg(L) + 2k(k+1)/(n-k-1)$，其中 L 为最大似然数（ML），k 为模型参数的数量，n 为样本量（Burnham and Anderson，2002）。如果模型的 AIC 差异小于 2，即认为模型能够很好地被数据支持，也说明从长期的数据中可以得到一个确凿的结果。密度非限制 SSM 是在式（3-4）中被简单地赋予 $B=1$ 时得到的（Dennis et al.，2006；Ward et al.，2010；Holmes et al.，2012）。

应用非密度依赖和（或）密度依赖 SSM 作为失效模型，之后增加了环境变量作为协变量来运算并验证假设。这可能用来研究环境变量是否可以解释种群数量的变化，与此同时，同步描述种群密度依赖效果和抽样变化。本案例只有 6 组环境变量来验证上述情况，其中一组变量（如 MaxWL 和 MinWL）并不能放在同一个模型下，因为这两个变量具有很高的相关性，如此可以完成全部 62 组环境变量组合 $[2 \times (C_5^1 + C_5^2 + C_5^3 + C_5^4 + C_5^5)]$。拥有最小 AIC 值的模型可以被认为是最优模型，在由于过多的参数而过度拟合与由于过少的参数而出现的误差之间，这表现为最佳的折中解决方案（Burnham and Anderson，2002）。

2. 白鹤种群动态模型研究结果

本案例收集了从 1980 年首次在鄱阳湖大湖池发现 91 只白鹤以来，历年在鄱阳湖保护区调查到的越冬种群数量（图 3-6），从最初的 91 只到 2011～2012 年记录到最高超过 4300 只。但是由于最开始几年调查力度和人员水平问题，仅使用保护区成立（1983 年）之后的白鹤种群数据模拟种群动态。

鄱阳湖白鹤种群变化是明显的非密度依赖型变化，因为密度依赖模型的 AIC 值非常低（表 3-3）。但是，Δ AIC，即两个模型 AIC 之间的差异是 2.93（<10）（表 3-3），说明不能完全拒绝密度依赖模型的假设（Burnham and Anderson，1998）。然而，密度依赖模型模拟得

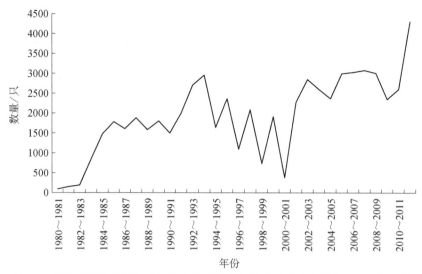

图 3-6　鄱阳湖保护区历年白鹤越冬种群数量长期种群动态变化处理及观测误差

到的参数 B 接近于 1（B=0.999，表 3-3），表明种群密度对增长率的影响微弱，不支持典型的密度依赖关系。通常，强烈的密度依赖关系表现为种群数量接近环境承载力时，个体生存率和繁殖率下降，从而限制种群增长（Viljugrein et al.，2005）。而白鹤在 IUCN 的红色名录被列为极危物种，其栖息地的丧失导致全球种群下降可能会非常快速（IUCN，2013）。在通常情况下，种群大小是低于其历史水平的，虽然有明显的区域性增加（图 3-7）。此外，即使迁徙物种白鹤绝大部分东部种群在鄱阳湖越冬，但其生活史并不全部都在鄱阳湖。因此，白鹤的种群动态变化并不是一个密度依赖过程，存在一种重要的条件驱动力来调控白鹤的种群在模型模拟时间段的变化（1983~2011 年）。观测的数量是每年变化的，而真正的种群数量的变化更多地符合非密度独立过程影响，这个影响取决于环境因素，如栖息地质量或者食物资源。

表 3-3　比较白鹤种群大小是否符合密度依赖或密度独立的状态空间模型（Dennis et al.，2006）

参数[a]	密度依赖模型				密度独立模型		
	R	B	U	Q	R	U	Q
平均值	0.149	0.999	0.051	0.025	0.152	0.040	0.023
标准误	0.080	0.192	0.193	0.051	0.055	0.033	0.032
低 CI[b]	−0.008	0.622	−0.328	−0.075	0.052	−0.025	0.000
高 CI	0.3060	1.376	0.430	0.125	0.262	0.104	0.089
φ[c]	0.145				0.131		
AIC	50.38				47.45		

a. 应用最大似然法估计参数

b. 置信区间（CI）在 95% 水平是由参数自穷举法获得的（n=1000）

c. $\varphi=Q/(R+Q)$，是在数据决定过程误差时计算变化比例的方法

在两个模型中，对两个模型参数的估计是可以比较的（表 3-3）。这是因为密度依赖模型中的估计值 B 为 0.999，这是一个非常接近完整的数值，也就是在非密度依赖模型中确定的值。此外，B 的置信区间（CI）揭示拒绝密度依赖（B<1）和接受密度依赖（B>1）都可能出现。接下来的研究和讨论就是基于非密度依赖模型的。

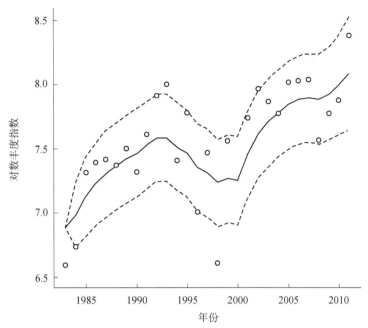

图 3-7　应用状态空间模型估计鄱阳湖保护区的白鹤种群数量对数

实际种群数量用实线表示，95%置信区间（CI）用虚线表示，圆圈为实际调查的数量

利用 ML 估计的对数种群增长率（U）为 0.04（表 3-3），表明在模拟时间内，年际种群增长率为 4.08%。因为对于种群增长率来说，参数自穷举法的 95%置信水平为 2.53%～10.96%（置换为对数种群增长置信区间），不包括 0，白鹤在鄱阳湖越冬的种群数量为正增长。

过程变量的估计值是远远低于观察变量的（Q 和 R 分别为 0.023 和 0.152，如表 3-3 和图 3-8 所示）。变量细分显示只有比例小的种群波动取决于过程噪声（φ=0.131，如表 3-3 所示），而观察误差导致整个变量的波动占 86.9%。尽管白鹤是大型水鸟，且容易鉴别（特征明显，识别度高），但是调查数量的质量却依靠在一个很大面积上进行同步调查。此外，考虑到白鹤数量调查在这些年采用了不同的调查方式，所以这可能是导致观测误差非常高的原

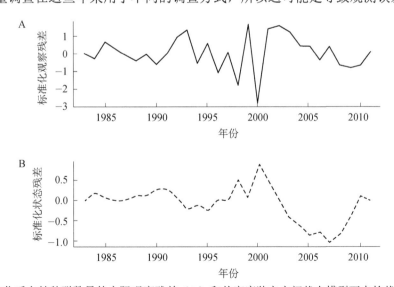

图 3-8　标准化后白鹤种群数量的实际观察残差（A）和从密度独立空间状态模型而来的状态残差（B）

因。这与 Dennis 等（2006）报道的在模拟林鸟调查结果时候的观察变量导致的误差非常相似。但是，最近一些发表的研究表明在研究大型海洋哺乳动物海狮时却只有 0.042 的观察误差（Ward et al.，2010）。

　　空间状态模型相对而言提供了很好的框架来估计参数调节种群动态变化的过程。因为动态过程和观察数量的不确定性，在 SSM 框架中，利用随机种群模型模拟，本案例证明白鹤在鄱阳湖的种群并不支持密度依赖限制种群增长，环境随机因素是白鹤种群变化的主要压力。本案例表明白鹤这种极危物种的种群年际变化在 20 世纪 80 年代以来稳定增长，增长率为 4.08%左右。而这一数字也与在繁殖地观察到的一致（Germogenov et al.，2012）。由于绝大多数白鹤都在鄱阳湖越冬（Barter et al.，2006），我们对其种群动态的分析能反映该物种全球种群状况。虽然白鹤的种群还受到其他很多因素的影响，但是随着保护区建设的不断完善，保护力度的逐渐增强，全球全面保护努力依然使白鹤种群有所增长。

第四章 群落数据与建模

在生态学中，群落（community）是指在同一空间出现的物种集合，这些物种作为生产者、消费者或竞争者相互作用。而这些物种间的相互作用是多样性、物种分布，以及生态系统功能与稳定性的根源。然而，关于群落的定义至今仍然存在争议。在生态学发展早期，不同观点的支持者间产生过激烈的争论。这些争论伴随着群落生态学发展至今。一种观点认为群落是生态学的组织单位，拥有明确的边界，其结构和功能受物种间相互作用控制。另一种观点认为，群落是由能够生存于某一空间的物种组成的松散集合，不同群落间没有明显的边界。

第一种观点发展的极致是"超组织"（superorganization）。该观点认为组成群落的各物种彼此联系如同一个生物有机体的不同器官，群落中物种进化的方向是逐渐增强物种间的相互依赖。简言之，群落可以像种群中的不同个体或群落中的不同物种那样被识别。这一观点最有影响力的拥护者是美国植物生态学家 Frederic Edward Clements（1874—1945）。Clements 的观点源自植物群落，他指出不同植物群落间拥有明确的边界及独特的植物和动物物种。

Clements 的观点被称为"整体论"（holistic concept）。支持者认为理解一个物种对整个系统运行所起的作用是认识物种的唯一方式。例如，土壤细菌离开了营养基质、消费者及受益于它们分解物的植物等，它们的作用将毫无意义。更重要的是，整体论认为物种间的生态和进化关系增强了如物质循环和能量流动的稳定性等群落属性，使群落优于个体的简单组合。

与之相对的观点是植物学家 Henry Allan Gleason（1882—1975）提出的"个体论"（individualistic concept）。Gleason 认为群落只是在某一空间中特定物理和生物条件下能够生存的物种间的偶然组合。群落结构和功能仅代表组成局域集合的物种个体间的相互作用，而非超越个体的整体。从自然选择的角度来看，选择压力增强的是个体的适应性，因此群落中各个种群也是朝着最大化个体繁殖成功率的方向进化，而不是让群落作为整体受益。

现代生态学将传统的两种观点整合，在当前群落生态学研究的重要问题和经典问题中依然隐藏着这两种观点的影子。从生态学角度研究群落，需要从大量的生物物种数据和环境观测数据中找出内部关系和规律性，进而发现群落内和群落间的联系。本章从群落结构数据特征入手，介绍现代群落生态学中常见的群落结构模型。

第一节　群落结构数据特征

一、群落结构数据

描述群落结构的数据主要包括物种多度数据和环境数据两类，统称为变量。

（一）变量的种类

定性变量，如名义变量（nominal variable）、分类变量（categorical variable）、二元变量（binary variable）或多级变量（multiclass variable）等；半定量变量，如序数变量（ordinal variable）等；定量变量，如离散型变量（discrete variable）、连续变量（continuous variable）等。

（二）物种数据指标

物种数据通常为定量或半定量变量，常见的指标如下。

密度（density）：指单位面积或单位空间内的个体数。乔木、灌木和丛生草本一般以植株或株丛计数，根茎植物以地上枝条计数。样地内某一物种的个体数占全部物种个体数之和的百分比称作相对密度或相对多度。

多度（abundance）：是对物种个体数目多少的一种估测指标，多用于群落内草本植物的调查。

盖度（coverage）：指植物地上部分垂直投影，即投影盖度。

频度（frequency）：指某个物种在调查中出现的频率，一般用出现该物种的样方占全部样方数的百分比计算。群落中某一物种的频度占所有物种频度之和的百分比，即相对频度。

质量：用来衡量物种生物量（biomass）或现存量（standing crop）多少的指标，可分为干重与鲜重。这一指标是理解群落与生态系统生产力的基础。

单位努力捕获量（catch per unit effort，CPUE）：在规定时间内，平均一个作业单位捕获的质量或数量。其通常用作资源密度的指标。

存在度（presence）：物种在不同群落中出现的概率。

恒有度（constance）：物种在属于同一群落类型在空间上彼此分隔的各个群落片段上同等面积调查范围出现的百分比，即一定面积内物种的存在度。

忠诚度（fidelity）：某一物种对栖息地选择的倾向性。其包括特征种（characteristic species），即特别偏爱某类型群落成为优势种；伴生种（companion），对群落没有明显选择；偶见种（accidental species），偶然出现，分布较少的种。

二、物种数据的转换

（一）物种数据转换的目的

在进行群落结构建模之前，通常需要对物种数据进行转换处理，主要解决如下问题。

（1）双零问题（double-zero problem）：与环境变量等不同，物种数据的零值通常有多种解释，如采样地不适宜该物种生存，采样地适宜该物种生存但该物种的适宜生态位已经被其他物种占据，采样地适宜该物种生存但该物种尚未扩散到此地，采样地不是物种分布的最优选择，该物种是存在的但在采样中未观察到，等等。因此，某一物种在两个样方内同时缺失，不能作为两个样方相似的依据，需要对数据进行转换以避免双零问题的产生。

（2）线性分析（linear analysis）：在计算样方间的欧氏距离和变量之间的协方差或相关系数时通常使用线性分析方法，要求数据是相称的（symmetric），如方差分析、k-均值划分、主成分分析（PCA）、冗余分析（RDA）等，即对象 n_1 与 n_2 之间的系数和 n_2 与 n_1 之间的系数是相同的。为避免物种数据中存在的非对称情况影响线性分析模型的效果，需要对数据进行转换。数据转换的作用在于使不同单位的变量具有可比性；或使变量更符合正态分布，具有稳定方差；或改变变量或对象的权重；或将分类变量转换为二元变量以便于统计分析。

（二）物种数据转换的常用方法

简单的转换函数：物种多度数据和定量或半定量数据通常是正值或零值，对于这样的数据，几种简单的转换函数可以降低极大值的影响，如平方根、四次方根、多度+1 的自然对数等；在某些特殊情况下，需要对所有的正值赋予相同的权重并忽略数值大小，可将数据进行二元变量转换（所有正值转换为 1，即存在；零值为 0，即不存在）。

非对称数据转换：Legendre 和 Gallagher（2001）给出了 5 种转换方法，对原始数据进行转换后计算欧氏距离。这样得出的欧氏距离保留了样方之间的非对称距离，可以使线性分析方法应用于物种数据分析中。其中 4 种可以通过 Vegan 包内 decostand( )函数实现，包括样方内相对多度转换、样方内范数标准化、Hellinger 转换和卡方双标准化。

第二节　群落结构模型

一、群落结构空间模型

（一）物种多样性

物种多样性是指一定区域内物种的多样化及其变化，包括一定区域内生物区系的状况（如受威胁状况和特有性等）、形成、演化、分布格局及维持机制等。物种多样性的生态学含义是对生物群落组织化水平的测量（蒋志刚等，2014）。物种多样性是研究者认识生物多样性的最基本层次，是物种进化和生态适应的全过程（李俊清，2012）。

1. 物种多样性概述

群落和生态系统等生物系统的基础结构有两个基础参数，即物种数（number of species）和个体数（number of individual）。生态学家对二者之间的关系进行了几十年的理论研究（MacArthur，1957），最初用于描述的概念为物种多样性（species diversity）。

物种多样性、生态位宽度（niche width）和栖息地多样性（habitat diversity）是生态多样性（ecological diversity）的三个主要衡量标准，其中物种多样性是最具代表性的概念。物种多样性的测度方法一般均与物种丰富度（species richness）和物种多度（species abundance）有关。其中一种是通过数学方法计算获取的指标，即多样性指数（diversity index）。大部分被广泛使用的多样性指数均源自信息论（Margalef，1958），如文稿中的语法多样性等。物种多样性指数反映了群落的两个属性，即物种丰富度和均匀度（evenness，equitability），不同的物种多样性指数被赋予不同的相对权重。值得注意的是，均匀度的定义是多元的，没有一个统一的标准定义，通常被解释为不同种类个体间的多度分布情况。

2. 物种多样性的重要假说

1）基础假说　物种多样性的保护有两个基础假说，即多样性-稳定性假说（diversity-stability hypothesis）和物种（功能）冗余假说［species（functional）redundancy hypothesis］。稳定性（stability）有两种定义：其一是恢复力（resilience）稳定性，即系统受到干扰后恢复到原平衡态的能力；其二是抵抗力（resistance）稳定性，即系统抵抗干扰，维持系统的结构与功能保持原状的能力（May，1976）。多样性-稳定性假说认为由于物种属性不同，物种丰富（多样性高）的系统能够很好地抵消干扰带来的物种损失（Elton，1958；Pimm，1984）。因此，拥有更多物种（多样性高）的系统被认为稳定性更高。物种（功能）冗余假说从另一个侧面提出，生态系统普遍具有多个物种履行相似功能的情况，某个物种丧失不会在整体上影响生态系统的功能（Walker，1988）。大量实践研究验证了多样性-稳定性假说（Tilman et al.，1994）和物种（功能）冗余假说（Bellwood et al.，2003）。理论研究也验证了系统稳定性随着复杂度的增加而提升，但超过临界点后正向关系变为反向，复杂度增加会导致系统稳定性下降（Gardner and Ashby，1970；May，1972）。

2）物种多样性格局形成及维持的主要假说　　随着生态学和保护生物学的发展，进一步衍生出 30 余种物种多样性格局形成及维持的假说。这里重点介绍其中影响最大的 8 种。

（1）物种-能量假说（species-energy hypothesis）：能量是控制物种多样性的主要因素，能量越高的地方物种丰富度越高（Wright，1983；Hawkins et al.，2003）。物种-能量假说可进一步分解为环境-能量假说（ambient-energy hypothesis）、水分-能量假说（water-energy hypothesis）、生产力假说（productivity hypothesis）及代谢假说（metabolic hypothesis）。

（2）气候因子假说（climate factor hypothesis）：气候因子能够影响生物的生长、发育、繁殖和分化，是物种多样性差异形成和地理格局分布的重要原因。气候条件越好，环境能容纳的物种就越多，物种多样性也就越高（Whittaker，1978）。在众多气候因子中，气温和水分因子的作用最为重要。

（3）环境稳定性假说（environmental stability hypothesis）：在环境容纳量固定的前提下，稳定的环境提供的资源也相对稳定，有助于物种对环境的适应从而推动物种特化，使物种生态位变窄，提高生态位的分割程度，使环境可以容纳更多的物种（Klopfer，1959；Klopfer and Macarthur，1960；Stevens，1989；蒋志刚等，2014）。

（4）生境异质性假说（habitat heterogeneity hypothesis）：生境的异质性、多样性和变异程度形成限制性资源的变异梯度和镶嵌格局，是决定物种多样性及其分布的重要因素。在异质性高的生境中，物理环境或生物环境多样化，各种生物生存所需资源的分布复杂，能提供更多的生态位，有利于物种的特化和更多物种共存，物种丰富度也随之增加（MacArthur et al.，1967）。

（5）种-面积假说（species-area hypothesis）：物种数量与面积大小之间的关系，也称种-面积关系（species-area relationship）或种-面积曲线（species-area curve），一直是生态学研究的热点问题。一个区域内的生物有物种形成、灭绝、移动、迁入、迁出、扩散等生态过程，使得物种多样性和区域面积之间包含了复杂的关系。较大的区域面积中可能包含较大的生境异质性和较复杂的种间关系，发生物种进化和新种形成的可能性也较大，就有可能具有更高的生物多样性（Hubbell，2001）。

（6）时间假说（time hypothesis）：生物群落沿时间序列变得更多样，也称历史成因假说（historical hypothesis）。该假说包含两类影响生物多样性形成的机制和历史过程：累积性事件（cumulative ongoing history），包括物种形成、灭绝、迁移、扩散等；地质历史时期的突发性事件（transient history），包括气候剧变、地壳运动等。另外，假说又分为两个时间尺度：①生态时间，作用于物种的迁移和扩散，仅当物种有足够时间扩散到某一区域时，这一过程才会对该区域的物种多样性变化起作用（Svenning et al.，2008）；②进化时间，作用于物种形成和灭绝过程，进化时间越长，物种丰富度越高（Ricklefs，2004）。

（7）竞争假说（competition hypothesis）：物种多样性在一定程度上受到种间竞争强度的影响，种间竞争越激烈，物种多样性越高（Stevens，1996）。

（8）干扰假说（disturbance hypothesis）：干扰是指自然因素或人为因素对种群、群落或生态系统的突发或持续的扰动。中度干扰假说（intermediate disturbance hypothesis）认为，中等强度的干扰能有效降低物种之间的竞争排斥，阻止一个或少数物种成为生态系统中的优势种，使物种趋于多样化，生物多样性较高（蒋志刚等，2014）。此外，干扰造成了生态系统在空间和时间尺度上的异质性（Carson，1990），打破种间竞争的平衡，让更多物种在同一空间共存，提高物种多样性。

综上，物种多样性对生态学家来说是一个有用的工具。在使用物种多样性时，必须清楚选择的定义和测度方法。而生物多样性则是一个更广泛但较为模糊的概念，更多地应用于环境管理和保护政策领域，对减缓人类对自然的干扰起到了关键性作用（Hamilton，2005）。

3. 物种多样性的分类

用单一值描述物种多样性会损失群落结构的诸多细节（Hamilton，2005），换言之，即单一模型不能恰当地描述所有群落。因此，物种多样性具有了时空格局。从空间尺度划分，Whittaker（1960，1972）首先定义了小环境尺度的点位多样性（point diversity）、栖息地尺度的 α 多样性、景观尺度的 γ 多样性和生物地理区域尺度的 ε 多样性。在此基础上，Whittaker（1960，1977）进一步归纳了三种空间尺度的多样性，即格局多样性（pattern diversity）、β 多样性和 δ 多样性。其中 β 多样性是使用最广泛但概念最复杂的。

尽管 Whittaker 在多样性方面的研究和定义极大地推动了生态学的发展，但在其概念、计算、应用等方面存在争议，特别是 β 多样性概念模糊不清，成为生态学进一步发展的阻碍。基于此，Jurasinski 等（2009）提出了一个更为简洁的多样性度量方法分类体系，即编目多样性（inventory diversity）、分化多样性（differentiation diversity）和比例多样性（proportional diversity）。由于 α 多样性和 γ 多样性均用于表示物种丰富度，数据特征相似，不同之处在于应用的尺度，因此将二者统称为编目多样性。β 多样性的情况则更为复杂，众多不同的度量方法可以归纳为基于不同概念的两种类型，即分化多样性和比例多样性。

分化多样性主要考虑物种的组成和不同区域相似性的比较，主要包括群落相似性（similarity of community）、物种组成数据表的总方差（sum variance of species matrix）、排序空间的梯度长度（gradient length in ordination）和相似性随距离衰减斜率（slope of distance decay relationship）。

比例多样性主要考虑不同尺度上的物种丰富度及其他多样性指数差异的比较，主要包括加和分配（additive partitioning，即 β 多样性=γ 多样性−α 多样性）、倍性分配（multiplicative partitioning）及种–面积曲线的斜率（slope of species-area curve），详见表 4-1。

表 4-1　Jurasinski 多样性分类表（Jurasinski et al.，2009）

新分类	适用概念	Whittaker's 分类
编目多样性	物种丰富度、香农–维纳多样性指数、辛普森多样性指数	α 多样性、γ 多样性
分化多样性	相似性（组成上的相似或不相似、距离）	β 多样性
周转*	物种组成数据表的总方差 排序空间的梯度长度 相似性随距离衰减斜率	β 多样性

续表

新分类	适用概念	Whittaker's 分类
比例多样性	加和分配 倍性分配 种–面积曲线的斜率	β 多样性

*周转是分化多样性的子分类

4. 物种多样性的测度

物种多样性不仅与群落中的物种数有关，也与物种之间的相互关系及物种功能有关（张金屯，2004）。通常用物种丰富度和物种均匀度来表征物种多样性（孙儒泳，1992）。

物种多样性的测度主要基于三个基础假设：①物种间平等；②个体间平等；③物种多度记录单位是恰当且可比较的（Peet，1974）。物种多样性应用最广泛的分类为 α 多样性、β 多样性和 γ 多样性。现将三类常用的测度方法介绍如下。

1）α 多样性　　α 多样性是对群落内物种数量和物种间相对多度的一种测量。α 多样性主要反映的是局域尺度群落内种间竞争等作用下产生的物种共存的局面。主要的多样性指数如下。

（1）物种丰富度（species richness，R）：

$$R = S \tag{4-1}$$

（2）均匀度（evenness，E）：

$$E = \frac{H'}{\ln S} \tag{4-2}$$

（3）辛普森多样性指数（Simpson's diversity index，D）：

$$D = 1 - \sum_{i=1}^{S} p_i^2 \tag{4-3}$$

（4）香农–维纳多样性指数（Shannon-Wiener's diversity index，H'）：

$$H' = -\sum_{i}^{S} p_i \log_2 p_i \tag{4-4}$$

式中，S 为物种数；$p_i = N_i/N$，N_i 为第 i 个物种的多度，N 为所有物种的多度值之和。

2）β 多样性　　β 多样性是研究生态群落多样性维持机制的核心概念（Condit et al.，2002），通常被用来表示不同群落间物种组成在时间尺度或空间尺度上的变化程度（Socolar et al.，2016）。由于 β 多样性为局域尺度（local scale）的生物多样性（α 多样性）和区域尺度物种库（γ 多样性）之间建立了直接的联系（Whittaker，1960），在过去的几十年间，β 多样性一直处于群落生态学研究的核心（Anderson et al.，2011）。

如上文所述，β 多样性是多样性概念中最复杂、最模糊的概念。为了更好地区分 β 多样性的不同术语、概念和度量方法，本书引用 Jurasinski 等（2009）提出的二元概念分类体系。

Ⅰ. 分类一：检验物种丰富度的变化

（1）倍性分配：Whittaker（1960）在他的文章中将 β 多样性定义为 α 多样性和 γ 多样性之间的关系。

$$β多样性 = \frac{γ多样性}{α多样性} \tag{4-5}$$

该计算指标表示每个取样单元物种丰富度占整个区域物种丰富度的比例，间接度量取样单元间物种组成的相似性（陈圣宾等，2010）。它受取样单元数量、大小、空间分布格局的影响，且随着整个区域环境异质性的增加而减小。

（2）加和分配：在不同尺度的前提下，更大尺度的 γ 多样性可以分解为取样单元内（α 多样性）和取样单元间（β 多样性）。

$$\beta 多样性 = \gamma 多样性 - \alpha 多样性 \tag{4-6}$$

该计算指标用同样的单位度量 α 多样性和 β 多样性，因此很容易对其相对重要性进行量化和解释，可应用于对不同时空尺度和土地利用方式间的 α 多样性与 β 多样性差异的比较（Crist and Veech，2006）。

Ⅱ. 分类二：检验物种组成的变化

相似性：用相似性/非相似性系数（similarity/dissimilarity coefficient）来表示，是目前应用最普遍的计算指标。经典的指数包括基于二元数据的雅卡尔指数（Jaccard 指数）、索伦森指数（Sørensen 指数）、辛普森多样性指数等及基于物种多度数据的 Bray-Curtis 相异度等。近年来出现了一些新方法：例如，Chao 等（2005）对 Jaccard 指数和 Sørensen 指数进行概率延伸以减少取样偏差；Condit 等（2002）使用 Chave 和 Leigh（2002）提出的共显性指数（co-dominance index）来计算相似性。

（1）Sørensen 指数（$\beta_{Sør}$）：

$$\beta_{Sør} = \frac{a+b}{a+b+c} \tag{4-7}$$

（2）Jaccard 指数（β_{Jac}）：

$$\beta_{Jac} = \frac{a+b}{a+b+c} \tag{4-8}$$

式中，a 和 b 分别为群落 A 和群落 B 的物种数；c 为群落间共有物种数。

（3）Bray-Curtis 相异度（C_N）：

$$C_N = \frac{2N_j}{N_A + N_B} \tag{4-9}$$

式中，N_A 为群落 A 的物种多度之和；N_B 为群落 B 的物种多度之和；N_j 为两个群落共有种中多度较小的物种多度之和。

（4）相似性随距离衰减斜率：该计算指标同样由 Whittaker（1960）提出，经过多年沉寂后在近几十年重回研究视野（Soininen et al.，2007）。距离衰减是指相似性随着空间距离的增加而减小的现象（Tuomisto et al.，2003）。Beals（1984）认为斜率可以被解释为 β 多样性，即距离与环境梯度的函数，斜率绝对值的大小代表 β 多样性的大小。

（5）物种组成数据表的总方差：该计算指标由 Legendre 等（2005）提出。他们认为"原始数据方法"（raw data approach）保留了更多的信息，能够更好地支撑统计计算，因此物种组成数据表的总方差可以作为 β 多样性的一种度量方式。该指标可从非相似性矩阵和原始物种组成矩阵中计算得出，将可解释的总方差分解为环境和空间因子的独立作用与交互作用，以此验证确定性过程和扩散过程的相对重要性（陈圣宾等，2010）。

（6）排序空间的梯度长度：去趋势对应分析（detrended correspondence analysis，DCA）中的梯度长度（Økland，1986）和典范对应分析（canonical correspondence analysis，CCA）中的总方差都可以作为 β 多样性的度量方式（陈圣宾等，2010）。

3）γ 多样性　　主要用于描述景观尺度的物种丰富度。由于测量方法的限制，目前并没有直接计算的指标，而是通过 β 多样性在 α 多样性与 γ 多样性之间建立联系。

5. 物种多样性的时空格局

物种多样性在生物地理尺度的分布格局，以及不同群落在时间和空间尺度下组成的变化长期处于生态学、生物地理学、进化生物学研究的核心（Harrison and Lawton，1992）。时间尺度的跨度可以从以百万年为单位的物种进化尺度到以年为单位的生态过程尺度，空间尺度的跨度可以从全球尺度到以米为单位的采样点尺度。不同的时空尺度下，群落组成的差异均可体现，这些差异可以反映出不同的多样性格局。β多样性的时空格局为研究群落构建机制提供了标尺。

1）β多样性的时间格局　　自然环境和人为因素会随着时间的推移而变化，这种变化会影响种群动态、种间关系乃至物种进化，进而导致一定区域内群落组成在时间序列上的变化（陈圣宾等，2010）。从生命出现到现在，在生物进化的历史长河中，新的物种不断地产生，已存在的物种也不断地消失，几乎所有生物类群的物种都会经历发生、发展、分化或灭绝的过程（周红章等，2000）。不同的时间尺度下多样性变化的时间格局也有所不同。

在物种进化尺度影响β多样性的过程主要是生物进化、物种形成和物种大灭绝。进化生物学认为，所有的生物都有共同的祖先，生命从无到有的过程就是物种起源与分化的过程，这也是物种多样性不断增加的过程（陈世骧，1987）。物种多样性不断增加的过程并非线性的，虽然总的趋势是增加的，但其间也存在不断的反复，即物种大灭绝。地质年代史上大规模的灭绝事件显示，这种大规模灭绝事件呈现一定的周期性（Sepkoski，1989）。在大的生物进化时间尺度下认识物种多样性（β多样性）的分布格局，取决于化石记录的完整性，因此测量化石记录的完整性成为该领域研究的重要方法（周红章等，2000）。

根据周红章等（2000）的总结，生态过程尺度下的物种丰富度和群落组成时序变化主要有3种模式：①生态演替模式，群落演替（community succession）又称生态演替（ecological succession），是指在一定区域内，群落随时间而变化，由一种类型转变为另一种类型的生态过程（戈峰，2008）；②Preston的时间模式，Preston（1960）提出了与种-面积曲线相似的物种-时间曲线，即在对数-对数空间内是一条直线，并且有一个与种-面积曲线相似的Z值（斜率值）；③季节变化模式，生物的季节变化模式是物候学的基础，也是物种多样性（β多样性）时间变化的特殊模式，最典型的例子是动物迁徙和昆虫物种的季节变化。值得注意的是，在水文节律季节变化显著的通江湖泊，季节变化模式是物种多样性时间尺度变化的主要模式。

2）β多样性的空间格局　　β多样性在不同的空间尺度下表现出不同的空间格局，这种空间格局是多样性重要的自然属性。

在全球尺度的研究中，纬度格局是最著名和研究最广泛的科学问题之一（Pianka，1966；Willing et al.，2003）。纬度格局简单来说是生物群落的物种丰富度从热带向两极递减。热带地区的特有种较多，寒带与温带的特有种较少，因此β多样性也具有纬度格局（Koleff et al.，2003；Gaston et al.，2007；Qian et al.，2009）。纬度格局描述的是总体趋势，寒带与温带也有β多样性较高的区域（陈圣宾等，2010），如安第斯山脉、落基山脉、中美洲山区、喜马拉雅山脉、阿尔卑斯山脉、巴尔干半岛等。

Harrison和Lawton（1992）在研究中指出，在局域尺度上，β多样性、物种丰富度是物种多样性的关键指数。在栖息地尺度上，种-面积曲线（species-area curve）是最典型的空间分布格局。Rosenzweig（1995）总结了种-面积曲线的4种模式：①大区域内单一生物区系的种-面积曲线；②岛屿种-面积曲线；③小区域内单一生物区系的种-面积曲线；④不同进化历史区域的种–面积曲线。此外，还有大陆模式和岛屿模式两个经典模式。

3）β多样性与保护管理应用　　在区域尺度上，β多样性与物种丰富度均能决定某一区域的物种多样性，可以直接应用于保护区规划和全球生物多样性保护等领域（Cody，1986；Harrison et al.，2000）。当某个区域β多样性水平较高时，表明该区域的生物多样性具有很高的互补性，因此具有很高的保护价值，保护区域需要纳入物种组成变化的全部梯度（陈圣宾等，2010；Quinn and Harrison，1988；Wiersma and Urban，2005）。

景观尺度的γ多样性数据在全球大部分区域都是很难获取的，因此通常保护生物学研究都在小尺度开展。β多样性为α多样性和γ多样性之间建立了直接联系。因此，研究β多样性维持和丧失的生态过程与格局对于多样性保护来说就显得尤为重要（Gardner et al.，2013）。

总而言之，β多样性的时空格局能够为生物多样性保护管理提供更多有效的信息，是基于过程（process-based）的保护管理策略的重要基础。下面简要总结β多样性在保护管理中的应用。

考虑到保护资金的限制，保护区域的选择是一个择优的过程（Venter et al.，2014）。在保护领域，有一个著名的"SLOSS"（single large or several small，单个大或多个小）争论（Simberloff and Abele，1976），即建立单个大保护区还是几个小保护区。景观尺度下的β多样性格局能够很好地为解决这一问题提供支持：若某一景观区域，沿空间梯度或环境梯度的物种周转水平高，那么保护区域的选择必须能够涵盖这些变化，否则将会丧失某些物种，因此该区域应建立多个不相邻的小保护区而不是单个大保护区（Quinn and Harrison，1988；Wiersma and Urban，2005）；反之，若某一景观区域物种嵌套（nestedness）水平高，那么保护区需要关注多样性高的区域，放弃物种稀少的区域。当零模型（null model）显示在一个充分混合的群落中由中性过程（neutral process）导致的物种周转水平高，那么保护区域应尽可能大到将整个区域全部囊括（Terborgh，2012）。

栖息地破碎化能够通过扩散限制（dispersal limitation）和随机过程增加β多样性水平（Püttker et al.，2014）。这种格局表明修建廊道以恢复斑块连接度的重要性。规划合理的廊道能够通过促进各斑块间物种的扩散与混合，有效降低β多样性。然而从长期来看，廊道建设对多种类型的多样性都有好处。它能够降低本地或区域尺度的灭绝债务（extinction debt）发生的可能性（Fagan，2002）。廊道能够促进物种通过改变分布区域来响应气候变化（Pearson，2006）。沿气候梯度建立栖息地间的廊道能够有效地帮助扩散能力弱的物种，降低气候变化潜在的同质化效应（homogenizing effect）。从气候变化响应的角度来看，廊道的建立在短期内仍然会通过连通（混合）彼此隔离的群落来降低β多样性。但长期来看，廊道的建立同样会降低灭绝事件发生的概率，进而提升多样性水平。物种能够响应多种气候因子，如温度和降水等。因此，识别决定物种分布区域的气候因子对规划廊道建设的位置和方向至关重要（Jankowski et al.，2009；Tingley et al.，2009）。

（二）应用实例——水文连通性对环境因子与大型底栖动物群落结构的影响

水文过程是湿地生态系统的关键驱动因素之一，洪泛平原湿地水生生物群落时空格局对水文连通性及其季节性变化具有敏感的响应，而水利工程与人为干扰对洪泛平原湿地生物多样性具有重要影响并威胁湿地生态系统的健康。三峡大坝运行以来，江湖关系改变，长江中下游水文情势发生了变化，通江湖泊淹水节律发生变化，洲滩出露天数增加，湿地生境间水文连通性降低，大型底栖动物对环境变化具有敏感的指示作用。因此，在三峡大坝运行、江湖关系改变的背景下，水文连通性如何影响大型底栖动物时空格局，是长江中游湿地生物多样性保护亟待解决的关键科学问题。

1. 研究区概况

在本案例中，基于西洞庭湖不同水文时期（涨水期、洪水期、退水期）内不同生境大型底栖动物群落野外调查，探究大型底栖动物 α 多样性对西洞庭湖不同水文连通性生境的响应，以及大型底栖动物 β 多样性对西洞庭湖不同水文连通性生境的响应。

其中生境类型与采样点设置如表 4-2 所示。

表 4-2　西洞庭湖生境类型与采样点设置

分组		代号	站位	生境特征
河道	沉水	T1	5	河道较宽，流速较高
	澧水	T2	4	河道较窄，流速较低
湖泊	高连通性湖泊	CL	3	无堤坝阻隔，涨水期与河道连接，退水期水体流失，仅留存几个小水注
	中连通性湖泊	IL	3	有自然或人工堤坝阻隔，部分湖泊有养殖历史，洪水期与河道连接，退水期水体流失，但仍存在大面积的水面
退林还湿洲滩	低连通性洲滩	MM	3	自然洲滩上人为挖掘的小的渠沟，造成栖息地片段化，洪水期与河道连接，水体大部分来源于降水与地下水，有干旱的风险

2. 研究方法

在本案例中，对 α 多样性指数进行显著性检验时，若符合方差齐性，用单因素方差检验，若不符合方差齐性，用非参数检验。通过 Bonferroni 校正的曼–惠特尼（Mann-Whitney）配对比较来评估差异（Wang et al.，2007）。Sørensen 指数（基于物种有无数据）用于 β 多样性的计算，将 β 多样性分解为转换组分（turnover/replacement）与嵌套组分（nestedness）（Baselga，2010）。β 多样性是针对两个空间尺度分别计算的，即整个湖泊与 5 种生境类型，在 beta.div.comp 函数中实现（Li et al.，2020a）。为了可视化不同生境之间的 β 多样性关系，利用配对计算的相异性矩阵进行非度量多维尺度分析（non-metric multidimensional scaling，NMDS）（van de Meutter et al.，2019）。

3. 研究结果

1）水文连通性对大型底栖动物群落 α 多样性的影响　　涨水期大型底栖动物群落的香农–维纳多样性指数和马加莱夫指数（Margalef 指数）在不同栖息地类型之间具有显著差异（图 4-1）。通过配对比较，澧水、高连通性湖泊与沉水、低连通性洲滩的香农–维纳多样性指数具有显著的差异（$P<0.05$），高连通性湖泊与沉水、中连通性湖泊、低连通性洲滩的 Margalef 指数具有显著的差异（$P<0.05$）。低连通性洲滩与沉水的香农–维纳多样性指数与 Margalef 指数均最低，而高连通性湖泊的均最高。澧水的香农–维纳多样性指数与 Margalef 指数均比沉水的高。

如图 4-2 所示，洪水期大型底栖动物群落的香农–维纳多样性指数、辛普森多样性指数、Margalef 指数在不同栖息地类型之间具有显著差异。通过配对比较，澧水、高连通性湖泊、中连通性湖泊与沉水、低连通性洲滩的香农–维纳多样性指数具有显著的差异（$P<0.05$），澧水、高连通性湖泊、中连通性湖泊与低连通性洲滩的辛普森多样性指数具有显著的差异（$P<0.05$），其 Margalef 指数也具有显著的差异（$P<0.05$）。低连通性洲滩的香农–维纳多样

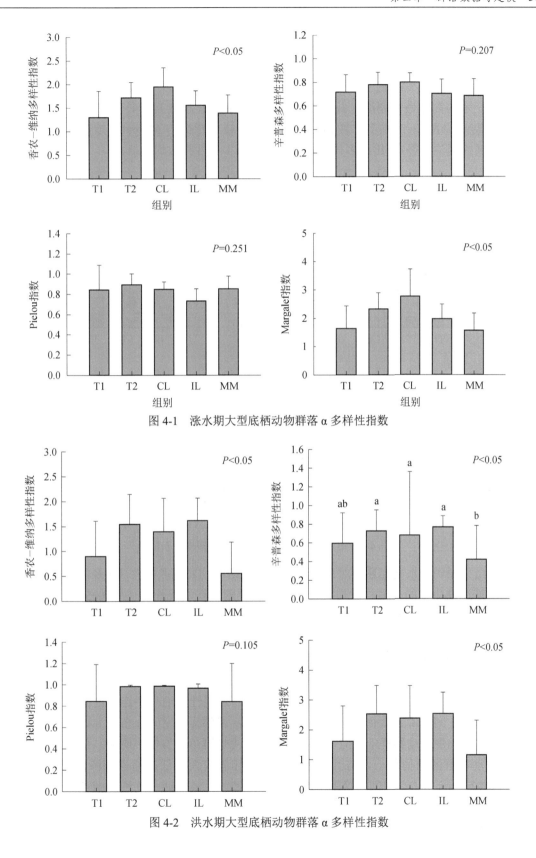

图 4-1　涨水期大型底栖动物群落 α 多样性指数

图 4-2　洪水期大型底栖动物群落 α 多样性指数

性指数、辛普森多样性指数与 Margalef 指数均最低。

如图 4-3 所示，退水期大型底栖动物群落的香农–维纳多样性指数、辛普森多样性指数、Margalef 指数在不同栖息地类型之间具有显著差异（$P<0.05$）。通过配对比较，中连通性湖泊、沉水与高连通性湖泊、低连通性洲滩的 Margalef 指数具有显著的差异（$P<0.05$）。中连通性湖泊的香农–维纳多样性指数、辛普森多样性指数与 Margalef 指数的平均值均最高。高连通性湖泊的香农–维纳多样性指数与辛普森多样性指数均最低。

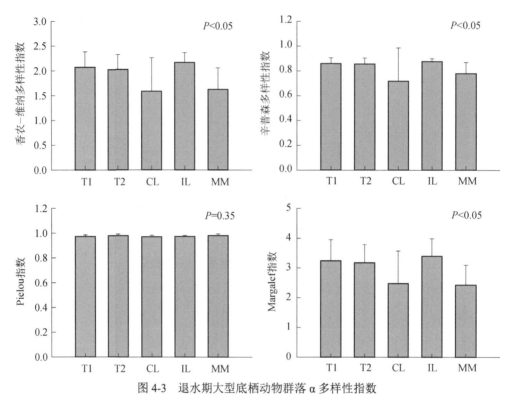

图 4-3   退水期大型底栖动物群落 α 多样性指数

这些结果表明，水文连通性对西洞庭湖大型底栖动物局域多样性（α 多样性）有显著影响。不同连通性生境的 α 多样性指数在不同水文时期具有显著差异（$P<0.05$）。高流速、低连通性、水体的过度流失对 α 多样性有负面影响。在洪水期间，大型底栖动物的局域多样性下降。

2）水文连通性对大型底栖动物群落 β 多样性的影响   相似性分析（analysis of similarities，ANOSIM）检验结果表明，涨水期西洞庭湖 5 个生境间的群落相似性具有显著差异（$P<0.001$），R 值为 0.3536。NMDS 排序图显示涨水期高连通性湖泊与中连通性湖泊之间存在重叠，其他生境之间基本无重叠现象，其中低连通性洲滩的样点空间分布最为集中（图 4-4）。这表明湖泊之间底栖动物群落相似性较高，其他栖息地群落相似性不明显，低连通性洲滩的大型底栖动物群落结构单一，与其他栖息地类型相差较大。低连通性洲滩的 β 多样性为 0.48，物种转换分别占总空间转换的 50%。沉水、澧水、高连通性湖泊和中连通性湖泊的 β 多样性分别为 0.79、0.77、0.75 和 0.74，物种转换分别占总空间转换的 86%、94%、89%和 95%（表 4-3）。

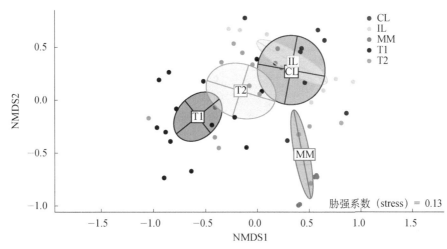

彩图

图 4-4　涨水期基于大型底栖动物密度的 Bray-Curtis 相异度的非度量多维尺度排序图

表 4-3　涨水期基于 Sørensen 距离的大型底栖动物群落 β 多样性

生境类型	β 多样性	转换组分	嵌套组分
全湖	0.85	0.79（93%）	0.06（7%）
沉水	0.79	0.68（86%）	0.11（14%）
澧水	0.77	0.72（94%）	0.05（6%）
高连通性湖泊	0.75	0.67（89%）	0.04（11%）
中连通性湖泊	0.74	0.70（95%）	0.04（5%）
低连通性洲滩	0.48	0.24（50%）	0.24（50%）

注：基于 Sørensen 距离的 β 多样性都是在两个空间尺度上计算的，即整个湖泊和每种生境类型的总体多样性；括号中显示贡献百分比。下同

　　ANOSIM 检验结果表明，洪水期西洞庭湖 5 个生境之间的群落相似性具有显著差异（$P<0.001$），R 值为 0.1806。NMDS 排序图显示除了沉水洲滩生境，其他生境之间均存在重叠（图 4-5）。沉水、澧水、高连通性湖泊、中连通性湖泊和低连通性洲滩的 β 多样性分别为 0.95、0.92、0.93、0.91 和 0.95，物种转换分别占总空间转换的 95%、96%、96%、95% 和 95%（表 4-4）。

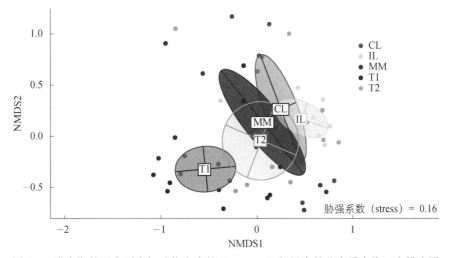

彩图

图 4-5　洪水期基于大型底栖动物密度的 Bray-Curtis 相异度的非度量多维尺度排序图

表 4-4　洪水期基于 Sørensen 距离的大型底栖动物群落 β 多样性

生境类型	β 多样性	转换组分	嵌套组分
全湖	0.98	0.97（99%）	0.01（1%）
沉水	0.95	0.90（95%）	0.05（5%）
澧水	0.92	0.88（96%）	0.04（4%）
高连通性湖泊	0.93	0.89（96%）	0.04（4%）
中连通性湖泊	0.91	0.86（95%）	0.04（5%）
低连通性洲滩	0.95	0.90（95%）	0.05（5%）

　　ANOSIM 检验结果表明，退水期西洞庭湖 5 个生境之间的群落相似性具有显著差异（$P<0.001$），R 值为 0.4312。NMDS 排序图显示高连通性湖泊与低连通性洲滩有重叠现象，其他分组无重叠现象。其中，低连通性洲滩的样点空间分布最为集中（图 4-6）。这表明高连通性湖泊与中连通性湖泊底栖动物群落相似性较高，其他栖息地群落相似性不明显。高连通性湖泊与低连通性洲滩的 β 多样性为 0.78 和 0.77，物种转换分别占总 β 多样性的 79% 和 78%。沉水、澧水和中连通性湖泊的 β 多样性分别为 0.85、0.79 和 0.82，物种转换分别占总空间转换的 94%、90% 和 95%（表 4-5）。

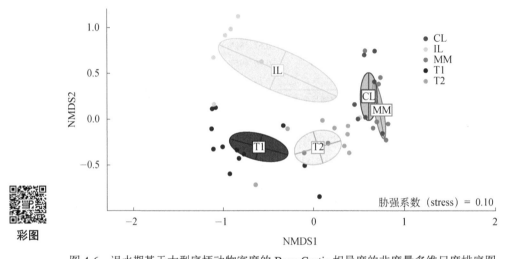

图 4-6　退水期基于大型底栖动物密度的 Bray-Curtis 相异度的非度量多维尺度排序图

表 4-5　退水期基于 Sørensen 距离的大型底栖动物群落 β 多样性

生境类型	β 多样性	转换组分	嵌套组分
全湖	0.96	0.94（98%）	0.02（2%）
沉水	0.85	0.80（94%）	0.05（6%）
澧水	0.79	0.71（90%）	0.08（10%）
高连通性湖泊	0.78	0.62（79%）	0.16（21%）
中连通性湖泊	0.82	0.78（95%）	0.04（5%）
低连通性洲滩	0.77	0.60（78%）	0.17（22%）

　　这些结果表明，水文连通性对西洞庭湖大型底栖动物群落间的组成变化（β 多样性）有显著影响。洪水期（高水位）水面面积增大，空间变异性越高，β 多样性越大，物种转换所占的比例越高。洲滩的低水文连通性限制了物种的迁入和水体补给。高连通性湖泊退水期易

干旱，耐受性差的物种不易生存，嵌套组分增加。这反映了在不利的环境中，由于生态位分化而导致物种消失的非随机过程。物种组成随季节的变化在稳定的水体环境中更低。中连通性湖泊始终维持一定的水面积，能维持底栖动物完整的生活史。生物多样性越低的区域群落越不稳定，低水文连通性生境与水位波动大，泥沙底质的河道生境群落随季节变化较大。

（三）应用实例——我国干旱半干旱区湖泊水鸟物种丰富度与初级生产力的关系模式

地球上存在明显的生物多样性梯度，通常表现为越往两极地区生物多样性越低，了解物种丰富度与初级生产力的关系模式是生物多样性保护与管理的基础（Mittelbach et al.，2001）。在广阔的地理范围内探讨物种多样性的空间变化是生态学中一项重要的研究。地球上的植物和动物物种丰富度都表现出明显的梯度，即热带地区的生物多样性高，两极和高山地区的生物多样性低（Whittaker et al.，2007）。由于在过去的几十年里人类干扰造成的生物多样性丧失速度惊人（Waide et al.，1999），对物种多样性模式的兴趣的重新兴起，可能为发展更普遍的物种多样性理论提供重要的见解（Castro-Insua et al.，2016）。过去几十年，已有的研究记录了宏观尺度上物种多样性的空间模式，同时探讨了导致该种模式的机制，引导了大家在概念上认知物种多样性生物地理学上的变化认知（Field et al.，2009）。例如，通常物种多样性在生态系统生产力为中等水平时达到最高（Mittelbach et al.，2001）；且一般情况下物种多样性随着栖息地面积的增大而升高（Rosenzweig，1995）；环境异质性被认为是不同生物类群和不同空间尺度上物种多样性通用的驱动因子（Stein et al.，2014）。重要的是，无论是理论考虑还是实证分析均指出物种多样性的模式很有可能取决于研究尺度的大小。

水鸟是淡水生态系统中的主要组成成分，其多样性和丰富度被认为是水生生态系统环境变化良好的生物指标（Wen et al.，2016）。然而，和其他淡水生物一样，关于水鸟多样性的环境驱动因子的宏观生态学研究很少。水鸟是否具有相似的纬度或者其他宏观地理（如海拔）梯度并不十分清楚。在最近发表的一份综述中，Heino（2021）认为在区域尺度上物种多样性没有明显的纬度梯度，一般情况下物种丰富度在山区中达到最大值。然而，以流域为空间单元，Tisseuil 等（2013）发现"气候/生产力"假说（Field et al.，2009）能够解释水鸟多样性在地理上的变化，这同样也适用于陆地鸟类（Storch et al.，2006）。在局地尺度上，有一些因子影响水鸟的物种多样性，包括湖泊生产力、湖泊面积及栖息地的异质性（Xia et al.，2016）。将局部的环境变量与大尺度的地理上的变化进行综合分析能够阐明区域和全球范围内水鸟物种多样性模式的主导过程。

湖泊具有固定的边界，易于物种计数，因而是研究物种多样性和初级生产力理想的湿地生态系统（Dodson et al.，2000）。本案例中，采用多元回归分析和结构方程模型（structural equation model，SEM）分析了位于我国干旱半干旱区内且地理面积超过 500 万 km^2 的 31 个湖泊湿地的初级生产力与水鸟物种丰富度的关系，以检验在内陆水生生态系统中地理位置和海拔梯度上的宏观生态学模式。本案例首先采用结构方程模型模拟了水鸟物种丰富度与环境因素的关系，继而建立了一个囊括湖泊初级生产力和水鸟物种多样性的综合模型用以量化湖泊初级生产力对水鸟多样性的作用大小。湖泊初级生产力通常是反映淡水生态系统生物多样性强有力的指标（Dodson et al.，2000）。然而，其湖泊初级生产力对水鸟的作用验证得很少。本案例旨在探讨区域尺度下，水鸟的物种丰富度与湖泊初级生产力的关系模式及其驱动因子，本案例将对宏观尺度上的生物多样性模式研究及物种保护具有一定的参考意义。

1. 研究区概况

本案例共调查了位于我国干旱半干旱区的 37 块湖泊湿地，其中位于内蒙古的湖泊有 11 块，位于宁夏的湖泊有 6 块，位于陕西的湖泊有 1 块，位于青海的湖泊有 4 块，位于吉林的湖泊有 1 块，位于新疆的湖泊有 13 块，位于北京的湖泊有 1 块。湖泊的选取依据是面积、海拔及经纬度梯度。37 块湖泊所覆盖的地理范围超过 500 万 km^2（北纬 34.60°～46.06°，东经 79.57°～124.29°），海拔为 123.46～4821.87m。研究区域内具有明显的降水量和温度经度梯度。调查的湖泊面积累计超过 893 000hm²，单块湖泊面积从最小的 55.81hm² 到最大的 94 529.19hm²。所有调查湖泊的平均水深为 0.05～30.00m，位于我国干旱半干旱区。这些湖泊为多种生物提供重要的栖息地，且其生态环境对气候变化反应敏感（Gong et al.，2004）。我国干旱半干旱区的湖泊也面临着面积萎缩、退化、水体富营养化等问题。湖泊的水源主要包括冰川融水、河流来水、农田灌溉退水、降水等，湖泊的主要人类活动包括捕鱼、旅游、灌溉和芦苇收割。湖泊详细信息见表 4-6。

表 4-6　中国干旱半干旱区 37 块湖泊湿地信息

湖泊名称	所在地	纬度/(°)	经度/(°)	面积/hm²	海拔/m	等温性	最暖季降水量/mm	最湿月降水量/mm	主要水源	主要植被类型
乌梁素海	内蒙古	40.93	108.83	29 300.00	1 017.42	27.001	153.65	68.67	农田灌溉退水、黄河来水	芦苇、眼子菜
哈素海	内蒙古	40.60	110.98	4 161.54	983.88	26.984	228.30	102.33	黄河来水	芦苇、眼子菜
达理诺尔湖	内蒙古	43.25	116.42	38 536.07	1 315.74	26.000	231.94	98.14	河水	芦苇
鄂尔多斯湿地	内蒙古	36.71	109.31	1 717.43	1 254.41	30.000	279.00	113.00	河水	薹草、芦苇
查干淖尔	内蒙古	43.43	114.92	3 300.00	1 005.95	25.000	174.00	71.00	河水	碱蓬
乌拉盖湿地	内蒙古	46.06	119.57	22 600.00	996.96	26.000	282.08	123.38	河水和湖水	芦苇
居延海	内蒙古	42.33	101.25	4 000.00	890.07	29.000	26.00	12.00	河水和地下水	芦苇、眼子菜、盐爪爪、白刺
岱海	内蒙古	40.55	112.66	10 220.85	1 232.26	28.979	259.50	105.62	河水	芦苇
科尔沁湿地	内蒙古	45.08	122.18	18 047.04	169.05	24.000	299.35	134.02	河水、地下水和降水	芦苇、薹草、小叶章
杭锦淖尔	内蒙古	40.50	108.96	23 303.05	1 057.19	27.015	170.02	78.15	黄河来水	芦苇
南海湿地	内蒙古	40.53	110.01	1 308.25	992.00	27.000	193.00	84.00	黄河来水	芦苇
沙湖	宁夏	38.62	106.33	8 602.23	1 115.52	29.000	112.93	53.30	农田灌溉退水	芦苇
哈巴湖	宁夏	37.83	107.28	10 720.88	1 483.13	30.003	163.16	78.44	降水和泉水	芦苇、盐爪爪
鸣翠湖	宁夏	38.38	106.37	1 344.09	1 115.81	29.000	118.00	56.00	黄河来水、农田灌溉退水	芦苇、眼子菜
阅海	宁夏	38.57	106.21	3 198.37	1 111.72	29.000	112.83	52.83	农田灌溉退水、地下水	芦苇
星海湖	宁夏	38.99	106.41	3 283.91	1 109.32	29.000	106.00	51.00	农田灌溉退水	芦苇
天湖	宁夏	38.02	105.74	1 649.41	1 386.99	30.000	123.00	59.00	河水	芦苇
红碱淖	陕西	39.10	109.88	21 700.00	1 253.43	28.000	253.05	113.89	河水	芦苇
库赛湖	青海	35.73	92.83	25 440.00	4 540.92	38.000	139.64	56.34	河水	针茅、扇穗茅
苟鲁错	青海	34.60	92.47	2 350.00	4 638.19	40.000	191.00	80.00	河水、泉水	针茅、扇穗茅
卓乃湖	青海	35.55	91.95	25 640.00	4 810.10	38.172	144.74	60.28	河水	针茅、扇穗茅

续表

湖泊名称	所在地	纬度/(°)	经度/(°)	面积/hm²	海拔/m	等温性	最暖季降水量/mm	最湿月降水量/mm	主要水源	主要植被类型
盐湖	青海	35.53	93.42	3 280.00	4 433.00	38.000	144.00	57.00	河水	针茅、扇穗茅
查干湖	吉林	45.26	124.29	51 936.54	126.07	22.951	305.30	139.50	河水、农田灌溉退水	芦苇
阿拉沟湿地	新疆	42.85	87.36	2 988.00	2 253.12	29.000	113.00	41.00	冰川融水	薹草
博斯腾湖	新疆	41.67	86.90	94 529.19	1 360.15	29.748	51.12	19.71	河水	芦苇
和什力克湿地	新疆	41.75	85.69	120.13	870.77	27.000	34.00	13.00	河水、农田灌溉退水	芦苇、盐爪爪
孔雀河	新疆	41.25	86.50	471.11	879.64	29.000	27.00	11.00	河水	水葱
科纳达里亚湿地	新疆	38.61	86.29	55.81	1 052.92	33.000	18.00	8.00	河水	芦苇
台特玛湖	新疆	39.48	88.29	26 930.42	799.27	32.000	16.07	9.00	河水、降水	芦苇
阿雅克库木胡湿地	新疆	37.52	89.79	84 709.00	4 035.38	36.467	68.16	28.88	冰川融水	尼泊尔蓼
巴里坤湖	新疆	43.43	114.92	51 936.54	1 583.00	28.00	180.00	102.00	河水	盐角草
七角井	新疆	43.46	115.84	51 936.54	858.00	27.00	40.00	27.00	地下水	盐穗木
台叶拉克湿地	新疆	43.63	116.42	84 709.00	1 224.00	31.00	110.00	60.00	河水	芦苇
托什干湿地	新疆	45.08	119.57	84 709.00	1 127.00	31.00	118.00	60.00	河水	假苇拂子茅
雅瓦西沼泽湿地	新疆	45.26	122.18	94 529.19	1 033.00	32.00	43.00	27.00	河水	芦苇
吐尔库勒湿地	新疆	46.06	124.29	94 529.19	1 900.00	30.00	121.00	75.00	地下水	平卧碱蓬
野鸭湖	北京	40.46	115.84	3 939.00	485.90	28.000	333.00	159.00	河水	芦苇、扁秆藨草、野大豆、牛鞭草

2. 研究方法

1）初级生产力调查　　由于覆盖的地理范围较大，在 2013～2016 年才完成全部采样工作。为了能够监测到每块湖泊最大的叶绿素 a 含量，选择在夏季进行野外采样，采样时间集中在每年的 7～8 月，且在天气晴朗的白天开展调查。

样点的布设尽量均匀地覆盖整块湖泊，在每个监测样点，用塑料桶采集湖泊表层（0～30cm）2L 的水样备用。用玻璃纤维滤膜（GF/C 膜）过滤 500mL 的水样，每个样点设置 3 个重复（即需过滤 3×500mL 的水）。将过滤了水样的滤纸对折后放置于密封的自封袋中，低温保存（温度控制在<5℃）。完成野外采样后尽快送往实验室进行测试。叶绿素 a 采用 Amersham Ultrospec 6300pro 分光光度计进行测定。每片滤纸用 5mL 90%丙酮于暗处浸提 48h（90%丙酮的配制：540mL 丙酮加 60mL 无离子水）；90%丙酮为空白对照，用 1cm 光径测定 750nm、663nm、645nm 和 630nm 处的吸光度值。关于叶绿素 a 的样本量，根据湖泊湿地面积的大小进行分层抽样；湖泊面积小于 10 000hm² 设置 3 个采样点，面积在 10 000～

20 000hm² 设置 6 个采样点，面积在 20 001～30 000hm² 设置 9 个采样点，面积在 30 001～50 000hm² 设置 12 个采样点，面积大于 50 000hm² 设置 18 个采样点。样点的布设以均匀覆盖整块湖泊为准。每块湖泊的叶绿素 a 含量为所有采样点的平均值。

2）湖泊形态及气象数据获取　　从 Global 1km elevation（GTOPO30）（空间平均值 15km×15km）网站（https://www.usgs.gov/centers/eros/science/usgs-eros-archivedigital-elevation-global-30-arc-second-elevation-gtopo30?qtscience_center_objects=0#qt-science_center_objects）上下载每块湖泊的数字高程模型（DEM）数据，并通过 R 3.3.1 软件（R Development Core Team，2012）进行提取。此外，在调查过程中，用手持 GPS 定位仪测量湿地的海拔，用以对比参考。通过解译 2010～2012 年 Landsat TM 和 Landsat MSS 遥感影像计算出每块湖泊的平均经纬度及面积大小，以此获得湖泊的位置信息。

所有湖泊的气象数据均是根据湖泊的经纬度平均值从 WorldClim 网站（https://www.worldclim.org/）上下载提取。共包括了 18 个气象指标，主要包括气温和降水量。经过皮尔逊相关分析排除具有共线性的气象因子，经过筛选，用于结构方程模型分析的气象因子主要包括年均温（Temp 1，℃）、最湿季平均温度（Temp 2，℃）、等温性（Temp 3，℃）、最暖季降水量（Precip 3，mm）、最湿月降水量（Precip 4，mm）和最干季降水量（Precip 7，mm）。各气象因子的值均为根据湖泊面积大小所取的空间平均值（从 1km² 到 900km²）。

3）水质监测　　针对我国干旱半干旱区的 37 块湖泊湿地，水质监测时间为 2013～2016 年夏季，主要集中在每年的 7～8 月以减少不同年份间带来的误差，在天气晴朗的白天开展调查。考虑了多个可能对湖泊初级生产力、水鸟物种丰富度产生影响的水环境因子，包括水温、pH、溶解氧含量、总氮含量、总磷含量和电导率。水温、pH 和溶解氧含量是采用 YSI 手持式水质仪进行现场监测。此外，使用 100mL 的广口瓶采集表层（0～30cm）水样，并低温（<5℃）保存于保温箱中，完成野外采样工作后尽快送往实验室进行总氮含量、总磷含量的测试。总氮含量、总磷含量的测试采用紫外分光光度法。水质监测点尽量均匀地覆盖整块湖泊。根据湖泊面积的大小进行分层抽样；湖泊面积小于 10 000hm² 设置 3 个采样点，面积在 10 000～20 000hm² 设置 6 个采样点，面积在 20 001～30 000hm² 设置 9 个采样点，面积在 30 001～50 000hm² 设置 12 个采样点，面积大于 50 000hm² 设置 18 个采样点。

4）水鸟调查　　水鸟调查范围覆盖了研究区域中 31 块湖泊湿地。调查时间为 2013～2016 年的夏季，主要集中在每年的 7～8 月。在本案例中，采用的是样线法对水鸟进行调查。每条样线根据调查区域的面积大小设置固定的调查宽度和样线长度，调查宽度为 0.1～0.6km，样线长度为 1～5km。每条样线采用双筒（8×42）和单筒望远镜（Swarovski ATS 80 HD 20，60×80）进行调查，调查人员沿着样线步行匀速前进。为提高调查的准确性，水鸟调查均在天气晴朗的白天开展。每条样线都由至少 2 名训练有素的调查人员进行调查，且进行 2～3 次重复调查，调查员间的有效交流避免了在调查时对同一群水鸟进行重复计数。此外，在研究期间还收集了自然保护区的鸟类调查名录及发表的文献资料进行补充参考。在本案例中，水鸟是指包括了鹏鹏目、鹳形目、鹳形目、雁形目、鹤形目及鸻形目在内的全部鸟类。

5）统计分析　　对于宏观尺度上的研究分析，本案例采用皮尔逊相关分析排除具有共线性的环境影响因子，继而采用逐步多元回归分析来检验湖泊的初级生产力、水鸟物种丰富度、地理位置与环境因子之间的关系。此外，为了更清楚地了解这几者之间的关系，采用结构方程模型进行进一步分析。结构方程模型是一个依靠复杂的假设，特别是那些包含路径关系网络的假设的程序集合，用以针对多变量数据进行评估分析（Grace，2006）。结构方程模型可同时分析多个变量，变量分为潜在变量和实际监测指标变量，潜在变量可由多个实际监测指标变量构成；潜在变量之间的关系可由模型构建，实际监测变量的信度和效度也可通过模型进行估算；此外，某一实际监测指标变量可从属于两个不同的潜在变量，并且可估计模式与数据之间的吻合程度（Bollen and Long，1993）。在结构方程模型中所得到的路径系数代表了反应变量对每个指标变化的隐含的敏感性（Grace et al.，2012）。在本案例中，最初的结构方程模型分别包含了湖泊初级生产力、摇蚊物种丰富度、水鸟物种丰富度、环境参数及地理坐标之间所有合理的路径（图4-7）。但结果显示模型是不可识别的，意味着模型中存在一些冗余无法对所有的参数进行评估。因此，对模型中所包含的参数的统计关系进行分析，以确定可能存在的冗余。每条路径系数的显著性由其临界比（p）进行检验。将所有不显著的路径移除，直到所有的路径显著为止。

所有的统计分析均在 R 3.3.1 上进行（R Development Core Team，2012），结构方程模型分析所使用的是 sem 3.1-3 安装包。

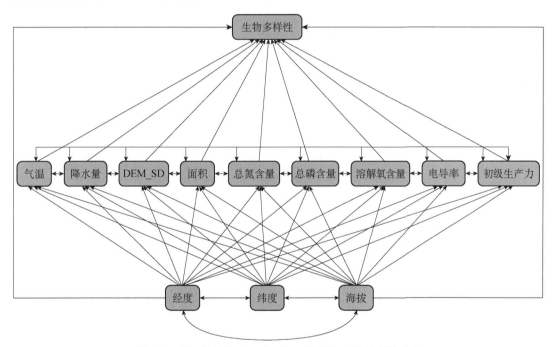

图 4-7 最初的结构方程模型显示的所有可能的相关路径

DEM_SD. 数字高程标准差

3. 研究结果

1）中国干旱半干旱区湿地水鸟物种丰富度的空间差异　　本案例一共记录了 151 种水鸟，隶属于 6 目 20 科，其中鸻形目鹬科的水鸟物种数最多，达到 38 种；其次是雁形目鸭科的水鸟，为 34 种；鹈形目鸬鹚科，鹳形目鹭科，鸻形目三趾鹑科、水雉科、彩鹬科、蛎鹬科、鹮嘴鹬科和燕鸻科均只记录到 1 种水鸟，各目、科所包含的物种数见表 4-7。在 31 块湿地中，所记录到水鸟的物种数为 10～134 种；水鸟物种丰富度最高的湿地是内蒙古的科尔沁湿地，最低的是新疆的孔雀河（图 4-8）。

表4-7　中国干旱半干旱区31块湿地中所记录到的水鸟群落组成

目	科	物种数
䴙䴘目	䴙䴘科	5
鹲形目	鹈鹕科	2
	鸬鹚科	1
鹳形目	鹭科	15
	鹳科	2
	鹮科	1
雁形目	鸭科	34
鹤形目	鹤科	7
	秧鸡科	7
鸻形目	水雉科	1
	三趾鹑科	1
	彩鹬科	1
	蛎鹬科	1
	鹮嘴鹬科	1
	反嘴鹬科	2
	燕鸻科	1
	鸻科	12
	鹬科	38
	鸥科	12
	燕鸥科	7
合计		151

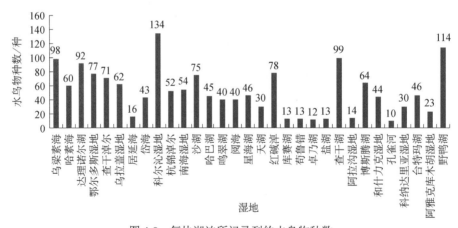

图4-8　每块湖泊所记录到的水鸟物种数

研究结果显示，水鸟物种丰富度表现出了明显的空间分布梯度（图4-9）。在研究范围内，北部和东部的湖泊具有更高的水鸟物种丰富度，西部高海拔地区的湖泊水鸟物种丰富度较低。线性回归分析结果显示，水鸟物种丰富度随着经纬度的增大而升高（图4-9A，B），但随着海拔的升高而降低（图4-9C）。多元回归分析结果显示，湖泊面积、湖泊的初级生产力、最湿季平均温度及最干季降水量对水鸟的物种丰富度有明显的影响，一共解释了所有数据集中68.3%的变化量。水鸟物种丰富度随着湖泊面积的增大而增大，随着湖泊初级生产力的升高而增大，且随着最湿季平均温度及最干季降水量的上升而增大（表4-8）。

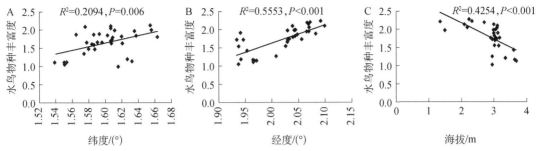

图 4-9　水鸟物种丰富度与地理位置的关系

A. 水鸟物种丰富度与纬度的关系；B. 水鸟物种丰富度与经度的关系；C. 水鸟物种丰富度与海拔的关系。图中每个点代表了每块
湖泊。回归线展示了最优的线性拟合。所有回归方程都是显著的（$P<0.05$）

表 4-8　水鸟物种丰富度与环境变量间的多元回归分析

回归变量	偏回归系数	标准误差	标准化系数	P
叶绿素 a 含量	0.179	0.078	0.378	<0.05
湖泊面积	0.178	0.047	0.420	<0.001
最湿季平均温度	0.019	0.008	0.358	<0.05
最干季降水量	0.040	0.010	0.431	<0.001
模型总结		$R^2=0.683$，$P<0.001$		

在 31 块所研究的湖泊中，水中总氮含量为 0.48～15.28mg/L，平均含量最低的是内蒙古的居延海，平均含量最高的是鄂尔多斯湿地；水中总磷含量为 0.03～1.05mg/L，新疆的台特玛湖总磷的平均含量最低，而吉林的查干湖总磷的平均含量最高；湖泊间的气温和降水量差异也较大，年均温为 -6.11～11.93℃，最湿季平均温度为 4.26～26.35℃，气温最低的是位于可可西里的卓乃湖，气温最高的湖泊是新疆的台特玛湖；最干季降水量为 0.00～13.46mm，其中降水量最小的湖泊是位于新疆的科纳达里亚湿地和内蒙古的居延海，降水量最大的是内蒙古的哈素海。多元回归分析结果显示，研究区域的环境变量包括湖泊面积、水体中的总氮和总磷含量、湖泊初级生产力、年均温、最湿季平均温度及最干季降水量均表现出了大范围的空间变化梯度。湖泊面积随着经度和海拔的上升而增大（$R^2=0.222$，$P<0.05$），水中总氮含量随着纬度的上升而上升（$R^2=0.097$，$P<0.05$），水中总磷含量随着经度的上升而上升（$R^2=0.123$，$P<0.05$）；初级生产力随着海拔的上升而降低（$R^2=0.487$，$P<0.001$）；年均温（$R^2=0.985$，$P<0.001$）和最湿季平均温度（$R^2=0.986$，$P<0.001$）均随着经纬度和海拔的上升而下降；最干季降水量（$R^2=0.496$，$P<0.001$）随着经度的上升而上升（表 4-9）。

表 4-9　环境变量与地理位置间的多元回归分析

回归变量	偏回归系数	标准误差	标准化系数	P
面积（模型 $R^2=0.222$，$P=0.020$）				
经度	0.029	0.012	0.443	<0.01
海拔	0.000	0.000	0.668	<0.05
初级生产力（模型 $R^2=0.487$，$P<0.001$）				
常数	5.185	0.795		<0.001
海拔	-1.391	0.256	-0.710	<0.001

续表

回归变量	偏回归系数	标准误差	标准化系数	P
总氮含量（模型 R^2=0.097, P=0.049）				
纬度	0.054	0.026	0.356	<0.05
总磷含量（模型 R^2=0.123, P=0.030）				
常数	−5.950	2.245		<0.05
经度	2.544	1.116	0.390	<0.05
年均温（模型 R^2=0.985, P<0.001）				
常数	67.927	2.579		<0.001
纬度	−0.852	0.058	−0.470	<0.001
经度	−0.190	0.012	−0.423	<0.001
海拔	−0.005	0.000	−1.373	<0.001
最湿季平均温度（模型 R^2=0.986, P<0.001）				
常数	53.723	2.846		<0.001
纬度	−0.18	0.064	−0.086	<0.001
经度	−0.187	0.013	−0.358	<0.001
海拔	−0.005	0.000	−1.180	<0.01
最干季降水量（模型 R^2=0.496, P<0.001）				
常数	−94.511	18.047		<0.001
经度	49.547	8.968	0.716	<0.001

2）环境因素与水鸟物种丰富度　　结构方程模型结果显示两个潜在变量（气候条件和湖泊形态）解释了水鸟物种多样性44%的变化量（图4-10）。湖泊形态主要是由湖泊面积和湖泊边界范围内的高程标准差决定的，且高程标准差的影响大于湖泊面积（面积的路径系数=0.38，高程标准差的路径系数=0.76，见图4-10）。相比湖泊形态，气候条件对水鸟物种丰富度的影响相对较小（气候的路径系数=0.18，湖泊形态的路径系数=0.47，见图4-10），且气温和降水量均对水鸟物种丰富度有积极的影响，气温的影响远远大于降水的影响（年均温的路径系数=0.96，最湿季平均温度的路径系数=0.98，最干季降水量的路径系数=0.12，见图4-10）。地理位置和海拔对水鸟的物种丰富度具有直接的影响，且经度和海拔的影响更大（地理位置的路径系数=0.32，其中纬度的路径系数=0.42，经度的路径系数=0.53，海拔的路径系数=−1.16，见图4-10），具体表现在水鸟物种丰富度随着经度和纬度的上升而上升，但随着海拔的上升而下降。此外，地理位置还通过影响气候条件间接地对水鸟物种丰富度产生影响（路径系数=0.15，见图4-10）。

3）湖泊初级生产力与水鸟物种丰富度　　综合了初级生产力和水鸟物种丰富度的结构方程模型同样很好地模拟了初级生产力与水鸟物种丰富度的关系及其环境影响因子。结果显示从初级生产力到水鸟物种丰富度有一条明显的路径，两者呈正相关（路径系数=0.43，见图4-11）。该模型也充分地解释了三个主要潜在变量的影响力（气候条件、水鸟物种丰富度和湖泊初级生产力的 R^2 分别是 0.71、0.44 和 0.70，见图4-11）。对于水鸟物种丰富度，模型给出了 9 条因果关系路径，如下所示：①地理位置—气候—初级生产力—水鸟物种丰富度，路径系数=0.22；②地理位置—初级生产力—水鸟物种丰富度，路径系数=0.05；③地理位置—气候—水鸟物种丰富度，路径系数=0.15；④地理位置—水鸟物种丰富度，路径系数=0.32；⑤湖泊营养—初级生产力—水鸟物种丰富度，路径系数=0.25；⑥气候—湖泊初级生产力—

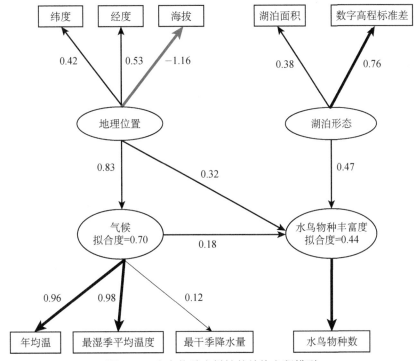

图 4-10　水鸟物种多样性的结构方程模型

椭圆形内为潜在变量，方框内为测量变量。不同宽度的线条表示了因果关系（标准化的路径系数）的强度。黑色线条表示的是正面的影响，灰色线条表示的是负面的影响

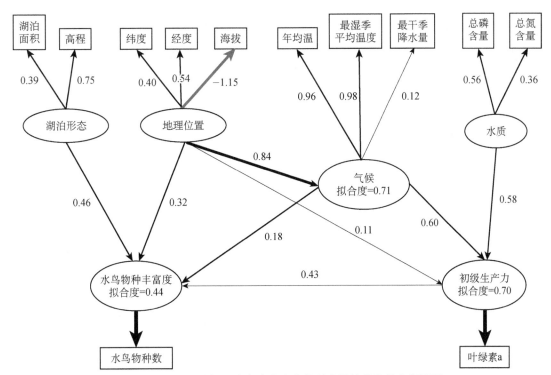

图 4-11　综合湖泊初级生产力和水鸟物种多样性的结构方程模型

椭圆形内为潜在变量，方框内为测量变量。不同宽度的线条表示了因果关系（标准化的路径系数）的强度。黑色线条表示的是正面的影响，灰色线条表示的是负面的影响

水鸟物种丰富度，路径系数=0.26；⑦气候—水鸟物种丰富度，路径系数=0.18；⑧湖泊形态—水鸟物种丰富度，路径系数=0.46；⑨初级生产力—水鸟物种丰富度，路径系数=0.43。

从模型的路径系数可以看出，湖泊形态对水鸟物种丰富度的影响最大（0.46）；其次是湖泊初级生产力对水鸟物种丰富度的影响力（0.43），地理位置对水鸟物种丰富度的影响也较大（0.32）。气候条件对水鸟物种丰富度的影响相对较小（0.18），湖泊营养则是通过影响初级生产力而对水鸟物种丰富度产生影响的。

4. 讨论

中国干旱半干旱区水鸟物种丰富度存在明显的空间变化，表现为海拔越高水鸟物种丰富度越小，而随着经纬度的上升则物种丰富度上升；需要指出的是，相比纬度，经度对水鸟物种丰富度的影响较大，而海拔的影响最为显著。传统意义上，物种丰富度在海拔梯度上的空间变化规律是基于随着海拔的上升初级生产力下降的假设（Rahbek，1995）。通常认为，物种丰富度随着海拔的上升而下降，本案例的结果也符合这一说法，但 Rahbek（1995）对热带地区的鸟类物种丰富度在海拔梯度的模式是经研究后提出的，物种丰富度在海拔梯度上呈现单峰模式，即物种丰富度随着海拔的上升呈先上升后下降的趋势。Rahbek（1995）提出需要同时考虑研究尺度及其他环境因子特别是面积的影响。Blake 等（2000）的研究同样验证了这一结果。另外，水鸟物种丰富度之所以随着海拔的上升而下降，其中一个因素是气候因子，其在海拔梯度上的变化规律与水鸟物种丰富度相一致（Rahbek，1995），本案例的结果也验证了这一点。在今后的研究中，应该区分不同的海拔梯度，收集不同海拔梯度上的样本以验证水鸟物种丰富度在海拔上的变化规律。水鸟物种丰富度在经度上的空间变化梯度也是受气候条件的共同变化所影响。此外，尽管认为纬度上的变化梯度与海拔上的变化梯度相一致，但仍然需要排除其他影响因素的干扰，如湖泊的面积等。本案例结果显示水鸟物种丰富度与纬度呈正相关，尽管相比海拔和经度，纬度的作用并不明显。其中的原因在本案例中无法得到验证，但本案例结果与 Dalby 等（2014）的研究结果一致，其研究结果显示全球尺度下，在繁殖季节，水鸟物种丰富度在北纬 45°以上较高，而低于北纬 45°时水鸟物种丰富度急剧下降直到为零。文章验证了在北纬 45°水鸟物种丰富度达到峰值这一说法，同时指出尽管实际蒸散发或者植物的生产力通常都用来解释鸟类大尺度上的物种丰富度模式，但实际上在相关季节的年际变化及季节性的生产力可能是最好的预测指标；同时也反映了雁鸭类在短途或者长距离迁徙过程中对季节性环境变化的利用。同样，本案例结果指出在夏季繁殖季节，在北纬 34.60°～46.06°，水鸟物种丰富度随着纬度的上升而增大，这可能也是由于鸟类对时间生态位的开发利用所产生的现象。

1）水鸟物种丰富度的环境影响因素　　水鸟物种丰富度的结构方程模型对解释水鸟物种丰富度的空间变化仅具有中等的强度（R^2=0.44）。在本案例中，湖泊形态用湖泊面积和湖盆高程标准差来衡量，其对水鸟物种丰富度具有主要的影响作用，其次是气候条件，主要包括气温和降水量。多元回归分析和结构方程模型证明在本案例中宏观尺度上的水鸟物种丰富度梯度是由多个环境因子，如气候条件所调节。气候因子通常是大尺度物种多样性模式强有力的描述者（Hawkins et al.，2003），气候对能量的控制驱使全球多样性梯度的理论已经有大量的文献佐证，同时量化了物种多样性和气候变量之间的关系（Whittaker et al.，2007）。本案例结果表明水鸟物种丰富度随着温度的上升、降水量的增加而上升，并且温度的作用要远远大于降水量的作用，这也为物种–能量假说提供了实验证明，该假说提出多样性会随着环境纬度的上升而增加（Allen et al.，2002）。气候因素可以说是最被广泛认可的在区域范围内及不同的区域之间物种多样性的指示因子（Hawkins et al.，2003）。温度则是动物多样性在纬度和海拔梯度上的主要决定因素（Allen et al.，2002），这一说法可用物种-能量假说进行解释，尽管其中的潜在机制仍不清楚（Hawkins et al.，2003）。此外，降水量能够通过改变水深、栖息地面积和栖息地多样性进而影响水鸟物种多样性（Canepuccia et al.，2007）。研究表明，物种多样性随着降水量的增加而增加，这一说法是基于资源的能量可获得性评估方法之一（Brown and Davidson，1977）。在沙漠生态系统中，物种多样性模式一般与降水量高度相关，在一些地区随着降水量的增加，物种多样性也迅速上升（Waide et al.，1999）。在本案例中，湖泊位于我国干旱半干旱区，降水量在为水鸟提供重要的水资源以保证其拥有足够的栖息地面积上具有十分重要的作用。

　　湖泊形态由湖泊面积和高程异质性所衡量，对水鸟物种丰富度具有积极的作用。这一结果与在许多生态系统中观察到的种-面积关系一致（Keil et al.，2015）。根据岛屿生物地理续写理论（MacArthur and Wilson，1967），面积较大且更为多样的生态系统由于能够支持更高的迁徙率和较低的濒危概率进而更有可能支撑更多的物种。诚然，湖泊可看作陆地上的水生岛屿，这就解释了本案例中种-面积间的正相关关系。本案例中的这一发现同样与 Suter（1994）的研究结果相一致，其发表的文章指出在阿尔卑斯山以北的 20 个主要瑞士湖泊中，水鸟类群同样存在种-面积关系。同样，Froneman 等（2001）在南非的农田池塘所开展的研究，其结果也证明水鸟群落与面积存在正相关关系。Guadagnin 等（2009）在巴西的大西洋沿海地区的湿地中对水鸟进行研究，其结果同样表明其物种多样性与湿地的面积大小呈正相关关系。有趣的是，部分环境因子与水鸟物种多样性的关系并不是始终如一的。举例来说，多元回归分析表明水中的总磷含量对物种丰富度具有负面影响，但结构方程模型分析结果表明水中总氮和总磷含量通过影响初级生产力而对水鸟物种丰富度具有正面作用，尽管这一作用并不强（路径系数=0.25，见图 4-11）。此外，总氮和总磷含量在地理位置中的海拔上的空间梯度并不明显（R^2 分别为 0.097 和 0.123，见表 4-9），由此也可以反映出水中的总氮和总磷含量与水鸟物种丰富度的关系微弱。未来需要更多的研究，覆盖更大的纬度梯度，以此来验证水中总氮和总磷含量对水鸟物种多样性的潜在影响。

　　2）湖泊初级生产力与水鸟物种丰富度的关系　　多项研究表明生产力影响多样性（Carpenter et al.，1987），然而对于影响模式的形式，目前是基于理论还是实验研究的结果没有一个普遍的共识（Waide et al.，1999）。在大部分空间尺度下，生产力与多样性的关系呈正相关、负相关或者是驼峰型的模式，并没有哪一种模式占主导（Mittelbach et al.，2001）。对于鸟类来说，特别是水鸟，其与初级生产力关系的研究仅有少数。Hawkins 等（2003）提出在全球范围内，鸟类与生产力的关系是呈线性相关的，没有证据证明两者关系是单峰或者是驼峰型的。Hurlbert（2004）指出在森林和草地生态系统中，鸟类物种丰富度随着生产力的增大而增大，这是因为鸟类的总数量增加了。在本案例中，逐步回归分析的结果显示湖泊的初级生产力对水鸟的物种多样性具有正面的影响作用（表 4-9）；且综合湖泊初级生产力和水鸟物种多样性的结构方程模型显示两者之间存在因果关系（图 4-11），这一结果支持了物种-能量理论（Hurlbert，2004）。

　　有研究指出更高营养级别的物种能够通过食物网的作用调节初级生产力（Carpenter et al.，1987），且水鸟能够通过营养输入影响湖泊的初级生产力（Manny et al.，1994）。两者之间的正相关关系可能是通过丰富度而不是多样性来实现的。在今后的研究中，应该将水鸟的丰富度囊括进来以验证这些想法。

5. 小结

基于物种多样性模式在不同尺度上的差异及重要影响因子的作用所存在的争议，本案例调查了中国干旱半干旱区 31 块湖泊的初级生产力和水鸟物种丰富度的关系，调查范围超过 500 万 km²。研究结果表明，湖泊的初级生产力和水鸟物种丰富度均存在明显的海拔梯度。结构方程模型结果表明水鸟物种丰富度在大尺度上的空间梯度在很大程度上受环境因素的影响。在研究区域内，越往东部，水鸟物种丰富度越高，相反，随着海拔的上升，水鸟物种丰富度降低。对水鸟物种丰富度的空间梯度有直接和间接影响的环境因素包括气温和降水量、湖泊的初级生产力和湖泊形态（湖泊面积和湖盆高程标准差），这几个环境因素一共解释了水鸟物种丰富度 44% 的变化。其次，湖泊的初级生产力和水鸟物种丰富度间呈正相关（路径系数=0.43），其同时表现为随着共同的环境影响因子的变化而共同变化。该研究结果对大尺度的生物多样性梯度的机制研究具有一定的贡献意义。

二、群落结构时间模型

（一）群落结构时间动态变化和幅度的量化

在过去的 20 多年中，对群落结构空间变化（如空间 β 多样性）的研究在理解群落组成沿环境梯度变化及随机过程与确定性过程对生态系统功能的影响等重要生态学问题上起到了主要作用（Jia et al.，2020；Mori et al.，2018）。与之相反，对群落结构时间变化的研究却严重不足（Jones et al.，2017），限制了研究者对群落如何应对人类世广泛而快速变化的理解（Dirzo et al.，2014；Rosset et al.，2017）。在长期的研究过程中，一些度量标准和统计学工具被开发出来用于量化和比较群落的时间动态变化，如群落稳定性（community stability；Tilman and Downing，1994）、物种周转（species turnover）、群落变化速率（community change rate；Collins et al.，2008）、同步性（synchrony；Hallett et al.，2016）和时间 β 多样性指数（Legendre，2019）等。这为科学、规范地开展时间尺度群落动态的研究创造了条件。

1. 时间 β 多样性

β 多样性的定义通常来说是空间尺度的，即在同一区域不同位置群落组成的差异。近年来，对群落组成在时间上差异的研究逐渐成为生态学和保护生物学领域的热点。这种群落组成在时间上的差异被定义为时间 β 多样性（temporal β diversity；Legendre and Gauthier，2014）。

在同一点位不同时间观察到的群落组成之间的差异可以简单解释为：时间 β 多样性就是某群落在时间 T1 时的群落组成和在时间 T2 时的群落组成之间的差异（D）。其中群落组成可以是物种发现（occurrence）与否、物种出现频率（frequency）或生物量（biomass）。这种群落组成在时间上的差异是有方向性的，物种出现的数量（species presence）、物种多度（species abundance）等在 T1 和 T2 两个时间点之间总是增加或减少。

在不同点位不同时间观察到的群落组成之间的差异可以简单解释为：把在时间 T1 不同点位观察到的群落组成聚合成为一个矩阵，用 Mat1 表示，在时间 T2 观察到的群落组成矩阵即 Mat2。那么 T1 和 T2 之间的差异（D）也会形成群落组成差异矩阵。其时间 β 多样性也即群落矩阵的总方差（Legendre，2019），详见图 4-12。

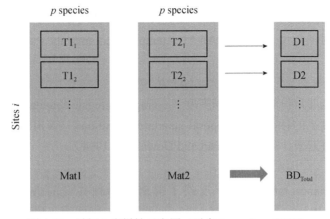

图 4-12　时间 β 多样性示意图（引自 Legendre，2019）

p species 代表群落矩阵中各个样点物种之和是 p；Sites i 代表群落矩阵中共有 i 个样点；$T1_1$ 代表在时间点 1，群落 1 的物种组成；$T2_1$ 代表在时间点 2，群落 1 的物种组成；D1 代表群落 1 在两个时间点之间的差异；BD_{Total} 代表两个时间点群落矩阵的总差异（总时间 β 多样性）

2. 稳定性

生物多样性与生态系统的稳定性有密切关系，一般认为生物多样性越丰富，生态系统就越复杂，就越接近顶极类型，稳定性也就越强。但其影响过程仍然存在着争论。目前生物多样性对生态系统稳定性的作用机制存在着以下几种假说。

（1）多样性−稳定性假说：由 MacArthur（1955）提出，他认为生态系统稳定性与物种多样性之间具有严格的线性关系，生态系统的稳定性将随着物种丰富度的增加而增加。

（2）铆钉假说：由 Ehrlich（1981）提出，他认为存在于生态系统中的每一个物种对该生态系统的功能贡献都是独特的，系统中全部物种在功能的维持上都有虽小但十分重要的作用。任何一个生态系统的功能（机器）将会由于物种功能特征（铆钉）的丢失而受到影响，物种功能特征数量的减少，会导致系统受损害的程度逐渐加速上升。

（3）生态冗余或生态保险假说：这两个概念是一个问题的两个方面，是多样性与生态系统功能关系问题争论的焦点。生态冗余：一个生态系统存在一个物种多样性的下限，这个下限是维持生态系统正常功能所必需的。当系统的多样性高于此下限时，物种数的增加或减少对系统的功能没有多少影响，这些增加或减少的物种称为冗余物种。Walker 等（1999）认为功能冗余起到了一种保险作用，其可以防止由物种的丧失而导致的功能丧失，在该意义上来说冗余并不是多余的。面对环境变化时其产生不同响应，从而表现出物种间异步性。这一异步性起到降低生态系统变异性的作用。与生态冗余概念紧密联系的是生态保险假说。物种间存在对环境响应的不同步性，也就是说有时间生态位的分化。当生态系统经受剧烈的环境变化时，物种间生态位差异可以使不同物种分摊风险。在这种情况下，功能多样性具有保险作用，因为功能多样性的增加可以提高某些物种在不同的条件下和环境动荡时有不同反应的概率。

为解释功能性状的变异如何影响群落特征和性能（performance），研究者需要一种通用的"货币"（currency），即能在不同物种或环境梯度下进行比较（McGill et al.，2006）。这样的"货币"通常是容易测量的、可比较的生理或形态指标，如能量的收入与支出、单位叶干重的二氧化碳吸收率（生理策略）或结实率（繁殖策略），它们一般与种群动态有关（Chase and Leibold，2003；Violle et al.，2007）。

本书采用 Tilman 和 Downing（1994）在其关于稳定性与多样性关系的著名论文中提出的计算方法来评估时间尺度上的群落稳定性（temporal community stability，TS）。该指标的计算公式为

$$TS = \mu / \sigma \qquad (4\text{-}10)$$

式中，μ 为采样点全部月份的平均累积多度（average aggregate abundance）；σ 为采样点鱼类捕捞数据在时间尺度上的标准差（temporal standard deviation）。该指标是基于所有采样点时间序列的鱼类捕捞数据来计算的（Tilman and Downing，1994）。

3. 方差比率

方差比率（variance ratio，VR）反映了群落中物种共变的格局，也称作种间关联（species association，SA）（Schluter，1984）。种间关联与物种所在群落的生境差异有关。对种间联结的评估能够反映物种之间的多样化关系，一般可以分为正向的和负向的两类。正向的种间关系也称作物种正联结，描述了某一物种依赖于另一物种而存在或者影响两个物种的生物或非生物因子是相同的。负向的种间关系也称作物种负联结，它反映了物种间对生存资源的竞争关系，如空间、营养物质等，或者两者在生存资源方面相反的需求，如对弱光区域和强光区域的差异等。

种间关联的概念由 Forbes 最先定义，即种间关联是指相较群落中其他物种更易共同出现的物种集合。在 Forbes 奠基性的研究工作中，他使用样方集合中两个物种共同出现的频率量化了种间关联。种间关联的定量研究是在植物生态学领域发展起来的。针对种间关联，生态学家给出了多种量化测定的定义与计算方法，如目标样方集合中，两个物种共同存在的样方数量与基于概率的预测值之间的比率（Shelford and Powers，1915；Michael，1920）等。Dice（1945）首次系统阐述了种间关联的测定方法，这代表着种间关联定量测定成为生态学的重要研究方法。截至 20 世纪 70 年代，用于测量种间关联的指标和方法多达几十种，其中应用最广泛的是方差比率。

方差比率在计算过程中将群落方差（C）与单个物种多度（S_i，S_j）方差的和进行了比较，公式如下：

$$VR = \frac{\sigma^2(C)}{\sum_{i=1}^{N} \sigma^2(S_i)} \qquad (4\text{-}11)$$

$$\sigma^2(C) = \sum_{i=1}^{N} \sigma^2(S_i) + 2 \times \sum_{j<i}^{N} \sigma^2(S_i, S_j) \qquad (4\text{-}12)$$

式中，N 为群落的物种总数；$\sigma^2(C)$ 为群落整体方差，表示群落中所有物种多度变化的总方差。

如果物种各自独立变化（不共变），那么 VR 将接近于 1；如果 VR<1，则表示物种间变化以相反方向为主，显示物种负联结；如果 VR>1，则表示物种间变化以同向为主，显示物种正联结（Schluter，1984；Hallett et al.，2014）。

4. 同步性

群落的同步性（synchrony）是物种共变的另一种测量方式。群落同步性是指群落中物种多度随时间共同涨落的程度。

本案例使用 Loreau 和 Mazancourt（2008）提出的指标，使用群落时序多度数据来计算群落同步性（φ）。其公式如下：

$$\varphi = \frac{\delta^2 \sum_{i=1}^{N} S_i(t)}{\left(\sum_{i=1}^{N} \delta[S_i(t)]\right)^2}$$　　　　　　（4-13）

式中，δ^2 为变异算子；$S_i(t)$ 为物种 i 在采样时间 t 的多度；分子代表群落级别累积多度在时间尺度上的方差；分母代表种群方差平方的总和。φ 值为 $0 \sim 1$，0 代表完全不同步，1 代表完全同步（Loreau and Mazancourt，2008）。

（二）应用实例——西洞庭湖鱼类群落组成的时间格局研究

面对不断加重的生物多样性危机，时间尺度群落生态学的研究变得愈加紧迫（Dirzo et al.，2014；Garcia-Moreno et al.，2014；McGill et al.，2015）。对群落组成时间动态变化的研究包括物种对群落尺度制约因素的响应（Musters et al.，2019），以及物种相互作用随时间的变化（Gonzalez and Loreau，2009；Hallett et al.，2014）等方面。这些研究不仅能够帮助研究者更好地预测群落对自然环境波动和人类干扰的响应（Collins et al.，2000；Kéfi et al.，2019；Rosset et al.，2017），而且能够很好地指导保护管理决策。

1. 研究区概况

本案例中，在西洞庭湖区域分 4 种栖息地类型（开阔水域、薹草滩、芦苇场和杨树林沟渠），选取了 28 个样点开展定点调查，在 2017～2019 年开展了为期 3 年的鱼类和大型底栖动物调查。样点设置情况详见表 4-10。由于野外调查的不确定性，部分采样点的时序调查数据并不完整。本章节选取了其中数据完整的 12 个样点，6 个位于杨树林沟渠，3 个位于薹草滩，3 个位于开阔水域。采样数据选取其中的全部鱼类数据。选取的采样区间为每年的 4～10 月。在 4 月，水位逐渐上涨，淹没了大部分薹草滩和芦苇场区域。鱼类开始移动到新淹没的区域，利用其丰富的食物资源来觅食和产卵（King et al.，2003）。10 月已经接近退水周期的尾声，但水位仍然可以保持杨树林沟渠和薹草滩、芦苇场等区域的水文连通。本案例重点在于鱼类群落时间动态变化和幅度的量化，探究鱼类群落在时间尺度上变化的规律和驱动因子。

表 4-10　样点设置

生境类型	分类	样点数量/个	
		月度调查	全湖调查
开阔水域	自然	3	11
薹草滩		3	10
芦苇场	人工	11	9
杨树林沟渠		11	21

2. 研究方法

在本案例中，群落同步性的计算和检验使用 R 软件的"synchrony"工具包来完成（Gouhier and Guichard，2014）。本案例也使用了广义加性混合模型（generalized additive mixed model，GAMM）。从没有解释变量的最简单的零模型开始，顺序增加了总氮含量（TN）、总磷含量（TP）、总氮总磷含量比（TN∶TP）、水深、栖息地类型和采样年份。通过这些独立变量的添加来逐步提升模型的复杂度。由于采样规模相对较小（$n=36$），本案例将单个模型的变量数限定在 3 个以内。每个群落动态测量共有 126 个模型被拟合。栖息地类型和采样年份被定义为随机作用或确定作用。

本案例使用留一交叉验证（leave-one-out cross-validation，LOO）的方法来选择最优模型。该方法本质上是贝叶斯模型选择程序（Bayesian model selection procedure），与广泛使用的赤池信息量准则（Akaike information criterion，AIC）相似（Vehtari et al.，2017）。本案例使用同样的方法检验了稳定性、多样性、方差比率（VR）和同步性，以此来研究生物间相互作用对群落稳定性的影响（Hallett et al.，2014）。为了研究物种多样性对群落稳定性的影响，将每个采样点所有月度渔获物数据进行了累加，计算了逆辛普森多样性指数（inverse Simpson's diversity index）来代表群落多样性。

本案例使用马尔可夫链蒙特卡罗方法（Markov chain Monte Carlo，MCMC）来估计模型参数的后验分布（posterior distribution）。该过程使用 R 软件"brms"工具包中的 NUTS 取样器来实现（Bürkner，2018）。首先构造了 4 条经过 100 000 次迭代产生的马尔可夫链，每条链中包括 50 000 次迭代的热身期，因此总共有 200 000 次热身后的迭代可以用来估计后验分布。所有的模型程序均在贝叶斯框架内进行，使用在 R 软件"brms"工具包中运行的 Stan 程序（Carpenter et al.，2017；Bürkner，2018）来实现。

3. 研究结果

1）多样性   同步性、方差比率和稳定性在不同的采样年份与栖息地类型间差异很大。总时间 β 多样性（BD$_{Total}$）同样在时间尺度和空间尺度上表现出很大的差异，详见表 4-11。值得注意的是，鱼类群落的时间变化在丰水年（2017 年）要显著低于平水年（2018 年和 2019 年）（P<0.01，t 检验）。杨树林沟渠的总时间 β 多样性要显著低于开阔水域和薹草滩（P<0.01，t 检验）。尽管丰水年的时间 β 多样性差异是显著的（P=0.04，t 检验），但在平水年却变得并不显著。时间 β 多样性的最佳拟合模型是总磷含量（TP）与栖息地类型模型。该模型解释了栖息地时间 β 多样性差异的 68%，详见表 4-12。估计模型系数（estimated model coefficient）显示时间 β 多样性沿着总磷含量（TP）的梯度减小，且在杨树林沟渠显著低于薹草滩和开阔水域。

表 4-11   涨水-退水周期内西洞庭湖三种栖息地类型中群落时间变化汇总

年份	栖息地类型	总时间 β 多样性			同步性			方差比率			稳定性		
		Q1	中位数	Q3	Q1	中位数	Q3	Q1	中位数	Q3	Q1	中位数	Q3
2017	杨树林沟渠	0.02	0.02	0.03	0.52	0.69	0.78	1.09	1.45	1.65	1.01	1.55	2.02
	薹草滩	0.12	0.18	0.20	0.27	0.38	0.44	0.57	0.80	1.22	1.31	1.52	1.84
	开阔水域	0.04	0.07	0.08	0.36	0.41	0.47	0.98	1.41	1.78	1.18	1.54	1.86
2018	杨树林沟渠	0.07	0.09	0.10	0.79	0.83	0.86	1.22	1.45	1.57	0.67	0.70	0.79
	薹草滩	0.17	0.22	0.25	0.40	0.60	0.71	0.93	1.13	1.24	1.28	1.61	1.73
	开阔水域	0.20	0.33	0.35	0.16	0.17	0.24	1.15	1.30	1.67	1.56	1.67	1.68
2019	杨树林沟渠	0.05	0.11	0.14	0.49	0.65	0.70	1.40	2.06	2.11	0.89	0.90	1.14
	薹草滩	0.27	0.34	0.34	0.26	0.43	0.46	1.10	1.49	1.69	1.09	1.26	1.81
	开阔水域	0.33	0.35	0.37	0.16	0.24	0.32	0.79	0.83	0.88	1.03	1.45	1.86

注：Q1. 第一四分位数；Q3. 第三四分位数

表 4-12   群落时间变化最优模型汇总

指标	模型	连接函数	系数	Bayes-R^2*
β 多样性	总磷含量+栖息地类型	对数正态	总磷含量，−4.97（−6.75，−3.18） 栖息地类型：薹草滩，1.20（0.60，1.81） 栖息地类型：开阔水域，1.33（0.69，1.98）	0.68（0.54，0.73）

续表

指标	模型	连接函数	系数	Bayes-R^2*
同步性	总氮含量	对数正态	−0.30（−0.45，−0.14）	0.38（0.10，0.57）
稳定性	总氮含量	对数正态	−0.06（−0.13，0.01）	0.12（0.01，0.32）

注：表格中的值为基于 20 万次热身后 2.5%～97.5%置信区间的均值
*表示回归模型中 R^2 的贝叶斯版本（Gelman et al.，2019）

2）同步性　　由于原始同步性 φ（Loreau and Mazancourt，2008）与调整后的同步性 φ（Lepš et al.，2019）有很高的相似性，故本案例仅列出原始同步性 φ。实际观察到的同步性 φ 为 0.09～0.90。全部 36 个组合中有 10 个的同步性显著大于零预期（null expectation）。这些结果表明，绝大多数物种的种群数量按相同的方向变化，特别是在改造的栖息地（如杨树林沟渠），详见表 4-11。

在研究中没有发现同步性变化的时空格局，详见表 4-11。描述同步性变化的最佳模型仅包括单一的环境变量——总氮含量（TN，见表 4-12），解释了群落同步性时空变化的 38%。总氮含量对群落同步性的消极作用显著（0.05 水平，2.5%～97.5%非零区间）。除此之外的其他环境变量，如水深、总磷含量、透明度等与同步性之间没有显著的相关性。

3）方差比率　　实际观察到的方差比率（VR）为 0.30～2.83，且多数情况下大于 1（表 4-11）。其中有 7 种情况显著高于零预期（null VR）。与同步性相似，这些结果表明，绝大部分鱼类群落是共变的（covariant），特别是在杨树林沟渠。在研究中同样没有发现 VR 变化的时空格局。而且，基于模型筛选程序的结果表明，所有环境因子拟合模型均差于零模型（null model）。

4）稳定性　　群落稳定性与总氮含量（TN）水平存在弱相关。这种弱相关性在 0.05 水平下变得不显著（表 4-12），但在 0.1 水平下变得显著（TN 系数在 5%～95%置信区间的值为−0.12～−0.01，该结果未在表格中显示）。与同步性和 VR 相同，其他的环境变量对群落稳定性均无显著性作用。

表 4-13 显示包含同步性和方差比率的模型分别解释了总差异的 66%和 53%。由此可见同步性和方差比率是群落稳定性的显著指标。与之相对，包含 α 多样性和 β 多样性的模型对总差异的解释性很低，只有 33%和 23%。这种较差的表现也体现为响应曲线相对较大的置信区间，尤其是当稳定性值较高的时候（图 4-13）。稳定性与 VR 和 β 多样性之间的拟合关系是线性的，与同步性和 α 多样性之间的关系是非线性的（表 4-13 和图 4-13）。群落稳定性随着 VR 和同步性的降低而降低。然而 α 多样性与稳定性的拟合曲线是单峰分布型曲线，由于边缘效应，α 多样性过低或过高时稳定性均很低。与之相反，稳定性与 β 多样性之间的关系是线性的，群落稳定性随着 β 多样性的增加显著提升（表 4-13 和图 4-13）。

表 4-13　生物机制与群落稳定性关系模型汇总

模型		系数 t	Bayes-R^2*
VR+栖息地类型	VR	−0.42（−0.63，−0.21）	0.53（0.24，0.71）
	栖息地类型：蓑草滩	−0.30（−0.58，−0.02）	
	栖息地类型：开阔水域	−0.24（−0.53，0.05）	
s-同步性#+栖息地类型	同步性	−2.82（−8.59，−0.51）	0.66（0.44，0.76）
	栖息地类型：蓑草滩	−0.23（−0.46，−0.02）	
	栖息地类型：开阔水域	−0.31（−0.54，0.10）	

续表

模型		系数 t	Bayes-R^2*
β多样性+栖息地类型	β多样性	1.42（0.10，2.74）	0.23（0.06，0.40）
	栖息地类型：薹草滩	−0.46（−0.82，−0.11）	
	栖息地类型：开阔水域	−0.39（−0.75，−0.04）	
s-α多样性#+栖息地类型	α多样性	0.30（−1.78，2.31）	0.33（0.30，0.54）
	栖息地类型：薹草滩	−0.38（−0.50，−0.02）	
	栖息地类型：开阔水域	−0.09（−0.61，0.15）	

注：表格中的值为基于 20 万次热身后 2.5%～97.5%置信区间的均值
*表示回归模型中 R^2 的贝叶斯版本（Gelman et al., 2019）
s 表示平滑拟合，表明非线性关系

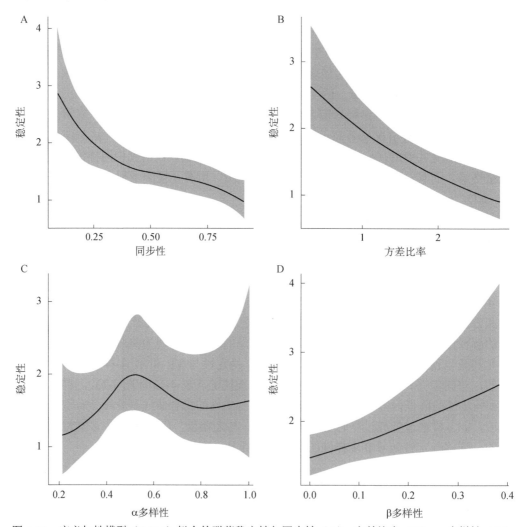

图 4-13　广义加性模型（GAM）拟合的群落稳定性与同步性（A）、方差比率（B）、α 多样性（C）、
β 多样性（D）之间的关系图

黑色线代表平均边际效应，灰色区域代表 95%置信区间

　　上述拟合模型中也将栖息地类型包含在内。估计模型系数（estimated model coefficient）表明杨树林沟渠的群落稳定性显著高于薹草滩（95%置信区间，见图 4-13）。群落稳定性在

丰水年（2017 年）显著低于平水年（2018 年和 2019 年）。然而，群落稳定性在杨树林沟渠和开阔水域间的差异却并不显著，这种现象可以由物种变化率（species variance rate）、同步性或 α 多样性的作用来解释（含零的 95% 置信区间，见图 4-13）。从年际变化来看，同步性在丰水年（2017 年）显著低于平水年（2018 年和 2019 年），而年际间的物种变化率的差异并不显著。

研究结果表明，在人为改造的杨树林沟渠中鱼类群落的时间 β 多样性显著低于薹草滩和开阔水域等自然类型栖息地。

尽管两种类型栖息地间物种方差比率（VR）的差异并不显著，自然生境中群落的同步性仍然要高于改造生境。自然生境中物种同步性较高可以部分地由生活史理论解释（Mims and Olden，2012）。本土鱼类已经进化出适应自然年内和年际间水文变化的生活史策略（McManamay and Frimpong，2015）。因此，本土鱼类的生命周期，如繁殖、幼年体和成年体生存、迁移等是与较长周期的水文节律同步的（King et al.，2003）。在杨树林沟渠，为了缩短杨树幼苗的淹水时间，提高其成活率，自然的水文节律被改造，尤其是在枯水期（Li et al.，2020a），导致了本地生物无法有效地响应环境变化和更低的群落同步性。

本案例的研究表明，改造生境的群落稳定性显著高于自然生境。群落稳定性与同步性和方差比率间呈显著负相关。这种显著负相关的关系表明群落时间的非同步性［如动态补偿效应（compensatory dynamics effect）；Gonzalez and Loreau，2009］有助于改造生境中物种多度的稳定。因此，由于环境相对稳定，鲫鱼等常见种在改造生境中成为优势种。由于使用单一变量指数可能会导致对群落稳定性全貌的误导（Death and Winterbourn，1994），使用群落距离的时滞分析（time lag analysis）能够更好地反映群落稳定性（Collins et al.，2000；Hallett et al.，2016；Jones et al.，2017）。不过，本案例获取的数据周期并不足以应用此方法进行有意义的分析。

三、群落构建模型

（一）群落构建的概念及演变

群落构建机制是群落生态学研究的核心问题和基础目标之一（Daniel-Simon et al.，2019）。群落构建（community assembly）是生物多样性形成和维持机制的另外一种表述，描述了生命体如何在某一栖息地扩散、定植的复杂过程。该过程受诸多因素的影响，包括物种地理分布范围（geographical range）、环境过滤（environmental filtering）、物种形成（speciation）、随机性（stochasticity）和扩散能力（dispersal capability）等（Kraft et al.，2015）。从理论层面来看，群落构建是两种过程作用的结果：一是确定性过程（deterministic process）或称生态位过程（niche process），如环境过滤、物种筛选（species sorting）等；二是随机过程（stochastic process）或称中性过程（neutral process），如生态漂变（ecological drift）等。两种过程在群落构建中所起的相对作用一直以来是学界争论的焦点。该问题在不同的研究背景下有不同的结论。例如，群落构建在异质性高的环境中更倾向于确定性过程，而在同质性高的环境中更倾向于扩散能力、栖息地斑块间的距离等随机过程（Gravel and Canham，2006；Chase，2007）。目前学界普遍认为，群落构建是两种过程共同作用的结果，在解释群落构建机制时，确定性模型和随机性模型应整合到一个框架内（Chase and Myers，2011）。

Diamond（1975）在新几内亚附近的岛屿中，完成了对鸟类分布格局的研究。他在文章中提出，群落中物种组成可能存在一个统一的规则，即群落构建规则（community assembly rule）。他认为是确定性过程中的种间竞争作用决定了群落的物种组成，并将群落构建机制定义为区域物种库中的物种经过环境筛选和生物间相互作用进入、定植的过程。自此，在 19 世纪 70～90 年代，生态学家在群落物种组成方面的研究主要围绕以种间竞争为核心理论的模型开展，包括恒定体型比例模型（constant body-size ratio model）和 Fox 优势状态模型（Fox's favored state model）等。

近 20 年来，群落构建领域迎来了快速发展期，以 Hubbell（2001）中性理论（neutral theory）为代表的重要群落构建理论的出现，提高了学界对生物群落构建过程的关注（Vellend，2010）。

HilleRisLambers 等（2012）在综述文章中将群落构建过程定义为：物种从一个区域物种库在环境筛选、生物间相互作用等生物与非生物作用的影响下扩散、定植到某一区域，最终形成一个局域群落的过程。这一定义标志着生物多样性形成与维持机制（即群落构建机制）的研究从传统的物种共存理论向现代的生物多样性维持理论转变。其突出特点在于不仅考虑群落内生态学过程对群落多样性的影响，还将区域物种库对局域群落多样性格局的影响纳入其中（赵郁豪，2020；HilleRisLambers et al.，2012）。

（二）群落构建的主要生态过程

群落构建的关键生态过程主要有两种，即确定性过程（生态位过程）和随机过程（中性过程）。其中确定性过程（生态位过程）的研究较早，一度是物种共存理论的核心过程。近年来一些新的理论模型向传统的生态位理论发起挑战，其中最具代表性的是 Hubbell（2001）提出的中性理论。得益于集合群落（metacommunity）理论的发展，当前学界普遍认为，群落构建是两种过程共同作用的结果，在解释群落构建机制时，确定性模型和随机模型应整合到一个框架内（Chase and Myers，2011）。

1. MacArthur 悖论与两种生态过程的产生

MacArthur 为现代生态学的发展做出了突出的贡献，他的开创性工作是诸多现代生态学分支的基础，包括进化生态学（evolutionary ecology）和觅食生态学（foraging ecology）、共存理论（coexistence theory）和生物多样性理论（biodiversity theory）（MacArthur and Wilson，1967）、岛屿生物地理学理论（island biogeography theory）和跨越生物地理尺度的研究等（MacArthur et al.，1963；MacArthur and Wilson，1967）。值得注意的是，MacArthur 的研究关注的空间尺度跨度很大，包括个体、种群、群落和生物地理尺度。由 Grinnell（1917）、Elton（1927）和 Hutchinson（1957）提出并完善的生态位概念是 MacArthur 研究的核心。然而生态位的特征与空间尺度相关。从两个极端情况来看：一是局域尺度，MacArthur 研究的是将物种属性–环境关系和种间权衡（trade-off）作为主要特征的物种共存和多样性［极限相似性（limiting similarity），竞争与共存理论］；二是海洋岛屿场景，MacArthur 的岛屿生物地理学理论在预测岛屿中物种多样性时认为物种是中性的，一个岛屿的物种多样性由局域迁入率和局域灭绝率决定。在接下来的研究中，他意识到了两种尺度之间的联系，并尝试利用集合群落模型（MacArthur and Levins，1964；Horn and Macarthur，1972）将大尺度的生态过程与局域群落的相互作用联系到一起，即将物种属性融入岛屿生物地理学理论中。

上述内容被学者称为"MacArthur 的悖论"（Schoener，1983；Loreau and Mouquet，1999）。它直接导致了两个互相对立的群落构建过程：确定性过程和随机过程。现代生态位理论是基于 MacArthur 的消费者-资源模型（consumer-resource model）建立的。Tilman（1980）提出了 R 概念，物种共存是基于物种在特定区域生存所需限制性资源的最小量及不同物种在利用资源方面差异的权衡。Hubbell（2001）提出了与之相反的个体中性理论（individual-based neutral theory），该理论是基于 MacArthur 岛屿生物地理学理论中的物种平衡理论（species-based equilibrium theory），即物种本质上是一致的，物种多样性在岛屿间的差异主要是由扩散/灭亡过程造成的，而非物种属性（MacArthur and Wilson，1967；Bell，2001；Chave，2004）。

群落构建过程的确定性与随机性争论自生态学起源之时便已存在（Chase and Myers，2011）。Clements（1916）认为不同环境中的群落结构是可以预测的，而 Gleason（1927）认为物种与环境间的联系是多变的，因此通过环境来预测群落结构是很难实现的。随后 Gleason 的支持者援引了 Tansley（1935）和 Egler（1954）研究中发现的扩散限制（dispersal limitation）、随机性和优先效应（priority effect）来佐证。在 Hutchinson 和 MacArthur 提出与确定性过程相关的理论后，也受到了许多学者的质疑，随机性因素（如迁入时间的随机性——优先效应等）对群落构建过程的影响被多次提及（Strong et al.，1984；Sutherland，1974，1990；Peterson，1984）。此外，也有学者给出了支持性的证据，如 Connell 和 Sousa（1983，1985）提出这些随机过程是由环境属性的差异造成的，是确定性过程。随后 Sale（1977，1982）提出随机过程能够维持珊瑚礁的高多样性，Hubbell（1979）也提出相同的格局在热带雨林也存在。但他们的观点也受到了很多确定性过程支持者的反驳（Chesson and Warner，1981；Chesson and Huntly，1997）。直到 Hubbell（2001）对岛屿生物地理学理论和种群遗传学中的中性理论进行整合后，随机过程才成为群落构建过程的主要机制之一。

2. 确定性过程

确定性过程又称生态位过程，其理论基础是生态位理论。Grinnel（1917）最早定义了生态位概念，即生态位是可以被某一物种占据的限制性环境因子组合。研究人员从群落和物种功能角度出发，将生态位定义为不仅是物种所占据的环境，还包括物种在所占据环境中的地位及与其他生物间的相互关系（Elton，1927；Chase and Leibold，2003）。此后种间竞争逐渐被纳入生态位理论的范畴。例如，竞争排斥原理（competitive exclusion principle）认为生态位相同的物种不能长期稳定共存，竞争力强的物种将逐步淘汰竞争力弱的物种（Gause，1934）。竞争排斥原理证明生态位分化是维持物种共存的必要条件，成为群落构建机制中确定性过程最早的支持理论。随后，生态位理论得到进一步拓展，出现了基于时空尺度生态位分化的存储效应（storage effect）（Chesson and Warner，1981）、基于多维资源利用差异的资源比假说（Tillman，1982）、基于生活史权衡的更新生态位假说（Grubb，1977）及基于病菌和捕食者的 Janzen-Connell 假说（Janzen，1970；Connell，1971）等。

确定性过程或生态位过程在群落构建中的作用可以归纳为环境筛选作用和生物间相互作用（竞争排斥），这是确定性过程在群落构建过程中的两个主要驱动力，且互为反作用，共同形成并维持了局域群落多样性（Webb et al.，2002；HilleRisLambers et al.，2012）。从本案例结果中总结做出的示意图清晰地显示了确定性过程的作用机制，见图 4-14。

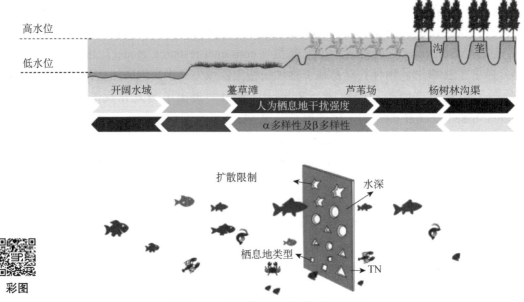

图 4-14　确定性过程作用机制示意图

3. 随机过程

随机过程也称中性过程，其理论基础是群落中性理论，强调随机性作用在群落构建过程中的影响。早期的很多生态学家都发现了随机性在群落构建中所起的作用（Chesson and Warner，1981），但直到 2001 年 Hubbell 才将岛屿生物地理学理论和种群遗传学中的中性理论进行整合，正式提出群落中性理论之后，随机过程才成为解释群落构建的主要过程之一。群落中性理论假设群落内所有物种在竞争力、迁移能力和适应能力方面是相等的，因此群落内各物种的繁殖、死亡、迁徙及形成新物种的概率也是相等的。群落动态过程是一个零和过程（zero-sum process），即群落内某个体死亡或迁出后，立即会有另外任意一个个体进行补充，群落始终保持饱和性（Hubbell，2001；Bell，2001）。

随机过程或中性过程在群落构建中的作用可以归纳为生态漂变（ecological drift）和扩散限制（dispersal limitation），这是随机过程在群落构建过程中的两个主要驱动力。中性理论从新的角度来解释群落构建机制，尽管在热带雨林群落多度结构中得到验证，但它忽略了物种间存在的差异对繁殖、迁移、竞争等能力的影响。虽然中性理论有上述问题，但其至少可作为实际群落的零模型（Rosindell et al.，2012），帮助理解随机过程和确定性过程在群落构建中的相对重要性。从本案例结果中总结做出的示意图清晰地显示了随机过程的作用机制，见图 4-15。

（三）生态随机性评价

1. 零模型

当前用于量化确定性过程和随机过程在群落构建中相对重要性的方法有很多（Anderson et al.，2011；Baselga，2010）。其中零模型（null model）的方法是应用最广泛的（Mori et al.，2015，2013）。零模型的方法通过将实际群落矩阵（community matrix）进行随机重排（Gotelli，2000），以检测在既有的区域物种库（regional species pool，γ 多样性）不变的情况下，实际观察的群落结构差异（β 多样性）是否偏离零预期（null expectation），如偏离则对

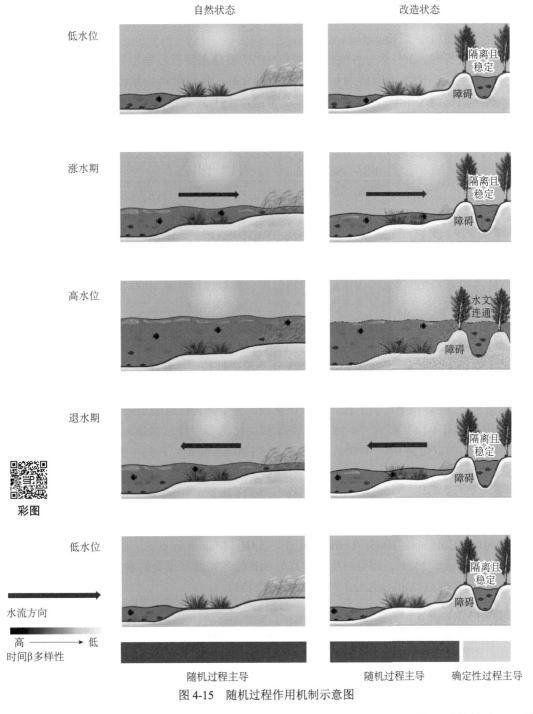

图 4-15　随机过程作用机制示意图

偏差进行量化（Chase and Myers，2011）。偏差值大代表确定性过程主导了群落构建，而接近于 0 则表明随机过程占主导（Gotelli，2000；Tucker et al.，2016），目标群落接近中性群落（neutral community）。

2. 标准随机比率

标准随机比率（normalized stochasticity ratio，NST）反映的是确定性过程和随机过程在群落构建过程中贡献度的具体差异，而其他量化指标关注的大多是差异显著性，因此能够更好地量化生态随机性（Ning et al.，2019）。

在结果分析时，50%为分界阈值。大于 50%的群落由随机过程主导，小于 50%的群落由确定性过程主导。NST 的取值为 0～1。NST 为 0 时，代表群落构建过程完全由确定性过程主导，群落出现两个极端：全部相同或完全不同。NST 为 1 时，代表群落构建过程完全由随机过程主导，群落完全符合零预期，是标准的中性群落。其计算公式如下（Ning et al.，2019）：

$$\text{NSS} = \frac{\text{SS} - {}^T\text{SS}}{{}^D\text{SS} - {}^T\text{SS}} = \frac{\sum_{ij}\varepsilon(C_{ij}, \overline{E_{ij}}) - \min_k\left\{\sum_{ij}\varepsilon[E_{ij}^{(k)}, \overline{E_{ij}}]\right\}}{\sum_{ij}\varepsilon({}^D C_{ij}, \overline{E_{ij}}) - \min_k\left\{\sum_{ij}\varepsilon[E_{ij}^{(k)}, \overline{E_{ij}}]\right\}} \tag{4-14}$$

$$\text{NST} = 1 - \text{NSS} \tag{4-15}$$

式中，C_{ij} 为第 i 个群落和第 j 个群落之间观察到的相似度（范围为 0～1，其中 i，$j \in \{1, \cdots, m\}$）。如果相似度指标的取值不是 0～1，则可以对其进行标准化。E_{ij} 为模拟群落随机化后，第 i 个群落和第 j 个群落之间预期出现的相似度。模拟过程重复 1000 次以生成一组空期望群落。然后，将 $\overline{E_{ij}}$ 定义为第 i 个和第 j 个群落之间空期望相似度的平均值。SS 为选择强度（selection strength），是用于量化确定性过程在塑造生态群落组成方面相对重要性的指标。它通常与随机性比率（stochasticity ratio，ST）结合使用，以评估确定性组装和随机组装过程在构建群落结构中的平衡。${}^D\text{SS}$ 和 ${}^T\text{SS}$ 分别为完全确定性和完全随机组装下 SS 的极值。${}^D C_{ij}$ 是在完全确定性组装下，群落 i 和 j 之间的相似度。$E_{ij}^{(k)}$ 是随机组装下，群落 i 和 j 之间空期望相似度值之一。ε 是一个广义函数，表示观察到、完全确定性组装或随机组装下 SS 的值。本研究应用了式（4-14）和式（4-15）来获得归一化选择强度（NSS）和归一化随机性比率（NST），它们的取值为 0%～100%。因此，与 SS 和 ST 相比，它们可能是评估决定论和随机性更好的指标。

（四）应用实例——西洞庭湖水生动物群落构建机制研究

对控制时间尺度和空间尺度群落构建的生物与非生物机制的研究不仅是当前生态学研究的核心问题（Cottenie，2005；Leibold et al.，2004；Magurran et al.，2018，2019；McGill，2003；Ning et al.，2019），而且对生物多样性保护管理实践有重要的意义（Economo，2011；McGill et al.，2015；Yurkonis and Wachholder，2005）。

1. 研究概况

围绕"不同干扰程度下两种生态过程如何在群落构建过程中发挥作用"这一科学问题展开研究。首先使用了零模型（null model；Chase et al.，2009）的方法来评估时空尺度的生态随机性，并分别计算了标准随机比率；随后应用时空尺度随机性量化的结果，研究了生态随机性对大型水生动物群落时间动态的影响。

本案例计算了时间尺度和空间尺度生态随机性，用以研究 β 多样性（或生态群落）的构建机制。空间尺度的生态随机性用来比较不同栖息地类型中确定性过程和随机过程对群落构建的相对重要性。为了量化空间生态随机性，以大型水生动物可以在同种栖息地类型间自由移动为前提，将每次调查中每种栖息地类型的调查数据进行聚合构成一个集合群落（metacommunity）。时间尺度的生态随机性用来评估确定性过程和随机过程对群落动态的相对重要性。为了量化时间生态随机性，将每个采样点各年度的月度群落矩阵视作一个集合群落。

2. 研究方法

应用 Chase 等（2009）提出的方法，使用零模型（null model）来判断生态随机性。简单来说，将不同时空位置的群落相异性（本案例使用多度加权 Bray-Curtis 相异度）与零预期比较，以此来量化生态随机性（Zhou et al.，2014）。

零群落（null community）通过对实际观察到的群落结构进行 1000 次的随机重排来生成。该过程使用"SIM2"程序来完成（Gotelli，2000）。在零群落中，物种在调查中出现的总次数不变，但同种栖息地类型中不同点位出现的概率相等。

3. 研究结果

1）生态随机性对大型水生动物群落空间动态的影响　　经研究发现，大型水生动物群落的空间生态随机性在年内和年际间没有方向性格局（directional pattern），然而其生态随机性却有很强的空间格局（spatial pattern）。改造生境的生态随机性显著低于自然生境，详见图 4-16。

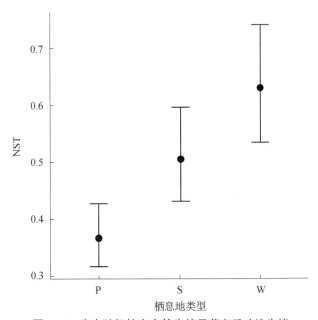

图 4-16　生态随机性在自然生境显著高于改造生境

在自然生境，W 代表开阔水域，S 代表薹草滩；在改造生境，P 代表杨树林沟渠；圆点代表平均值；纵向条带代表 95% 置信区间

从图 4-16 中可以看出，在自然生境中，薹草滩的平均生态随机性值为 0.51，开阔水域的平均生态随机性值为 0.63，均大于 0.50。模型系数表明生态随机性是自然生境中起主导作用的生态过程。同样，图 4-16 中显示杨树林沟渠的平均生态随机性值为 0.37，小于 0.50。模型系数表明生态确定性过程是改造生境中起主导作用的生态过程。

2）生态随机性对大型水生动物群落时间动态的影响　　从统计结果来看（表 4-14），生态随机性与本案例使用的全部群落动态指标均有很好的相关性。平均 Bayse-R^2 值和 95% 置信区间分别为，稳定性 0.53（0.24，0.71），方差比率 0.30（0.08，0.50），同步性 0.59（0.42，0.69），总时间 β 多样性 0.67（0.55，0.76）。NST 与方差比率和同步性间呈显著正相关关系，与稳定性间呈显著负相关关系，详见图 4-17。生态随机性与总时间 β 多样性的关系呈高度非线性关系。在较低的水平，总时间 β 多样性随着生态随机性的增加而增加，当 NST 值超过 0.4 后，总时间 β 多样性值趋于稳定。

表 4-14　生态随机性对群落时间动态影响模型汇总表

指标	系数		Bayes-R^2*
总时间 β 多样性	$s^{\#}$（NST）	10.67（−1.63，31.48）	
	栖息地类型：薹草滩	1.33（0.68，1.99）	
	栖息地类型：开阔水域	0.89（0.19，1.58）	0.67（0.55，0.76）
	年份：2018	1.11（0.48，1.76）	
	年份：2019	1.28（0.59，1.98）	
稳定性	NST	−1.24（−1.96，−0.51）	
	栖息地类型：薹草滩	−0.35（−0.61，−0.09）	
	栖息地类型：开阔水域	−0.25（−0.51，0.02）	0.53（0.24，0.71）
	年份：2018	0.35（0.09，0.60）	
	年份：2019	0.34（0.08，0.61）	
同步性	NST	0.50（0.20，0.90）	
	栖息地类型：薹草滩	0.09（−0.05，0.23）	
	栖息地类型：开阔水域	−0.06（−0.21，0.08）	0.59（0.42，0.69）
	年份：2018	−0.32（−0.46，−0.19）	
	年份：2019	−0.40（−0.54，−0.26）	
方差比率	NST	0.89（0.17，1.56）	
	年份：2018	−0.18（−0.56，0.02）	0.30（0.08，0.50）
	年份：2019	−0.08（−0.32，0.15）	

注：表格中的值为基于 20 万次热身后 2.5%～97.5%置信区间的均值
*表示应用于回归模型中 R^2 的贝叶斯版本（Gelman et al., 2019）
s 表示平滑拟合（smoothing term），表明非线性关系

本案例中，使用基于零模型方法（null modelling approach）的 NST 指数（Ning et al., 2019）对月度调查数据进行统计分析，量化生态随机过程。NST 反映了在群落构建过程中随机过程和确定性过程贡献的相对重要性。相比其他基于随机重排的指数［如标准效应尺寸（standardized effect size）］，NST 是一种更好的随机性测量指数（Ning et al., 2019）。在研究中发现，改造生境的平均 NST 值小于 0.50，自然生境的平均 NST 值大于 0.50。该结果表明在改造生境中确定性过程主导了群落构建过程。与之相反，自然生境中随机过程主导了群落构建过程。

物种同步性和方差比率（VR）均与 NST 呈显著正相关关系。也就是说，生态随机过程作用越强，物种在时间尺度上的变化就越同步（同向）。尽管两种类型栖息地间物种方差比率的差异并不显著，自然生境中群落的同步性仍然要高于改造生境。自然生境中物种同步性较高可以部分地由生活史理论解释（Mims and Olden, 2012）。本土鱼类已经进化出适应自然年内和年际间水文变化的生活史策略（McManamay and Frimpong, 2015）。因此，本土鱼类的生命周期，如繁殖、幼年体和成年体生存、迁移等是与较长周期的水文节律同步的（King et al., 2003）。在杨树林沟渠，为了缩短杨树幼苗的淹水时间，提高其成活率，自然的水文节律被改造，尤其是在枯水期（Li et al., 2020a），导致了本地生物无法有效地响应环境变化和更低的群落同步性。

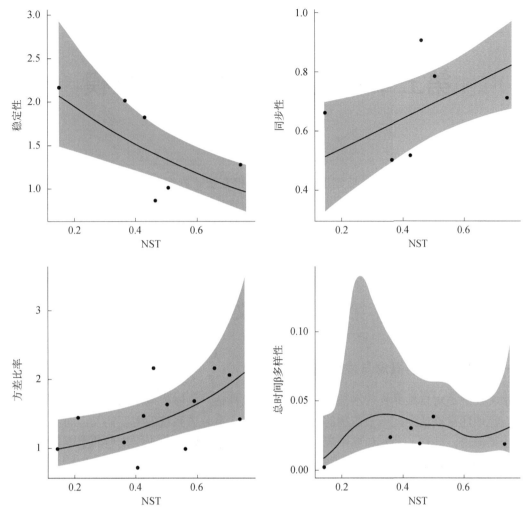

图 4-17　广义加性模型（GAM）拟合的生态随机性对鱼类群落时间动态影响的关系图

黑色线代表平均边际效应；灰色区域代表基于热身后的 95%置信区间；点代表由栖息地类型和采样年份聚合而得的原始数据

　　稳定性与 NST 呈显著负相关关系，也即生态随机性作用越强，群落在时间尺度上的稳定性就越差。如上所述，生态随机性作用可以导致物种同步和正向变化（positive varying），这种负相关关系表明群落时间尺度上的非同步性（确定性过程）越强，群落结构在时间尺度上越稳定。

第五章 生态系统数据与建模

本章将介绍生态系统数据与建模的基本概念和方法。内容包括生态系统类型数据的收集、分析和建模方法，通过介绍水文、物质循环和食物网模型，帮助读者理解如何整合多源数据和应用合适的建模技术来揭示生态系统内在的复杂性和关联性，从而更好地理解和预测生态系统的行为、动态和演变，为生态学研究和管理提供支持。

第一节　水　文　模　型

一、水文模型的概念与发展回顾

水文模型是对自然界复杂水循环过程的抽象或概括，能够模拟水循环过程的基本特征和变化。流域通常被认为是一个典型的水文系统，降水量是该系统的主要输入，而流量是该系统的主要输出。同样，蒸发和壤中流也可以被认为是系统输出。水文模型的主要目的和功能则是建立输入和输出的物理关系。一般情况下，通过模拟水循环过程，了解流域内水文因子的改变如何影响水循环过程，如研究人类活动与气候变化对水循环的影响。另外，还可将水文模型用于水文预报和水资源规划与管理。

水文模型的诞生是对水循环规律研究和认识的必然结果，水文模型在水资源开发利用、防洪减灾、水库规划与设计、面源污染评价、人类活动的流域响应等诸多方面都得到了十分广泛的应用，当今的一些研究热点，如生态环境需水、水资源可再生性等均需要水文模型的技术支撑。水文模型是水文科学研究的一种手段和方法，水文模型的发展最早可以追溯到1850 年 Mulvany 所建立的推理公式。1932 年 Sherman 的单位线概念、1933 年 Horton 的入渗方程、1948 年 Penman 的蒸发公式等标志着水文模型由萌芽时代开始向发展阶段过渡。20世纪 50 年代后期至 70 年代末期，水文学家结合室内外实验等手段，不断探索水文循环的成因变化，并基于一定的假设和概化，确定模型的基本结构、参数及算法，以便进入水文模型的快速发展阶段。在此期间，全球诸多水文学家积极探索，勇于开拓，研究和开发了很多简便实用的概念性水文模型。进入 20 世纪 90 年代以来，随着地理信息系统（GIS）、全球定位系统（GPS）及卫星遥感技术在水文学中的应用，反映水文变量空间变异性的分布式流域水文模型日益受到重视。尽管早在 1969 年，Freeze 与 Harlan 就提出了基于水动力学偏微分物理方程的分布式水文模型概念，但主要受到计算手段的限制而未能发展，直到 80 年代后期，随着计算机技术的快速发展，分布式水文模型才得到发展（Freeze and Harlan，1969）。

二、水文模型的分类、应用与前景

由于生产实践对水文模型的不同要求，以及水文学本身的发展和不同社会发展阶段各种新技术的结合，不同的水文模型被开发出来。目前，关于水文模型的研究已经从黑箱模型、概念模型发展到今天的分布式水文模型。系统模型将所研究的流域或区间视作一种动力系统，利用输入（一般指降水量或上游干支流来水）与输出（一般指流域控制断面流量）资料，建立某种数学关系，然后可由新的输入推测输出。系统模型只关心模拟结果的精度，而不考虑输入–输出之间的物理因果关系。系统模型有线性的和非线性的、时变的和时不变的、单输入单输出的、多输入单输出的、多输入多输出的等多种类型。代表性模型有总径流线性响应模型（TLR）、线性振扰动模型（LPM）和神经网络（ANN）等。

概念模型利用一些简单的物理概念和经验公式，如下渗曲线、汇流单位线、蒸发公式或有物理意义的结构单元（如线性水库、线性河段）等，组成一个系统来近似地描述流域水文过程。代表性模型有美国的斯坦福模型（SWM）、日本的水箱模型（TANK 模型）、我国的新安江模型（XJM）等。物理模型依据水流的连续方程和动量方程来求解水流在流域的时间和空间的变化规律。代表模型有欧洲水文系统（système hydrologique Européen，SHE）模型、分布式流域模拟接口（dynamic bayesian spatial interpolation network，DBSIN）模型等。

从研究目的、模拟手段、时间空间分辨率、服务对象等需求出发，全世界目前已开发出数百种水文模型。在这数百种水文模型中，根据不同的分类标准，可以产生若干种分类。根据模型结构和参数的物理特性，目前常用的是概念模型和分布式水文模型。概念模型用抽象和概化的方程表达流域的水循环过程，具有一定的物理基础，也具有一定的经验性，模型结构相对简单，实用性较强。分布式水文模型的优点是模型参数具有明确的物理意义，可以通过连续方程和动量方程求解，可以更准确地描述水循环过程，具有很强的适应性。与概念模型相比，分布式水文模型用严格的数学物理方程刻画水循环的各种子过程，参数和变量充分考虑空间的变异性，并着重考虑不同单元间的水力联系，对水量和能量过程均采用偏微分方程进行数值解算。因此，在模拟土地利用、土地覆盖、水土流失变化的水文响应及面源污染、陆面过程、气候变化影响评价等方面应用时，分布式水文模型具有明显优势，其物理参数一般不需要通过实测水文资料来率定，解决了参数间的不独立性和不确定性问题，便于在无实测水文资料的地区推广应用（吴险峰和刘昌明，2002）。目前，较为常见的分布式水文模型有英国的 IHDM 模型（institute of hydrology distributed model），欧洲的 SHE 模型和 TOP-MODEL（TOP ographic model for operational drainage），美国的土壤和水资源评估工具（soil and water assessment tool，SWAT）模型、城市雨水管理模型（storm water management model，SWMM）及地形学操作排水（variable infiltration capacity，VIC）模型等。

（一）水文模型的分类

根据 Singh（1988）的分类，水文模型可以分为物理模型和形式模型两类。

1. 物理模型

物理模型是指一个原型系统的代用系统，此代用系统与原型系统相比，由于进行了一定的抽象和概化，更便于操作。物理模型可以分为实验室模型和相似模型。实验室模型，顾名思义，是将原型系统的尺度适当缩小到实验室里面概化而成，如实验室里的实验流域、水力学实验水槽等。相似模型不一定在物理机制上完全与原型相似，而是取决于原型系统与相似模型的相应程度。

2. 形式模型

形式模型是对原型系统经过适当概化后,用相对简单并符合一定逻辑关系的符号所表达的方程式,一般为数学模型。数学模型是一组表示变量和参数相互之间逻辑关系的数学方程式,可以表示为输入变量、参数、残差项和输出的函数关系。所有数学模型都需要通过输入和残差项的函数关系导出输出项,在这一点上是共同的,不同之处主要表现在对残差和函数形式的假定上。数学模型又可以分为统计模型、概念模型和理论模型。统计模型也称黑箱模型或输入–输出模型,它不涉及系统内部的物理机制,参数没有太多的物理意义,而是通过输入输出的同期观测资料进行估计,如随机时间序列模型,包括自回归移动平均模型(autoregressive moving average model,ARMA 模型)等,这类模型有时也能得到很好的模拟效果,因此,无论是在水文预报还是水资源管理工作中都得到了较为广泛的应用。理论模型也称白箱模型或基于物理机制的模型,具有与现实世界相似的逻辑结构,对于变化环境下的水循环过程的模拟十分有用,其典型的例子包括基于圣维南方程组的流域径流模型、基于有孔介质二相流理论的下渗模型、基于紊流和扩散理论的蒸散发模型及基于运移方程的地下水模型。介于统计模型和理论模型之间的模型称为概念模型,也称灰箱模型,概念模型通常也适当考虑一些物理定律,在水文生产实践中有非常多的概念模型,如新安江模型、TANK 模型及水文流域模型(hydrologiska byrans vattenbalansavdelning model,HBV 模型)等。三种模型各有其优缺点,具体采用什么模型要取决于研究的目标、问题的复杂性及所要求的精度。

从模型的特点来看,无论是统计模型、概念模型还是理论模型,它们都可能是线性的或非线性的水文模型。在水文学中,线性的定义通常参照系统论中的定义,即满足叠加假定的系统为线性系统;否则,为非线性系统。与此相似,如果模型的输入输出关系不随时间变化,这样的模型称为时不变模型,这种模型的特点是输出的大小只取决于输入的大小,而与输入出现的时间无关。如果不具备这种性质,则相应的模型称为时变模型。

此外,根据对空间离散程度或分辨率的大小,可以将水文模型分为集总式、半分布式和分布式三种。所谓集总式水文模型,是将整个流域作为一个均匀的单元,如假设降水量在全流域均匀分布等;半分布式水文模型假设子流域或每一块计算面积都是均匀的;分布式水文模型则将整个流域分为很多基本单元面积,如矩形网格,水流从上游到下游沿着每一个计算单元流动。如果在输入项、输出项或残差项中任何一项为服从某一概率分布的随机变量,则该模型为随机模型;上述三项中如无任何一项是随机变量,即服从某一概率分布,则认为该模型是确定性模型。分布式水文模型可分为松散型和耦合型两类。前者假定每个单元面积对整个流域响应的贡献是互不影响的,可通过每个单元的叠加来确定整个流域的响应;后者是用一组微分方程及其定解条件构成的定解问题,必须通过联立求解才能确定整个流域的响应。概念性分布式流域水文模型多是松散型的,具有物理基础的分布式流域水文模型有耦合型的也有松散型的。概念性分布式流域水文模型的解算方法一般比较简单,但反映径流形成机制不够完善。具有物理基础的耦合型分布式流域水文模型,虽然在描述径流形成过程时物理概念清楚,但解算比较困难,甚至不一定有稳定解,介于两者间的具有物理结构的分布式流域水文模型是近期值得开发的一种分布式流域水文模型。

在上述所有水文模型的分类中,有两种最常用的分类方法:一种是根据对水文模型关于物理过程描述的不同分为概念模型和基于物理机制的模型;另一种是根据关于流域空间特性描述的不同分为集总式和分布式。根据此两种分类方法,两种常用的水文模型是集总式概念模型和基于物理机制的分布式水文模型。前者如 Stanford 模型、HBV 模型、Sacramento 模型；后者如 SHE 模型、IHDM 模型等（Abbott and Refsgaara，1996）。从这个意义上讲，TOP-MODEL 一般定义为半分布式水文模型或基于概念的分布式水文模型（Beven and Kirkby，1979）。与分布式水文模型相比，概念性水文模型有其自身的局限性。例如，概念性水文模型在许多结构环节上一般借助于概念性元素或经验函数关系描述，不涉及现象的本质或物理机制，模型参数也通常缺乏明确的物理意义，常难以获得令人满意的拟合效果。概念性水文模型参数的确定对实测降雨径流资料的依赖性很大，参数一般都需要用实测降雨和径流资料来反演，在数学上常用最优化方法来实现。但由于模型中各参数之间可能存在相依性，以及所构造的目标函数的非单峰（谷）性，按最优化方法求得的最优参数组可能不是唯一解。此外，水文模型的输入是流域上各点的降雨过程，输出是流域出口断面的流量或水位过程，因此，它是一种输入具有分散性和输出具有集中性的模型，而概念性水文模型在结构上一般与此并不匹配。

　　鉴于上述背景，基于数字高程模型（DEM）的分布式水文模型，可通过 DEM 提取大量的陆地表面形态信息如坡度、坡向、高程等，因此分布式水文模型的研究在国内外备受青睐。分布式水文模型根据流域各处地形、土壤、植被、土地利用和降水等的不同，将流域划分为若干不同类型。例如，陆地单元、水库单元、河道单元等网格单元，即将流域离散化，每个网格单元建立相应的数字高程模型，分别描述和模拟各网格单元的流域下垫面条件和流域上的降雨情况，并能按照模拟单元输出计算成果。分布式水文模型一般采用动量守恒定律和能量守恒定律对数字高程模型的物理过程进行模拟，采用水力学或水动力学方法进行洪水演进过程的动态模拟。由于分布式水文模型充分利用空间分析技术，解决了影响因素的空间分布问题，其计算成果精度一般比集总式概念模型要高。另外，因分布式水文模型的参数通常是利用卫星遥感资料通过空间分析技术确定的，一般不需要通过大量的实测水文资料来率定，便于在无实测水文资料的地区推广应用。

　　总之，概念模型用概化的方法表达流域的水文过程，虽说有一定的物理基础，但都是经验性概述，模拟结果有时不够理想，但模型结构简单，实用性较强。分布式物理模型的参数具有明确的物理意义，通过连续方程和动力学方程求解，可以更准确地描述水文过程，具有很强的适应性。随着计算机技术的迅猛发展，目前计算耗时已经不再是限制分布式水文模型发展的主要因素。

　　当前分布式水文模型尚对两个方面有严格的要求，这就是：①模型的准确设计；②模型参数的准确率定。模型的准确设计要求对模型所涉及的各个水文过程有较准确、合理的概化和描述。这种概化和描述的合理程度依赖于人们对物理过程的认识程度和数学的发展水平。由于分布式水文模型的参数是基于一定的空间坐标而变化的，不同下垫面条件（土地利用、植被覆盖、地形、地貌等）下的模型参数需要人们准确地测量。模型参数的准确与否直接影响到模型的校正。如果模型参数不准确，那么它就错误地反映了实际的陆面过程，在此情况下，即使模型结构和概化合理，模型模拟和预测结果也较差。由于分布式水文模型的参数很多，如果要获得准确的模型参数，必须进行大量的观测。即使结合遥感技术，对于下垫面情况复杂的大流域来说，也需布置必要的大量观测点。所以分布式水文模型的建立需要大量的人力和物力。综上所述，分布式水文模型主要存在两个缺点：①需要进行大量的观测；②需要对水文变化的连续物理过程有深入的了解。从上述分析中可以看出，分布式水文模型的上述缺点是存在正反两个方面的：如果人们对水文过程有了较深入的认识，而且进行了大量的观测，那么就能够建立高精度的水文模型，可以对水文变量进行可靠的预测。分布式水文模型的优点之一就是可以对无观测站点的流域进行径流模拟和预测。因为对各种水文过程的物理机制有深刻的了解后，只需对流域的下垫面参数进行测量即可运转模型。分布式水文模型的另一个优点就是可以对具有多源影响的流域过程进行模拟和预测，比如对多点源或面源污染进行模拟。

（二）水文模型的应用与前景

以下几个方面应该是今后一段时期水文模型研究的重点及发展方向。

1. 地理信息系统（GIS）和遥感（RS）应用于水文模型的研究

分布式水文模型之所以能成为近年来的研究热点，一是 GIS 技术的不断完善，使得描述下垫面因子复杂的空间分布有了强有力的工具；二是计算机技术和数值分析理论的进一步发展，为数值方法求解描述复杂流域产汇流过程的偏微分方程奠定了基础；三是包括雷达测雨技术和卫星云图技术在内的遥感技术的进步，为获取时空分布的数据创造了条件（芮孝芳和朱庆平，2002）。GIS 和 RS 在水文领域的应用给水文模型的研究思路和技术方法带来了创新和革命，就目前的研究看，水文模型和 GIS 的集成，有的是"相互独立"形式的集成，有的是松散或相对紧密型的集成，还都不是完全意义上的耦合。要实现水文数值模拟模型和 GIS 的"完全"集成，尚需进一步研究集成技术的实施途径。RS 技术能够为水文模型提供流域空间特征信息，是描述流域水文变异性最为可行的方法，尤其是在地面观测缺乏地区。但由于遥感资料还没有完全融入水文模型的结构中，直接应用还有很大的困难，又缺乏普遍可用的从遥感数据中提取水文变量的方法，遥感技术在水文模型中的应用水平还比较低。因此，加强遥感技术与水文模型的集成及从遥感数据中提取水文数据的方法研究，对于水文模型的创新十分必要。

2. 水文过程物理规律的进一步研究

水文过程的物理规律是对水文过程进行准确描述的基础，而目前人们还远未完全掌握，这也限制了水文模型的发展。因此，充分利用新技术和新手段，加强水文过程物理规律的研究仍是今后水文研究的重点。

3. 水文尺度问题的研究

水文尺度问题自 20 世纪 90 年代初被正式提出后，尺度问题在水文科学中一直受到国内外学者的广泛关注和重视（Gupta and Waymine，1990）。水文的理论研究与实践证明，不同时间和空间尺度的水文系统规律通常有很大的差异。不同尺度的水文循环的机制是不相同的，水文模型的结构也就不尽相同。由微观尺度水文实验中获得的"物理"参数，如土壤饱和含水率往往不能直接应用到流域尺度的水文模拟。宏观尺度的水文气象背景值变化也不能直接套用到时空变异十分突出的微观水文模拟预报中，如大气环流模式所采用的空间分辨率是数百公里，甚至更大，而在中尺度（$10^2 km^2$）或更小尺度的水文系统模拟中，需要的是分辨率更高的气候信息。显然，小尺度所需的气候信息从全球气候模型中是得不到的。对于不同时间尺度的研究，如以地质时期为时间尺度建立的水文系统气候变化模型，只能为较小时间尺度的气候变化模型提供一个"大背景"，无法提供所需要的更详细（即小分辨率）的信息。目前，由于水文变量时空分布的不均匀性和水文过程转换的复杂性，以及水文尺度问题和不同尺度之间水文信息转换的研究还存在很多困难，尺度问题还远未得到解决。因此，在现代水文模拟研究中，无论是从宏观综合还是微观研究，尺度问题始终是关注和研究的焦点。

4. 水文模型与其他系统模型耦合研究

由于没有足够的输入数据，分布式水文模型模拟的精度受到限制。大气模型的不断开发，为水文模型提供了可选择的数据源。研究表明，水文模型和大气模型中模拟的资料互相应用，可以取得较好的结果（Miller and Russell，1997）。而大气环流模型不适合模拟边界层的变量，如蒸散发和径流，它没有包括陆地水文循环中水的横向迁移，对蒸散发的模拟完全是根据垂直方向的水量平衡。因此，加强水文模型与大气环流模型的耦合研究，在今后仍是研究的热点。水循环深刻地影响着全球水资源系统和生态系统的结构与演变，影响自然界中一系列的物理过程、化学过程和生物过程，也影响着人类社会的发展和生产活动，在地圈-生物圈-大气圈的相互作用中占有显著的地位。因此，水文模型不仅在水循环研究领域有着重要的地位，在与水循环有关的其他系统的模拟研究中也应发挥应有的作用。目前，水文模型除了在水资源评价、地表水污染、水环境预测中有较好的应用，在农业灌溉、水土流失、地下水污染、土地利用变化影响、水生生态系统、气候变化影响等方面的研究及应用都较为欠缺（Abbott and Refsgaara，1996）。因此，加强水文模型与其他系统模型的耦合研究，以充分利用水文模型的研究成果，是非常有意义的工作。

第二节 水文模型应用案例

一、WATLAC

分布式流域水文模型中的湖泊集水域水文模型（a water flow model for lake catchment，WATLAC）（张奇，2007；Zhang and Li，2009）是以日为时间步长、基于矩形格网的水文模型，该模型是一个基于物理机制的大尺度流域模拟模型，模拟流域地表过程、土壤水和地下径流的变化过程。其模拟的具体水文过程包括冠层截留、冠层蒸散、坡面汇流、河道汇流、壤中流、土壤蒸发、土壤水补给及地下水运动等（图5-1）。降雨和潜在蒸散发是该模型的主要驱动因子，模型首先考虑冠层的截留与蒸发来计算到达地面的实际降雨，假定截留量与叶面积指数呈线性比例关系。当地表水经过土壤下渗且地面达到饱和状态时，地表径流随之产生。坡面流的汇流路径根据数字高程模型（DEM）并采用D8算法来确定（Jain and Singh，2005）。WATLAC中河道汇流演算方法主要有马斯京根河道洪水演进算法、变动蓄量法和指数法。土壤水的运动主要考虑土壤渗漏补给地下水及土壤水的侧向流动。饱和地下水的模拟采用修改后的美国地质调查局（USGS）的MODFLOW 2005（Harbaugh，2005），地下水模拟具有明确的物理基础并采用有限差分法进行网格空间离散。地表水和地下水的联合模拟主要通过土壤水的渗漏及河流-地下水的实时交换来完成，地下水模拟的有限差分网格与地表水模拟的空间平面栅格单元保持在水平面上投影吻合，这样确保每个网格单元的所有属性信息在空间上的叠加是相互重合的，也充分体现了分布式水文模型刻画流域空间异质性的优势。模型中假定在某个单元内，流域属性信息和降雨、蒸发等条件保持不变。总之，WATLAC能够真实刻画较为复杂的流域降雨-径流过程，是一个物理机制较为明确的地表水-土壤水-地下水实时耦合的流域模拟模型。

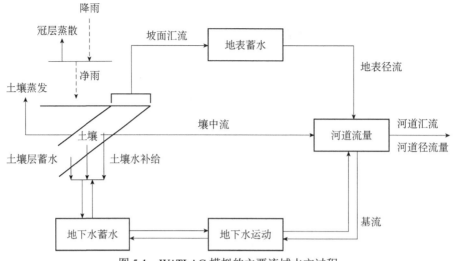

图 5-1　WATLAC 模拟的主要流域水文过程

WATLAC 能够将多个独立的子流域在同一个模型中同时模拟计算，无须对每一个子流域分别建立独立的模型。WATLAC 已经取得了很多成功的研究案例，主要被应用于不同复杂程度及不同尺度大小的流域水文过程模拟，如鄱阳湖全流域的降雨-径流过程模拟（刘健，2009；刘健等，2009；叶许春，2010；Ye et al.，2011；Li et al.，2012a，2013；李云良等，2013a，2013b）、太湖西苕溪流域的水文模拟（李丽娇等，2008；Zhang and Li，2009）、云南抚仙湖流域的水文过程模拟（张奇，2007；Zhang and Li，2009），以及鄱阳湖赣江子流域（刘健等，2009）与信江子流域（叶许春，2010；Li et al.，2012b）的水文过程模拟。鉴于该模型的成功应用，详细的模型原理和数学方程描述可参考上述研究文献，这里不再过多陈述。

二、鄱阳湖流域的划分及边界确定

本节以江西省鄱阳湖流域为例，该流域分为 5 个相互独立的子流域，降雨-径流过程明显，江西省鄱阳湖流域以其明显的降雨径流过程和 5 个相互独立的子流域，成为测试分布式水文模型性能的理想案例。WATLAC 凭借其卓越的模拟能力，能够有效再现全流域降雨径流过程。有效应用 WATLAC，离不开对流域水文特征的精准刻画。为此，研究人员首先构建了流域数字高程模型（DEM），并结合数字化水系数据，提取流域水系分布并划分子流域。在利用分布式流域水文模型对较大的流域进行模拟时，必须要进行子流域的划分，然后再用相应的资料进行水文模拟。相对于河网提取而言，流域边界的确定与子流域划分显得比较简单，在实际工作中，一般在用户确定流域出口断面位置后，就以流域干流上的每个支流为单元划分子流域，即一旦河网确定下来，子流域也就随之确定。

复杂的水系分布及不同尺度大小的子流域是鄱阳湖流域的主要特点。基于 DEM 的分布式流域水文模型 WATLAC，利用 ArcGIS 软件及其扩展模块 ArcHydro Tools 来自动提取流域的水文特征，如确定地表水流路径、河流网络及流域的矢量边界等。这里，鉴于分布式流域水文模型的基本构建过程较为熟知，仅将模型构建过程中主要的、较为关注的问题分为如下几个方面介绍。

（1）分布式水文模型中，不同大小的网格空间离散分辨率将显著影响着流域地形、土壤及植被的空间分布形态，从而影响水文模拟的精度（Xu and Yan，2005）。本书中根据获取数据的精度及前人的研究结论（叶许春，2010），选择 1km 的网格分辨率进行特定的鄱阳湖流域的空间离散。对于大尺度流域水文模拟而言，1km 的模型分辨率足以真实刻画鄱阳湖流域下垫面的属性特征。

（2）本书以鄱阳湖流域实际的数字化水系作为参照，基于流域 DEM，以 ArcHydro Tools 为水系提取工具，以尽量最低程度修正 DEM 为原则，反复提取流域水系并与数字化水系进行一一对照。整个鄱阳湖流域划分为山区、平原区和湖区三个主要部分。根据前期资料，本次模型采用 1km 的网格分辨率进行空间离散，同时包括坡面单元、河道单元和子流域出口定义等基本模型设置。本书中 WATLAC 将流域存在的一些大型河流与关键水系加以考虑和概化，并对全流域水系采取最多三级的概化方式。

（3）本书中赣江子流域以最下游的外洲控制站作为子流域出口，抚河子流域以最下游的李家渡控制站作为子流域出口，信江子流域以最下游的梅港控制站作为子流域出口。而饶河和修水子流域因为控制站点处于中上游位置，这些站点的径流过程不能代表子流域的出口断面流量，同时考虑到流域径中流的输出作为湖泊水动力模拟的输入条件，故饶河和修水子流域的最下游出口采用自定义的方式，将出口断面定义在湖区边界位置处。因此，本书通过三个最下游水文控制站（外洲、李家渡和梅港）及两个自定义的最下游出口断面完成鄱阳湖 5 个相互独立的子流域划分及边界确定。一是因为将实际的径流站点作为子流域出口，站点径流资料除了直接可以用来率定与验证模型，其作为水动力模型的流量输入要更为可靠；二是因为自定义的子流域出口选在流域与湖泊边界交汇处（衔接点），从水文水动力输入–输出联合模拟的角度而言，衔接点的设置比较简便可行，其径流过程可以视为整个子流域的径流输出，这样可以避免给湖泊水量平衡带来较大误差。

（4）离散后的鄱阳湖流域概念模型中，主要划分为两种类型的网格类型：一类是坡面流单元，主要模拟坡面汇流过程，这部分坡面径流依据 D8 算法最终汇入流域河道；另一类便是河道单元，模拟河道的汇流过程及河流–地下含水层的水量交换。本次模型计算域约占整个湖泊流域面积的 87%，鄱阳湖五大子流域共剖分网格数为 138 634。

合理可靠的模型概化是保证流域水文模拟结果可靠性的重要前提。模型概化是模型使用者根据对流域自然属性的认识而进行的概化和处理，这种概化因不同的模型使用者及不同的流域背景认识而具有不同的概化方式，因而对流域概化的合理性检验是一个重要问题。本书中通过鄱阳湖流域 6 个实际水文控制站点的集水面积来评估上述子流域的划分结果。由表 5-1 可见，赣江、抚河与饶河子流域的划分结果较为满意，相对误差基本小于 6%，而信江与修水子流域的提取结果与实际集水面积相比，相对误差稍微偏大，但均小于±10%。误差主要来源于数字高程模型，尽管其满足模型使用的精度要求，但不可避免或多或少会给提取结果带来一定的偏差。例如，DEM 在湖滨平原附近变化较小，这种实际存在的微地形变化加之 DEM 精度所限，导致饶河与修水子流域最下游边界线的生成并不是呈现很好的自然状态，这也充分表明下游平原区与上游山区流域在地形上差异显著。

表 5-1 鄱阳湖子流域划分的合理性评估

站点	子流域	提取集水面积/（×10⁴km²）	实际集水面积/（×10⁴km²）	相对误差/%
外洲	赣江	8.0858	8.0948	0.1
李家渡	抚河	1.5560	1.5811	1.5
梅港	信江	1.4214	1.5535	8.5

续表

站点	子流域	提取集水面积/（×10⁴km²）	实际集水面积/（×10⁴km²）	相对误差/%
石镇街	饶河	0.7891	0.8367	5.7
万家埠	修水	0.3810	0.3548	−7.3
峡江	赣江	5.9254	6.2724	5.5

资料来源：数据来源于水利部长江水利委员会水文局

三、模型主要数据库的建立

模型的数据库是进行水文模拟的根本，建立详尽、有效的数据库是模型结果可靠性的基础，也能大大提高模型运行的效率和精度。本次模拟中，模型的输入数据主要包括流域地形、气象、水文、土地利用、土壤属性与植被等数据，这些基本的数据均是对流域气候条件及地表特征的描述。在当前 WATLAC 中，模型输入的地形数据是基于空间栅格的 1km×1km 的 DEM 数据，该数据是基于 1∶25 万地形等高线图插值生成 100m 网格大小并重采样而成。

模型所需主要气象数据包括降雨和潜在蒸散发资料，也是 WATLAC 水文模拟的主要驱动因子。WATLAC 将 40 个气象站点的降雨和蒸发皿日数据（2000～2008 年）采用泰森多边形法进行空间插值，参与到空间网格计算中。尽管基于气象观测资料的潜在蒸散发估算方法较多，如 Penman-Monteith 公式（1965 年）、Priestley-Taylor 公式（1972 年）、Hargreaves 公式（1985 年）等，但这里采用蒸发皿数据乘以折算系数的方法来估算潜在蒸散发。其中，蒸发皿折算系数根据已有文献研究取经验值 0.7。这种由不同估算方法所带来的输入数据的不确定性要比水文模型自身结构等因素所带来的不确定性小得多。

叶面积指数（leaf area index，LAI）代表一块地上作物叶片的总面积与占地面积的比值，是描述植被冠层结构最基本的参量之一。LAI 控制植被的各种生物和物理过程，是陆面过程中一个重要的结构参数。鄱阳湖流域 LAI 数据来自 MODIS（中分辨率成像光谱仪）的叶面积指数产品（MCD15A2），WATLAC 以月尺度输入（假定叶面积指数在每个月内基本保持不变），主要用来计算冠层截留水量，即模拟期内每月给定一景影像。

流域土地利用数据根据模拟需要，采取一级和二级分类组合的方法将原始数据（2005年）重新划分为 6 种主要类型：耕地、林地、草地（代码 3）、水体、居民用地和其他建设用地等，分别占流域面积的 28%、61%、4%、5%、1.7% 和 0.3%。由此可见，鄱阳湖流域耕地和林地所占比例较大。

土壤数据来源于江西省土壤调查结果，根据国家土壤分类标准，江西省土壤主要分为红壤、红壤性土、水稻土、紫色土、冲积土、黄壤、黄棕壤和石灰土八大土壤类型。但 WATLAC 需要根据这些土壤类型的物理属性参数进行土壤水模拟计算，计算饱和渗透系数、田间持水量和总孔隙度。本次模拟已经获取了这些物理参数详细的空间资料（Shi et al.，2004），从而更新和进一步完善了以往依靠文献调研和经验方式来确定的这些重要的参数。

四、模型初始化和参数化

模型需给定土壤的初始饱和度和土壤层厚度，给定初始饱和度空间变化为 0%～100%，土壤层厚度给定均一空间值 1.2m，这些初值在模型的解算中被不断更新替代。WATLAC 中对不同级别的河流进行河道属性设置，主要包括河床宽度、河岸坡降、最大水深、河床糙率系数与水面蒸发系数。模型中还需给定与土地利用类型相关的主要参数，包括渗透面积百分率、植被最大根深与地表糙率系数等。这些是刻画流域坡面流和河道属性的主要参数，其参数取值主要根据鄱阳湖流域实际情况和相关研究文献而定。由于难以获取鄱阳湖流域的水文地质资料，当前地下水的模拟主要概化为一层潜水含水层模拟，模型底部高程设定在潜水含水层底板，设定为-10m（基准面）。主要的水文地质参数基于概念性的空间均一赋值（不考虑水文地质参数分区），如含水层的渗透系数和给水度等。

尽管上述部分参数基于经验或文献调查结果，在某种程度上难以真实反映流域实际情况，但最终可通过水文模型的反演来确定。再则，这些参数虽然难以测定或获取，但水文模拟结果往往对这些参数的变化并不是很敏感。

五、模型校准和模拟

鉴于结合参数估计工具（parameter estimation tool，PEST）自动率定的 WATLAC 应用于大尺度鄱阳湖流域及长时间连续模拟的需求所在，如果参数过多且不合理的初值会耗费大量时间和计算量，故本书采用手工试错法与 PEST 自动率定技术联合的人机交互相结合方法来反演 WATLAC。由图 5-2 可见，模型优化的目标函数由两大部分构成，一部分是以五大子流域的 6 个水文站点的河道日观测流量与模拟值之间的残差平方和作为多目标函数来评价 WATLAC 地表水流模拟效果；另一部分是以基流分割结果与模型模拟的基流指数（基流量/河道流量）之间的残差平方和作为目标函数来评价地下水流模拟效果。基流分割采用国内外普遍使用的数字滤波技术（Arnold et al.，1995），根据 6 个主要的水文控制站点及其集水面积（表 5-1），采用面积加权平均值法可近似得到全流域的平均基流指数为 48%。即使基流分割是一种近似估计，是河道流量比较随机的一部分，但基流是水文模拟备受关注和探求的目标（Nash and Sutcliffe，1970）。从水均衡角度出发，基流量是地下水比较重要的组分，其作为目标函数纳入 PEST 来率定地表-地下水耦合模型，将视为一种间接而有效的手段来评估地下水模拟效果的可靠性。由图 5-2 不难看出，模型整体率定过程主要分为两个步骤。

第一步为经验调参。先通过手工试错法根据经验人为调整参数，直至河道径流拟合的纳希效率系数（E_{ns}）、决定系数（coefficient of determination，R^2）、相对误差（RE）等评价指标（Ye et al.，2011）令人满意，目的是为 PEST 获取合理的参数初值，尽可能加快优化速度，提高运算效率。

第二步为自动调参。将利用手工试错法得到的敏感参数及参数值作为 PEST 率定的初始条件。考虑到地表-地下水流联合模拟中各个水文变量（6 个水文站的径流和基流）具有同等重要性，各个目标函数赋予等权重系数 1.0。根据自定义的 PEST 与 WATLAC 建立数据传递接口（图 5-2 虚线框），采用 PEST 自动率定，直至模型达到最优化结果，率定结束。

鄱阳湖流域水文模型与鄱阳湖水动力模型均采用相同的模拟时段，即选取 2000 年 1 月 1 日至 2005 年 12 月 31 日（共 6 年）作为模型率定期，2006 年 1 月 1 日至 2008 年 12 月 31 日（共 3 年）作为模型验证期。模拟时段的选择主要是因为其能充分反映鄱阳湖湖泊流域不同的水文年状况（如 2005 年为平水年，2003 年、2006 年和 2007 年为典型枯水年），共计 9 年的长时段连续模拟能够充分表明联合模型的整体能力。表 5-2 列出了联合模型的率定策略、参数描述、参数优化结果及这些参数的合理取值范围等重要信息。

表 5-3 为水文水动力联合模型在整个率定与验证期，6 个水文站点河道日径流量、4 个湖泊站点水位及湖口出流量的拟合效果评估。由表 5-3 可得，在水文模型率定期，6 个水文

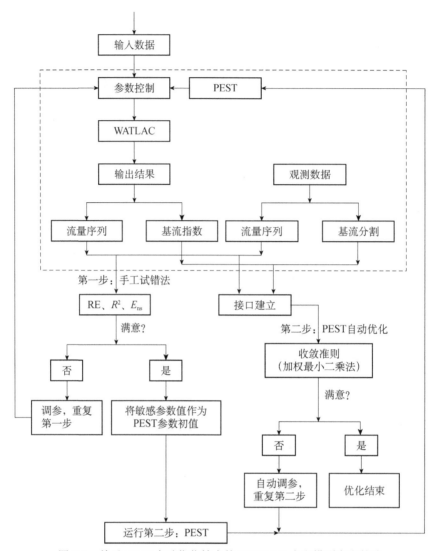

图 5-2 基于 PEST 自动优化技术的 WATLAC 水文模型率定策略

表 5-2 鄱阳湖子流域划分的合理性评估

联合模型	率定策略	参数和单位	参数描述	初值	取值范围	优化值	文献引用*
WATLAC 分布式流域水文模型	PEST 自动优化	（一）	坡面流滞后系数	0.60	0.001~2.0	0.997	1，2
		（一）	土壤水入渗系数	0.04	0.001~2.0	0.162	2，3
		（一）	地下水补给系数	0.10	0.001~2.0	0.035	2，3
		k（d）	马斯京根时间蓄量常数	4.80	0.001~6.0	5.000	1，2，3
		Sy（一）	浅水含水层给水度	0.05	0.001~0.2	0.054	4
MIKE 21 湖泊水动力模型	手工试错法	M（$m^{1/3}/s$）	曼宁数	30~50	30~50	30~50	5
		Cs（一）	Smagorinsky 系数	0.25	0.25~10	0.28	5，6

*1. Arnold et al.，2011；2. Zhang and Werner，2009；3. Li et al.，2012a；4. Song and Chen，2010；5. DHI，2007；6. Xu et al.，2012

站点拟合的纳希效率系数为 0.71~0.84，决定系数为 0.70~0.88，相对误差基本控制在 ±10%，但水文模型在径流峰值捕捉上有过高或过低的模拟现象，主要是受流域存在较多大

小型水库及人工引水灌溉等众多因素影响，从而改变了流域的天然径流过程。此外，WATLAC
模拟的全流域基流指数（45%）与基流分割结果（47.6%）十分接近，表明 WATLAC 能够用
来模拟河流与地下水之间的水量交换，在地下水定量模拟上具有一定的可靠性。在模型验证
期，6 个水文站点的日河道径流模拟 E_{ns} 为 0.62～0.90，R^2 为 0.70～0.90，RE 基本控制在
±10%（表 5-3）。对于湖泊水位模拟而言，各个水位站点拟合的 E_{ns} 为 0.80～0.97，R^2 为
0.92～0.98，RE 基本控制在±5%（表 5-3）。湖口出流量的验证结果同率定期相比，取得更为
理想的模拟效果，如 E_{ns} 和 R^2 分别为 0.87 和 0.92（表 5-3）。

表 5-3　湖泊流域水文水动力联合模型率定与验证结果

湖泊流域联合模型	水文站点	指标	模型率定期（2000～2005 年）			模型验证期（2006～2008 年）		
			E_{ns}	R^2	RE	E_{ns}	R^2	RE
WATLAC 分布式流域水文模型	石镇街	河道径流量	0.73	0.70	12.0	0.70	0.70	2.72
	万家埠	河道径流量	0.72	0.74	14.0	0.72	0.73	13.1
	外洲	河道径流量	0.82	0.88	−0.7	0.90	0.90	0.76
	梅港	河道径流量	0.82	0.84	−0.4	0.76	0.83	−14.0
	李家渡	河道径流量	0.71	0.80	16.0	0.62	0.82	14.7
	峡江	河道径流量	0.84	0.84	−3.2	0.86	0.86	−3.3
MIKE 21 湖泊水动力模型	星子	湖泊水位	0.97	0.99	1.0	0.95	0.98	3.8
	都昌	湖泊水位	0.98	0.98	2.4	0.93	0.98	4.6
	棠荫	湖泊水位	0.94	0.97	−1.3	0.97	0.97	−0.9
	康山	湖泊水位	0.88	0.96	3.0	0.80	0.94	3.6
	湖口*	湖口出流量	0.80	0.82	−12.0	0.87	0.92	−13.7

*模型率定期湖口出流量的拟合时间序列为 2003～2005 年（共 3 年）

第三节　物质循环模型

一、物质循环模型的分类

（一）按照模型类型划分

1. 统计模型[①]

统计模型可分为统计学习法和机器学习法两种。

1）统计学习法　统计学习法（statistical learning method），即基于实测数据建立预测
模型的方法（Dubitzky et al.，2013）。采用统计学习法建模应避免模型的自变量之间存在共
线性问题，降低多元线性回归中多重共线性的程度。一般方差采用方差膨胀系数（variance
inflation factor，VIF）衡量。当自变量的容忍度大于 0.1 时，方差膨胀系数以小于 10 为宜，
可视为自变量之间无共线性问题。而当公差（tolerance）大于 0.19 时，方差膨胀系数应小于
5.3。宜通过剔除不重要的自变量（解释变量）、增大样本量、采用回归系数的有偏估计及岭
回归法等消除自变量的共线性问题。

---

① 注意区分"模型"（model）的同名异义现象。此处的"模型"指采用某种"算法"（learning algorithm）训练出来的方程
（equation）。也有的将"模型"与"算法"作为同义词。

统计学习法的模型性能可采用决定系数（R^2）、显著性 P 值（$P<0.05$）等指标进行比较和衡量。需要注意的是建模方法间的差异。以多元线性回归为例：一种是采用所有样本量（n）运用不同的多元线性回归方程得到自变量和应变量间的回归曲线。当 P 值达到显著性水平时，选择 R^2 最大的回归方程作为最终的统计模型。另一种仅采用一部分样本量建模，用另一部分样本量测试模型性能。建模方式和模型性能的评价指标宜参照"机器学习法"小节的方法。此外，还可通过赤池信息量准则（AIC）或贝叶斯信息准则（BIC）选取最优模型。通常 AIC 或 BIC 的值越小，模型越好。

2）机器学习法　　机器学习法（machine learning method）是数据挖掘领域的主要方法之一。它具有自我学习能力，依据经验的积累自主发现潜在规律、提取对象特征等，进而提高预测性能（李运，2015）。与统计学习法相比，机器学习法类似一种"黑匣子"。例如，机器学习法建立的模型参数系数是隐藏的，只能得到模型的参数组成。但可通过输入环境参数，得到模拟值。

机器学习法建模时一般采用 9∶1 等比例将所有样本量划分为训练集（training set）和测试集（testing set）。为了进一步降低系统误差，提高模型可信度，宜采用 k 折交叉验证（k-fold cross-validation）建立数据集。采用训练集的数据建立统计模型，之后用测试集的数据进行检验。例如，在 R 语言界面可先设定一个种子数（seed），再划分样本量建立数据集进行多次重复建模，取所有相应指标重复的均值作为模型的最终结果（R^2 等），以避免数据分布差异和样本划分导致的偏差和过拟合（overfitting），以及减少因泛化（generalization）误差等因素造成的模型不确定性。例如，若 $k=10$，即进行 10 次重复，得到 10 个模型结果。此时，应取每个模型的 R^2 均值作为模型最终的 R^2。除了决定系数，也可采用 ΔR^2 表示测试集和训练集之间的决定系数的差异大小。此外，均方根误差（root mean square error，RMSE）、相对平均偏差（relative mean error，RMD）、平均绝对误差（mean absolute error，MAE）、模型效率（model efficiency，ME）等指标均可用于综合评估模型性能。模型评价指标相应公式如下。

（1）训练集与测试集决定系数差值：用于更为直观、明了地比较训练集与测试集的决定系数差异大小。正值说明训练集 R^2 大于测试集，反之说明小于测试集，公式为

$$\Delta R^2 = 100\% \times (R_1^2 - R_2^2) / R_2^2 \tag{5-1}$$

式中，R_1^2 为训练集的决定系数；R_2^2 为测试集的决定系数。

（2）均方根误差：均方根误差可说明样本的离散程度，值越小离散程度越低。其可以用来评价预测值与实测值间的一致程度，公式为

$$\text{RMSE} = \frac{100}{\bar{O}} \sqrt{\frac{\sum_{i=1}^{n}(P_i - O_i)^2}{n}} \tag{5-2}$$

式中，n 为预测次数；i 为第 1，2，3，$\cdots$，n 次预测；P_i 为第 i 次预测值；O_i 为第 i 次实测值；$\bar{O}$ 为实测值的算术平均值。

（3）相对平均偏差：测定数列中各项数值对其平均数离势程度的一种层级。可评价预测值与实测值间的系统偏差。相对平均偏差值越小，表明预测值与实测值间的系统偏差越小；正值表明预测值高于实测值，反之表明预测值小于实测值。其公式为（Li et al.，2010）

$$\text{RMD} = \frac{100}{\bar{O}} \sum_{i=1}^{n} \frac{P_i - O_i}{n} \tag{5-3}$$

（4）平均绝对误差：平均绝对误差用于描述数据离散程度，并可避免偏差相互抵消的情况，公式为

$$MAE = \frac{1}{n} \sum_{i=1}^{n} |P_i - O_i| \qquad (5\text{-}4)$$

（5）模型效率：可以评价预测值对实测值趋势描述的效果，正值说明采用预测值描述优于用实测值描述，反之则采用实测值描述更优。其公式为

$$ME = 1 - \frac{\sum_{i=1}^{n}(P_i - O_i)^2}{\sum_{i=1}^{n}(\bar{O} - O_i)^2} \qquad (5\text{-}5)$$

2. 机理模型

机理模型（mechanism model）也可称为基于过程的方法（process-based method），一般基于生物地球化学循环机制、过程，模拟物质气体的产生、传输和排放。同时，也考虑气象、水文、土壤、植被等环境因素的影响。因此，模型输入参数较多，如 DNDC（denitrification-decomposition）模型（Geng et al., 2016；Zhang et al., 2017）、$CH_4MOD_{wetland}$ 模型（Li et al., 2016a）、McGill 湿地模型（St-Hilaire et al., 2010）等。其中 DNDC 模型可同时模拟甲烷和二氧化碳排放，$CH_4MOD_{wetland}$ 模型只模拟甲烷排放，McGill 湿地模型则可模拟生态系统呼吸（ecosystem respiration）。虽然上述三种模型均可模拟湿地碳排放，但多见于对滨海滩涂、沼泽、泥炭地等湿地类型的研究。再如，有研究人员采用 $CH_4MOD_{wetland}$ 模型分别模拟了我国辽河和黄河河口、崇明岛和盐城滩涂湿地，以及三江平原沼泽和青藏高原泥炭地甲烷排放（Li et al., 2016a；Li et al., 2016b；Li et al., 2016c）。St-Hilaire 等（2010）采用 McGill 湿地模型模拟了加拿大沼泽生态系统呼吸。而采用机理模型模拟水库温室气体碳排放的研究较少。已有研究曾采用 DNDC 模型，模拟密云水库消落带生长季甲烷排放（Geng et al., 2016）。结果表明，DNDC 模型模拟效果受水位变化的影响较大，水深中等的样地模拟效果最高；模型精度在不同样地存在差异，R^2 为 0.047～0.95。

（二）按照研究对象划分

1. 碳循环模型

1）碳循环模型及其概念　　碳循环模型是指用数学方法定量描述陆地碳循环过程及其与全球变化之间的相互关系，从而利用计算机模拟碳循环的动态，估计土壤和植被的碳存储或碳储量的潜力（汪业勖和赵士洞，1998）。目前，国际上共有 30 多种生物地球化学过程模型（Cao and Woodward，1998）。

2）碳循环模型的类型

Ⅰ. 生物地理模型和生物地球化学模型

（1）生物地理模型：是描述大尺度上植被与气候之间关系的模型，它预测不同环境中各种植物类型的优势度，基于生态生理制约因子和资源限制因子两种类型的边界条件。生态生理制约因子决定主要木本植物的分布情况，在模型中是通过计算生长日数、冬季最低气温等生物气候变量得到的；资源限制因子包括叶面积等主要植被结构特征。模型有两个基本假设，即陆地植被与气候处于平衡状态且不存在滞后效应；气候因子决定不同植被类型的分布和特征。

（2）生物地球化学模型：是采用数学模型来研究化学物质从环境到生物然后再回到环境的生物地球化学循环过程，是生态系统物质循环的重要研究方法，模拟陆地生态系统中碳、氮和水分循环的动态模型，反映陆地生态系统对气候变化的响应与反馈过程及植被的变化速率等。生物地球化学模型的基本结构包括植物、大气、土壤 3 个组分及植物-大气、植物-土壤和土壤-大气 3 个界面（张海清等，2005）。

Ⅱ. 统计模型、过程模型和光能利用率模型

（1）统计模型：就是根据植物生长量与环境因子相关原理，用建立起的数学模型估算植被净第一性生产力。它通常依据实验或调查结果建立变量之间的回归方程，但对方程的参数不能进行机制性解释。统计模型可以在生态系统的不同层次上建立，方法简单，但模型在外推时则具有很大的风险性。NPP 相关模型由于可以直接用于气候变化的研究而受到重视，但这些模型或者由于缺乏严密的生理、生态理论作依据，或者只能对潜在 NPP 进行研究，所以不能很好地反映现实，有以点代面的缺点。

（2）过程模型：根据植物生理、生态学原理来研究植物生产力，其理论基础为：光合作用是 NPP 的第一驱动者，气候、生态系统类型及资源的重要性可根据它们对光合作用、生物量分配及呼吸作用的影响来评价。这种模型通常以 1 天或小于 1 天作为模拟步长且综合考虑温度、光合有效辐射、大气 CO_2 浓度、土壤水分、大气水分等调控因子影响光合作用和生长的生理过程。其优点是机制性强，可以与大气环流模型相耦合，有利于研究全球变化对陆地植被净第一性生产力的影响，可用来研究植被分布的变化对气候的反馈作用。但过程模型比较复杂，网格内的特征参数必须利用土地覆被分类图获得，由于当前大多数生态系统都缺乏相应的实测参数，并且一些随物候期变化的变量随时空分布的定量化也很困难，所以效果不是十分满意。因为建立或检验模型的基本数据信息需要通过实验、观测等手段获得，在区域或国家尺度上，这些真实数据密度的增加需要相当的时间积累。

（3）光能利用率模型：光能利用率模型基于资源平衡观点（在某些极端情况下，如果完全适应不可能时，NPP 则受最紧缺资源的限制），利用植被所吸收的太阳辐射及其他调控因子来估计植被净第一性生产力。Monteith（1972）首次引入光能利用率的概念，用其表示地上部分每年吸收 1 个单位的太阳总辐射或光合有效辐射（PAR）所产生的干物质量或碳量。用植被所吸收的光合有效辐射（APAR）和光能转化效率（ε）计算作物 NPP（NPP=$\varepsilon\times$APAR）。式中，APAR 可由植被对光合有效辐射的吸收比例（FPAR）与入射光合有效辐射求得，而 FPAR 可由遥感资料获得，这样由遥感所获得的 FPAR 可直接用于 NPP 的监测。

Ⅲ. 遥感驱动的碳循环模型

这类模型采用遥感资料确定光合作用活性组织结构的时间行为，可用于检验气候变化对 NPP 的影响。基于植被指数与冠层吸收的光合有效辐射比之间的关系得到吸收光合有效辐射，进而建立大尺度的卫星观测与生产力的关系是该类模型的基础。

2. 氮循环模型

氮在蛋白质合成、植物生长和能量代谢等方面发挥着重要作用。然而，氮的存在形式和转化过程非常复杂，包括氮固定、植物吸收、有机物分解、硝化、反硝化、氨化、氮沉降等多个环节。氮循环模型的目的是将这些过程整合到一个统一的框架中，并提供一种量化的方法来理解和预测氮元素的行为。氮循环模型通常基于质量平衡原理，考虑了氮的输入、输出和转化过程，并结合环境因素如温度、湿度、土壤特性等进行建模。这些模型可用于研究不

同环境中的氮循环，包括农田、森林、湖泊、河流和海洋等。通过模拟和预测氮的流动与转化，这些模型可以帮助研究者了解氮循环的动态变化、评估人类活动对氮循环的影响，并为环境管理和决策提供科学依据。

土壤微生物的硝化作用与反硝化作用产生的 N_2O 的排放是当前温室气体排放研究的重要对象。对于单个试验样地的短期测量而言，研究人员可采用箱法、微气象方法及通量塔等原位试验方法进行观测。然而近年来世界各地温室气体排放研究工作表明，温室气体排放具有较大的时空异质性，而现有条件还难以实现对各种条件下的农田温室气体进行长期连续监测。而简单利用有限地点的温室气体排放通量监测数据，对区域排放值进行直接估计又不甚准确。只有在充分考虑了温室气体排放过程中一系列的科学过程后，综合各种因素，建立模型，才能够较为准确地估计与预测温室气体的排放通量。目前，较为广泛使用的模型主要包括两种类型：统计模型和过程模型。

1）统计模型　　统计模型（即排放因子法）是目前大量使用的模型，目前政府间气候变化专门委员会（IPCC）提供了相关的排放系数，用来制定温室气体排放清单。但是该计算方法的适用性有限，不确定性主要来源于区域参数的不同，即土壤理化性质、有机肥施用量、作物种植面积及种类、农田管理模式等。该方法较难反映出不同土壤、气候及作物系统等对温室气体排放所产生的影响。越来越多的国际组织将研究重点转向利用过程模型制定区域尺度上的温室气体排放清单。

2）过程模型　　为了估测模拟陆地生态系统中的温室气体排放通量，许多基于科学机制的过程模型相继诞生。这些过程模型利用已有的连续多年的观测试验数据，结合温室气体产生所经历的科学过程，综合各种影响因素建立模型过程。这些过程模型可以相对详尽地模拟土壤生理、气候变化，植物生长，碳、氮循环等过程。过程模型的出现弥补了点位试验的不足，在借助试验实测值验证模型各种参数的同时，模型可用来检验各种管理措施及环境因子的改变对温室气体排放通量的影响。目前，较常使用的模拟农业生产过程中温室气体排放通量的模型有 DNDC 模型（Li et al.，1992）和 Century 模型（Parton et al.，1987），模型输入的关键参数见表 5-4。

表 5-4　氮循环过程模型主要参数

模型	参数	描述
DNDC 模型	土壤有机质分解速率参数（k_1、k_2、k_3）	描述有机质分解为氮化物和氨的速率
	植物氮吸收速率参数（krmax、KNmin）	描述植物对土壤中氮素的吸收速率
	硝化速率参数（fnitr、fdoc）	描述氨氧化和亚硝酸盐氧化为硝酸盐的速率
	反硝化速率参数（fdeni、fdenw、fdenw2）	描述硝酸盐还原为氮气的速率
Century 模型	植物氮吸收速率参数（Nuptake_max）	描述植物对土壤中氮素的最大吸收速率
	有机质分解速率参数（C_decay、N_decay）	描述有机质分解为碳和氮的速率
	硝化速率参数（Nitr_max、Nitr_CN）	描述氨氧化为硝酸盐的最大速率和硝酸盐的碳氮比

Century 模型最初用于研究草地土壤中的氮素循环，后来逐步发展成为可以模拟草原系统、农田生态系统、森林生态系统的综合模型。该模型主要模拟各生态系统中土壤有机质分解、氮矿化、硝化、氮固定、氮淋溶等过程在不同时间尺度上的动态变化，同时包含了处理各类农田管理措施的方法，因而在一定程度上可用于农田土壤氮素循环模拟。然而，目前该模型的应用仍旧受到较大的限制，如模拟时间较长，对于有机质的分解、植物生长的模拟能

力较为薄弱等。

DNDC 模型是一个在全球范围内广为接受的过程模型。DNDC 模型是一个描述农田生态系统中碳和氮生物地球化学过程的计算机模拟模型，针对农田土壤痕量气体排放估算而开发，也可用于模拟农田生态系统的农作物产量、土壤固碳作用、硝酸盐淋失等。DNDC 模型基于土壤水分和温度等环境因素及植物生长的模拟，通过参数化不同氮转化过程的速率方程，计算不同形态氮的转化速率和氮的吸收、释放等过程，进而模拟土壤中氮的动态变化，从而计算出土壤中温室气体的排放量及农作物的产量等指标。DNDC 模型可以通过农田生态系统中各种影响因素的输入，如气象参数、土壤性质、农田管理措施，以对不同的农田生态系统情景进行模拟，且能在地理信息系统的支持下对一个区域进行动态模拟，弥补了试验原位观测数据与作物种植面积加权估算方法的不足，大大提高了区域农田温室气体排放量估算的准确性。研究者经过 20 多年的开发和在世界各地的应用，逐步提高了模型在农田固碳和温室气体排放模拟方面的适用性与准确性。

3. 磷循环模型

模拟磷循环的生物地球化学模型对于评估与预测全球碳循环至关重要。研究表明，生物地球化学模型如果不考虑磷限制因素，则可能高估植被的碳吸收（Zhang et al.，2014；Reed et al.，2015）。早在 2000 年初，就已经出现了模拟磷影响碳循环的模型（Wang et al.，2007）。但目前，能够模拟磷循环的生物地球化学模型仍然较少。目前模拟磷影响碳循环过程模型的方法与技术手段还不够成熟，而且缺乏对碳、氮、磷协同作用与反馈的模拟。

CASA-CNP（Carnegie-Ames-Stanford approach-CNP）、JSBACH-CNP（Jena scheme for biosphere-atmosphere coupling in Hamburg-CNP）、CLM-CNP（community land model-CNP）模型是目前国际上主流的能模拟碳、氮、磷循环的生物地球化学模型（黄玫等，2019），三者的主要构架对比见表 5-5。

表 5-5　磷循环模型的主要构架对比

模型	磷库数量	时间步长	碳磷比参数	矿化过程模拟	适用范围
CASA-CNP	12	1 天	不同植被类型、植物不同器官具有不同的碳磷比	只量化了生物化学矿化过程	温带和热带森林生态系统、温带和热带草原生态系统
CLM-CNP	15	30min	不同植被类型、植物不同器官具有不同的碳磷比	模拟了生物矿化与生物化学矿化两个过程	热带森林生态系统、热带草原生态系统
JSBACH-CNP	8	1 天	不同植被类型、植物不同器官具有不同的碳磷比	模拟了生物矿化与生物化学矿化两个过程	温带和热带森林生态系统、温带和热带草原生态系统

二、常用的物质循环模型

（一）统计模型

统计模型可采用的算法（learning method）包括单元线性回归（linear regression，LR）、多元线性回归（multivariate linear regression，MLR）和广义加性模型（generalized additive model，GAM）等线性回归算法。例如，在气候变化领域，联合国教育、科学及文化组织（UNESCO）和国际水电协会（IHA）开展的淡水水库温室气体排放研究项目（Greenhouse Gas Emissions from Freshwater Reservoirs Research Project）。依据全球 212 座水库甲烷和二氧化碳排放实测数据，分别建立了年均温、年均降水和库龄与甲烷排放的统计模型，以及年均温、径流（runoff）和库龄与二氧化碳排放的统计模型 GHG-Astool（Goldenfum，2018）。该模型以嵌入 Excel 文件的方式，免费供研究者估算某一座水库温室气体碳排放值。已有研究通过对该模型的参数修正，模拟我国三峡库区甲烷排放特征。此外还有 G-res 模型，该模型以网页在线的方式供研究者使用，但未公开模型参数等详细信息，并且需要录入的参数远超 GHG-Astool 模型（Prairie et al.，2017）。以温室气体为例，在国家或区域等不同尺度上已采用上述模型模拟温室气体的排放值（表 5-6）。

表 5-6　统计学习法二氧化碳和甲烷排放模型表

序号	模型表达式	R^2	P	d.f.	n	参考文献
1	$\log CO_2 = 3.26 - 0.071 Age$	0.35	<0.025	15		St. Louis et al.，2000
2	$\log CH_{4\_DPL} = 0.083 - 0.282 \log(area)$	0.86	<0.001		53	David et al.，2004
3	$\log CH_{4\_con} = 0.781 - 0.227 \log(area)$	0.38	<0.001		47	David et al.，2004
4	$\log CH_4 = 0.228 + 1.209 acrsin(\sqrt{VFAN}) - 1.042 \log(DOC)$	0.55	0.001/0.002		18	David et al.，2004
5	$CO_2 = f(Age)$	0.31	<0.0001	136		Barros et al.，2011
6	$CO_2 = f(Lat)$	0.16	<0.0001	120		Barros et al.，2011
7	$CH_4 = f(Age)$	0.39	<0.0001	149		Barros et al.，2011
8	$CO_2 = f(Lat)$	0.17	<0.0001	144		Barros et al.，2011
	$C\text{-}Flux_{CH_4} = 10^{(1.46+0.056Temp-0.00053Prec-0.0186Age+0.000288age^2)}$					Goldenfum，2018
9	$\ln(CH_4+1) = f(Chlorophlla)$	0.50	<0.001	29		Deemer et al.，2016
10	$1/(CO_2+1000) = F(MAP)$	0.11	0.04	31		Deemer et al.，2016
11	$\log CO_2 = f[\ln(area) \times Lat + Lat^2]$	0.36	<0.001			Holgerson and Raymond，2016
12	$\ln CH_4 = f[\ln(area) \times Lat]$	0.58	<0.001			Holgerson and Raymond，2016
13	$CO_2 = -1.265 \ln(Age) + 4709.5$	0.55	<0.05	34		Centre，2017
14	$CH_4 = 10^{0.234+0.927 \times \log10(area)}$					Hiller et al.，2014
15	$CH_4 = f(WD, pH, DO, AP, WS)$	0.54			96	Li et al.，2020b
16	$CH_4 = f(Bio, AP, WS)$	0.55			96	Li et al.，2020b

注：n. 样本量；CH_4. 甲烷排放量；CO_2. 二氧化碳排放量；Age. 湿地的年龄；Chlorophylla. 叶绿素 a 值；MAP. 年均降水量；Lat. 纬度；CH_{4_con}. 水体表层甲烷浓度；VFAN. 甲烷氧化部分体积比例；CH_{4_DPL}. 单位湖泊甲烷扩散排放值［g C/（lake·年）］；$C\text{-}Flux_{CH_4}$. 甲烷的碳通量；WD. 水深；pH. 水体 pH；DO. 水体溶解氧含量；AP. 大气压强；WS. 风速；Bio. 地上部分生物量；Temp. 年均温；Prec. 年降水量；age. 蓄水时长；area. 面积

（二）机器学习模型

机器学习法可采用的算法包括人工神经网络（ANN）、卷积神经网络（convolutional neural network，CNN）、模糊神经网络（fuzzy-neural network，FNN）、多层前馈神经网络

（multilayer feedforward neural network，MFNN）、轻量级梯度提升树算法（light gradient boosting machine，LightGBM）、极限梯度提升算法（extreme gradient boosting，XGBoost）、支持向量回归（support vector regression，SVR）、蒙特卡罗（Monte Carlo，MC）、决策树（decision tree，DT）、随机森林（random forest，RF）等。机器学习法已在气候变化、土壤物理化学等生态领域得到应用（表 5-7）。

表 5-7　机器学习法模型表

算法	模型表达式	n	R^2	RMSE/%	RMD/%	MAE	参考文献
DT	$CH_4 = f(Age, T)$	96	0.73	75.35	6.40	0.83	Li et al.，2020b
SVR	$SOC = f(Soil)$	400	0.98	1.2			Stevens et al. 2012

注：n. 样本量；CH_4. 甲烷排放量；T. 气温；Age. 库龄；SOC. 土壤有机碳含量；Soil. 土壤质地；DT. 决策树；SVR. 支持向量回归；RMSE. 均方根误差；RMD. 相对平均偏差；MAE. 平均绝对误差。

（三）机理模型

1. DNDC 模型

DNDC 模型的建立是为了模拟美国农业土壤 N_2O 的排放（United States Environmental Protection Agency，1995），它能够模拟 N_2O 的产生、消耗和迁移过程，并且这种能力在全球气候变化情景下更具有针对性（Shepherd et al.，2011；Williams et al.，1992）。

DNDC 模型的原理如图 5-3 所示。

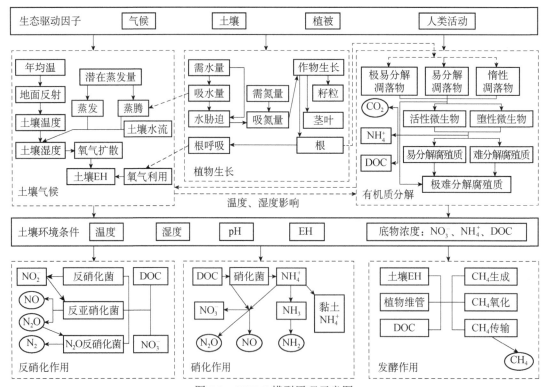

图 5-3　DNDC 模型原理示意图

EH. 氧化还原电位；DOC. 溶解性有机碳

目前，DNDC 模型模拟的生物地球化学过程从温室气体排放扩展到植物生长、微生物活动、营养元素流失、土壤固碳等，模拟的生态系统也从农田扩展到森林、草地、湿地和养殖系统。延伸出 PnET-N-DNDC、Forest-DNDC、Forest-DNDC Tropical、Landscape-DNDC、Manure-DNDC 等模型（表 5-8）。

表 5-8 DNDC 模型家族一览表

年份	开发者	模型名称	模型优化
1992	Li 等	DNDC 初级版本	3 个基础模块（土壤气候/水热、土壤碳素分解、土壤脱氮）
1994	Li 等	DNDC7.1 版本	加入一个植物生长模块
2000	Li 等	PnET-N-DNDC	加入一个光合-蒸散模块和一个硝化模块
2002	Zhang 等	Crop-DNDC	加入 3 个独立的植物生长模块
2002	Zhang 等	Wetland-DNDC	加入土壤水文参数、土壤温度参数和土壤碳轨迹
2002	Brown 等	UK-DNDC	加入一个有机肥模块
2004	Saggar 等	NZ-DNDC	进行了机理优化
2005	Li 等	Forest-DNDC	加入一个森林生理模块
2005	Kiese 等	Tropical（Forest-DNDC Tropical）	整合了 BIOME-BGC 模型的常绿阔叶林模块
2006	Bchcydt	BE-DNDC	加入区域模拟模块
2007	Fumoto 等	DNDC-Ricc	改进了支持水田不同水淹制度的模拟
2008	Lcip 等	DNDC-Europc	整合了 CAPRI 模型
2011	Krobel 等	DNDC-CSW	外挂一个 Csw 子模块
2012	Zhang 等	NEST-DNDC	整合了 NEST 模型和 DNDC 模型
2012	Li 等	Manure-DNDC	整合了一系列生物地球化学过程到一个可计算框架中
2013	Haas 等	Landscape-DNDC	将 DNDC、Forest-DNDC 合并于 MoBiLE 框架
2014	Zhao 等	DNDC9.5 版本	增强了植物生长、水文动态模块，优化了温室气体排放相关参数

2. $CH_4MOD_{wetland}$ 模型

$CH_4MOD_{wetland}$ 模型是具有我国自主知识产权的机理模型（李婷婷和张稳，2010），也是 IPCC 用于估算 CH_4 排放的唯一亚洲模型，量化了全球自然湿地的 CH_4 排放强度（116.99～124.74Tg/年），该方法降低了模型非普适性带来的不确定性，提高了全球湿地 CH_4 排放的估算准确度（Li et al.，2020c）。Li 等（2020b）采用 $CH_4MOD_{wetland}$ 模型分别模拟了我国辽河和黄河河口、崇明岛和盐城滩涂湿地，以及三江平原沼泽和青藏高原泥炭地甲烷排放。

该模型原理参见图 5-4。其中，甲烷产生来源包括植物根系分泌物（C_P）、植物枯落物（C_L）和土壤有机质（C_{SOM}）三种。甲烷排放途径包括植物传输、气泡排放和土壤（水土）－大气表面扩散三种，并考虑甲烷排放中的氧化。甲烷产生总量（C）可用以下公式表示（Li et al.，2010，2016a）:

$$C = (C_P + C_L + C_{SOM}) \times SI \times TI \times F_{EH} \times 0.27 \tag{5-6}$$

式中，C 为甲烷产生总量 [g/（m^2·天）]；C_P 为根系分泌物产生的甲烷量；C_L 为植物枯落物产生的甲烷量；C_{SOM} 为土壤有机质产生的甲烷量；SI、TI、F_{EH} 分别为土壤质地、土温、土壤氧化还原电位指数。

其中，只需输入气温，由模型自动换算为土温；土壤质地包括土壤砂砾含量、容重，需人工输入；土壤氧化还原电位依据输入水位数据，由模型自动换算。

目前，尚未见报道采用 $CH_4MOD_{wetland}$ 模型研究水库消落带的案例。依据利用该模型对泥炭、沼泽等其他湿地类型的研究（Li et al.，2010；Li et al.，2016a），本案例对植物根系分

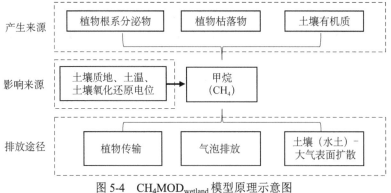

图 5-4　$CH_4MOD_{wetland}$ 模型原理示意图

泌物产生甲烷过程的部分参数进行了校正。具体包括植被类型系数（f_v）和植物地上部分内禀增长率（r）。植被类型系数会影响植物产甲烷的量，植物地上部分内禀增长率会影响植物生长快慢。植物根系分泌物产生甲烷的计算公式为（Li et al.，2010）

$$C_P = (f_v + f_T + W_i^{1.25}) \times 1.8 \times 10^{-3} \tag{5-7}$$

式中，C_P 为根系分泌物产生的甲烷量 [g/（m²·天）]；f_v 为植被类型系数；f_T 为土壤温度函数；W_i 为逐日植物地上部分生物量（g/m²）。

其中，W_i 的计算公式为（Li et al.，2010）

$$W_i = \begin{cases} \dfrac{W_{max}}{1 + \dfrac{W_{max} - W_0}{W_0} \times e^{-r \times t}} & (T_{A0} < T_A \leqslant T_{Amax}) \\ \\ W_{i-1} - \beta \times T_S & (T_A > T_{Amax}) \end{cases} \tag{5-8}$$

$$T_A = \sum_{i=1}^{n} T_i (T_A < 0°C, 则 T_i = 0°C) \tag{5-9}$$

$$T_S = \sum_{j=n+1}^{m} (20 - T_i)(T_j > 20°C, 则 T = 20°C) \tag{5-10}$$

式中，T_{A0} 和 T_{Amax} 分别为地上部分植物萌发和达到最大生物量时的积温（℃·天）；T_A 为温度；W_{max} 为植物地上部分生物量最大值；W_0 为默认植物生物量初始值（g/m²）；t 为植物萌发后的天数；T_S 为温度低于 20℃ 时的积温；β 为模型默认经验常数；r 为植物地上部分内禀增长率。

第四节　食物网模型

食物网模型是一种用于研究和理解生态系统内不同物种之间相互作用的方法。它涉及构建一个模型，代表生态系统中不同物种之间基于其摄食相互作用的复杂关系网。

食物网模型通常由一系列相互连接的节点组成，代表不同的物种，而它们之间的联系代表着摄食的相互作用。该模型可以用一组方程表示，描述网络中不同节点之间能量和营养物质的流动。食物网建模的主要目标之一是预测生态系统变化的影响，如引入一个新物种或移除一个现有物种。通过使用模型模拟不同的情况，科学家可以深入了解生态系统如何应对不同的环境压力。

食物网模型有许多应用，包括在保护生物学、渔业管理和生态系统恢复方面。例如，通过了解食物网的动态，科学家可以就如何管理渔业做出明智的决定，以确保鱼类种群的可持续性并保护生态系统的整体健康。总的来说，食物网模型是了解生态系统内发生的复杂相互作用的重要工具，可以为如何管理和保护生态系统提供宝贵的见解。

一、常见的食物网模型

（一）营养学模型

这些模型着重能量和营养物质通过食物链不同层次的转移。它们通常用捕食者-猎物的相互作用，以及能量和营养物质从一个营养级到下一个营养级的流动来表示物种之间的关系。

（二）动态模型

这些模型考虑到种群和环境随时间的变化。它们可用来模拟不同环境压力对生态系统的影响，如气候变化、栖息地破坏或入侵物种的引入。

（三）贝叶斯模型

这个模型使用统计方法来估计基于现有数据的不同结果的概率。它可用于预测生态系统变化的影响，如根据现有信息清除或引进物种。

生态系统中的物质循环和能量流动过程一直是生态学研究中的热点问题。研究生态系统食物网的传统方法主要是食性分析，该技术主要反映的是短期取食结果。胃含物中通常存在的是难以消化的食物，实际消化吸收的物质难以分辨，且采集到的很多样品中胃含物已排空或半排空，同时在研究小型动物方面存在困难，因而食性分析结果需要校正。测定生物体内天然存在的碳（$\delta^{13}C$）、氮（$\delta^{15}N$）稳定同位素比值变化，可反映生物长期消化吸收的食物来源、营养位置和食物网结构。稳定同位素分析技术的优点是可以定量研究如生物杂食性、外源物质输入、物种入侵、人类活动导致的污染物排放等问题对食物网结构与功能的影响。

通过在食物链中富集度较低的碳（$\delta^{13}C$）稳定同位素比值来追溯捕食者食物的来源，利用氮（$\delta^{15}N$）稳定同位素在营养级间相对稳定的富集度来计算生物的营养级（Quillfeldt et al.，2015）。

Kadoya 等开发的贝叶斯同位素混合模型（Bayesian isotope mixing model，BIMM）结合测量的实际样品同位素值进行全湖捕食者的食性预测分析与食物网构建，将基于理论食性数据构建的食物网与基于同位素混合模型预测的食物网进行比对分析。其中，贝叶斯同位素混合模型的结构如下。

混合模型的公式如下。

（1）同位素比率的观测值：

$$X_{ij} \sim N(s_{ij}, \sigma_{ij}^2) \tag{5-11}$$

（2）消费者同位素比率均值的计算：

$$s_{ij} = \frac{\sum_{m=1}^{M_i} p_{ik_i[m]} Q_{jk_i[m]} (s_{jk_i[m]} + c_{jk_i[m]})}{\sum_{m=1}^{M_i} p_{ik_i[m]} Q_{jk_i[m]}} \tag{5-12}$$

（3）营养富集因子的先验分布：

$$c_{jk_i[m]} \sim N(\Lambda_j, \tau_{jk_i[m]}^2) \tag{5-13}$$

（4）摄食比例的先验分布：

$$p_{ik_i[1]}, \cdots, p_{ik_i[M_i]} \sim \text{Dirichlet}(\alpha_{i1}, \cdots, \alpha_{iM_i}) \tag{5-14}$$

对于一个目标食物网，假设消费者 i 使用 M_i 种资源，从每个消费者和食物来源中测定 J 种元素的稳定同位素比率，共获得 N 个测量值。式中，X_{ij} 为观测的消费者 i 中元素 j 的同位素比率，假设服从均值为 s_{ij} 和方差 σ_{ij}^2 的正态分布；N 表示正态分布；s_{ij} 为消费者 i 中元素 j 的同位素比率均值；$s_{jk_i[m]}$ 为食物来源 $k_i[m]$ 的元素 j 的同位素比率均值；σ_{ij}^2 为消费者 i 中元素 j 的同位素比率残差方差；$c_{jk_i[m]}$ 为从食物来源 $k_i[m]$ 到消费者 i 的食物链中的元素 j 的营养富集因子（$k_i[m]$ 是消费者 i 的第 m 种资源）；$p_{ik_i[m]}$ 为消费者 i 的食物来源 $k_i[m]$ 的摄食比例；$Q_{jk_i[m]}$ 为食物来源 $k_i[m]$ 中元素 j 的观测比值；$\alpha_{i1}, \cdots, \alpha_{iM_i}$ 为 Dirichlet 分布的先验参数；Λ_j 和 $\tau_{jk_i[m]}^2$ 分别为元素 j 营养富集因子先验分布的均值和方差。营养富集因子在不同食物链和食物网之间会发生显著变化，但近似服从正态分布。BIMM 模型使用马尔可夫链蒙特卡罗方法（MCMC）模拟多个潜在的来源组合，从而估计每个来源对混合物的相对贡献，并生成食物来源贡献的后验分布。模型的准确性则通过比对初始食物网样品的同位素值与模型预测值之间的差异来评估。

（四）网络模型

这些模型将物种间的相互作用表现为一个网络，每个物种都是一个节点，它们之间的联系代表着喂养的相互作用。它们可用来研究食物网的结构和不同物种之间的关系。

基于代理人的模型。这些模型可用来模拟生态系统中单个生物的行为，允许对物种之间的相互作用有更详细的了解。它们可用来研究不同行为如捕食者的行为或食草动物的觅食策略对生态系统的影响。

每种类型的食物模型都有自己的优势和劣势，模型的选择取决于具体的研究问题和可用的数据。

二、Ecopath with Ecosim 模型案例

目前应用最多的食物网模型之一是 Ecopath with Ecosim（EwE）模型。EwE 模型是由 Daniel Pauly 博士及其不列颠哥伦比亚大学的同事在 20 世纪 80 年代初开发的，它已被广泛用于生态学研究和基于生态系统的管理。EwE 模型是一个营养学模型，着重于能量和营养物质通过食物链的不同层次的转移。它由两个主要部分组成，即 Ecopath 和 Ecosim。Ecopath 是一个静态模型，从捕食者-猎物关系和不同营养级之间的能量与营养物质的流动方面描述物种之间的相互作用。它可用来估计不同物种的生物量和产量及消耗率和死亡率。Ecosim 是一个动态模型，考虑到种群和环境随时间的变化。它可用来模拟不同环境压力对生态系统的影响，如气候变化、栖息地破坏或入侵物种的引入。EwE 模型已被用于研究广泛的生态系统，包括海洋、淡水和陆地系统。它还被用来为基于生态系统的管理和保护战略提供信息，如海洋保护区和可持续渔业管理。总的来说，EwE 模型是一个强大的工具，可以理解生态系统内发生的复杂的相互作用，并可以为如何管理和保护它们提供宝贵的见解。

与以往模型相比，EwE 模型是一个基于生态系统物质和能量平衡的通用（机理性）模型，为基于食物网的数量平衡模型（mass-balanced model），并进行时空动态模拟。建模所需参数较少，可以非常方便地使用传统鱼类资源评估调查的文献数据。此外，EwE 模型区别其他模型的主要特征是其包含了生态系统中所有营养级的生物和非生物成分，这就更加适合于系统和定量地研究生态系统的结构和功能（Christensen and Walters，2004）。EwE 模型是国际生

态学研究领域广泛应用的对水生态系统进行模拟和评估的软件，主要应用在生态系统生物量评估、系统容量评估、系统成熟度和稳定性比较，以及渔业政策对水生态系统的影响等方面。

（一）EwE 模型的原理

EwE 模型主要由 Ecopath、Ecosim 和 Ecospace 三大模块组成。除了这三大主要模块，还包括了一些附加的组件和分析功能。Ecopath 模块以构建基于食物网的数量平衡模型为基础，整合了一系列生态学分析工具，利用 Ecopath 软件可以方便地建立所研究生态系统的能量平衡模型，确定生物量（biomass）、生产量/生物量（production/biomass）、消耗量/生物量（consumption/biomass）、营养级（trophic level）和生态效率（ecological efficiency）等生态系统的重要生态学参数，定量描述能量在生态系统生物组成之间的流动，系统的规模、稳定性和成熟度；物流能流的分布和循环；系统内部的捕食和竞争等营养关系；各营养级间能量流动的效率；生物群落生态位分析及彼此间直接或间接影响。Ecosim 模块加入了时间条件，它提供了一种模拟捕捞对生态系统生物组成数量变动影响的工具。它利用 Ecopath 模型的输出数据，预测对系统中被开发种群的捕捞强度，模拟生态系统其他生物资源对种群不同捕捞强度的反应，在渔业政策的制定上起重要作用。Ecospace 模块加入了空间条件，它由用户提供相关功能组的栖息地、捕捞和保护区域的信息，进行综合空间分析。

Ecopath 模型是从 Polovina 的稳态模型基础上发展而来的反映生态系统各组分能量收支平衡的生态系统静态模型。因此，在任何时刻，生态系统内的任何一种生物或功能组都能满足下列关系（Christensen and Walters，2004）：

生产量=捕捞量+捕食死亡量+生物量的积累+净迁移量+其他死亡量

可更简洁直观地表述为以下方程：

$$B_i \cdot (P/B)_i \cdot EE_i - \sum_{j}^{n} B_j \cdot (Q/B)_j \cdot DC_{ij} - Y_i = 0 \qquad (5\text{-}15)$$

式中，B_i 为功能组 i 的生物量；$(P/B)_i$ 为功能组 i 的生物周转速率，即生产量与生物量的比值，其值在静态条件下通常等于种群的总死亡率（Z）（Allen，1971）；EE_i 为功能组 i 的生态效率；B_j 为捕食功能组 j 的生物量；$(Q/B)_j$ 为捕食功能组 j 的消耗量与生物量的比值；DC_{ij} 为食物 i 在捕食者 j 食性中所占的比例；$\sum_{j=1}^{n} B_j \cdot (Q/B)_j \cdot DC_{ij}$ 为功能组 i 被所有 n 个功能组摄食的量；Y_i 为第 i 组的渔业捕捞量（Christensen and Walters，2004）。

在本 Ecopath 模型中，EE 代表每一组因被捕食或被捕捞而损失的产量比例，在输入鄱阳湖食物网各功能组 B、P/B、Q/B 和 DC 值后可以估计。在确定参数时保证 Ecopath 模型参数输入后 EE<1。

Ecopath 模型中能量平衡公式如下：

$$(P/Q)_i + (U/Q)_i + (R/Q)_i = 1 \qquad (5\text{-}16)$$

式中，$(P/Q)_i$ 为生产与消费的比值；$(U/Q)_i$ 为未同化生物量与消费的比值；$(R/Q)_i$ 为呼吸与消费的比值。

在 Ecopath 模型中，$(P/Q)_i$ 是基于输入的 $(P/B)_i$ 和 $(Q/B)_i$ 值计算的，$(U/Q)_i$ 是直接输入的，$(R/Q)_i$ 使用式（5-16）计算。在参数调整中保证 Ecopath 模型中能量平衡（$R/Q>0$）。

Ecosim 是 Walters 等于 1997 年在 Ecopath 基础上开发出来的一个模块，用于模拟生态系统的时间变化。用户可以通过改变捕捞强度、捕食者与被捕食者之间的关系及其他状态变量

来了解这些变化对系统的短期和长期影响。其基本方程为

$$\frac{\mathrm{d}B_i}{\mathrm{d}t} = g_i \sum_j C_{ji} - \sum_j C_{ij} + I_i - (M_i + F_i + e_i)B_i \qquad (5\text{-}17)$$

式中，$\mathrm{d}B_i/\mathrm{d}t$ 为功能组 i 单位时间内生物量的变化；g_i 为功能组 i 的生长效率（growth efficiency，P/Q）；F_i 为功能组 i 的捕捞死亡率；M_i 为功能组 i 的自然死亡率（不包括被捕食死亡）；e_i 为功能组 i 的迁出率（emigration rate）；I_i 为功能组 i 的迁入率（immigration rate）；C_{ij}（C_{ji}）为饵料 i（j）被捕食者 j（i）捕食的量。

为计算 C_{ij}，Ecosim 将饵料生物的生物量分成两部分，即易被捕食（vulnerable）部分和不易被捕食（invulnerable）部分［式（5-17）］。这两部分之间的转换率 v_{ij} 可由用户输入，在 EwE 6.5 中，v_{ij} 设置为 1 表明食饵 i 和捕食者 j 之间的捕食关系以上行控制（bottom-up control）为主，v_{ij} 的设置远大于 1 则表明以下行控制（top-down control）为主。

$$C_{ij} = \frac{v_{ij} a_{ij} B_i B_j}{v_{ij} + v'_{ij} + a_{ij} B_j} \qquad (5\text{-}18)$$

式中，v_{ij} 为饵料 i 在易被捕食状态之间的转换率；v'_{ij} 为不易被捕食状态之间的转换率；a_{ij} 为捕食者 j 对饵料 i 的有效搜索效率。

捕食和被捕食控制关系的设置对 Ecosim 的模拟结果有很大的影响，v_{ij} 设置过小，会造成模拟反应过于迟缓，曲线平滑；v_{ij} 设置过大，则容易造成模拟曲线急剧震荡。

（二）EwE 模型国内应用情况分析

EwE 模型被广泛应用于模拟水域食物网结构，评价及预测渔业活动对渔业资源的影响。国外已有大量案例，如北美五大湖食物网的构建及海洋渔业资源的评估采用了 EwE 模型。近年来，国内已有学者利用 EwE 模型对我国湖泊、长江口、近海等不同水域生态系统的食物网结构和渔业活动评价进行了一些研究。表 5-9 列举了对长江中下游太湖等 6 个淡水湖泊渔业和食物网的研究报道。通过对研究结果进行分析，发现太湖、巢湖等湖泊生态系统的成熟度都不高，生态系统的内部联系复杂程度低，系统的稳定性较差。另外，受富营养化和渔业结构的影响，这些湖泊中初级生产者的利用效率都很低，食物网结构相对较为简单。

表 5-9　利用 EwE 模型构建食物网的国内湖泊

研究湖泊	研究年份	参考文献
千岛湖	1999～2000	刘其根等，2010
太湖	1991～1995，2008～2009	李云凯等，2009，2014
五里湖	2006，2009	黄孝峰等，2012
滆湖	1986～1989	贾佩峤等，2013
保安湖	1991～1993	Guo et al.，2013
巢湖	2007～2010	刘恩生等，2014

利用 Ecopath 静态模型定量描述水域食物网结构和营养动力学特征，是目前 EwE 模型运用最常见、最广泛的方式，目前在鄱阳湖缺乏类似的研究。仅从单个生物类群变化的角度很难对鄱阳湖生态系统的现状及其健康状况做出评判，利用食物网模型能够较为全面、有效地认识鄱阳湖生态系统，揭示鄱阳湖生物类群之间复杂的相互关系，深入了解其生态系统功能及动态变化。本案例基于 EwE 模型的 Ecopath 模块构建鄱阳湖食物网结构，在明确食物网中各类群生物的营养关系及相互关系的基础上，再使用 Ecosim 模块对未来水利枢纽运行对鱼

类资源的影响进行情景预测。

（三）EwE 模型在鄱阳湖的具体应用案例

1. 分析技术路线

根据鄱阳湖渔业资源调查的资料情况，本案例的分析技术路线如图 5-5 所示。

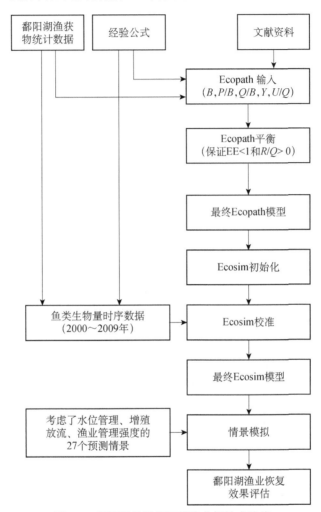

图 5-5 鄱阳湖鱼类资源模块分析技术路线

2. 模拟对象与时空分辨率设定

采用 EwE6.5 版本，根据 2000~2009 年鄱阳湖渔业资源调查的数据，基于鱼类监测和文献资料获得鄱阳湖本地化的 EwE 模型参数，建立 2000 年鄱阳湖 Ecopath 静态平衡模型功能组。用 2000 年 Ecopath 参数作为 Ecosim 模拟的主要驱动参数，使用 2000~2009 年鄱阳湖鱼类实际生物量数据来校准鄱阳湖 Ecosim 模型，进行不同 27 种管理情景 2010~2119 年 110 年模拟分析。27 种情景为（表 5-10）：水位管理（三峡工程建设前、三峡工程运行后、鄱阳湖水利枢纽运行）（图 5-6）、增殖放流（放流 50t、100t、150t 四大家鱼幼苗）和渔业管理措施（全面禁渔、保持 2009 年捕捞强度、减少 50%捕捞强度），从而预测鄱阳湖水利枢纽运行及全面禁渔后渔业资源的变化并提出解决对策。

表 5-10　鄱阳湖鱼类资源模型预测情景

水位管理	增殖放流	渔业管理
① 三峡工程建设前（丰水期水位最高，季节变幅最大）	① 50t	① 全面禁渔
② 三峡工程运行后（水位季节变化最小）	② 100t	② 保持 2009 年捕捞强度
③ 鄱阳湖水利枢纽运行（枯水期水位最高）	③ 150t	③ 50% 2009 年捕捞强度

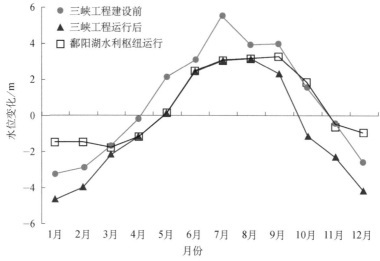

图 5-6　不同水位管理情景下鄱阳湖水位

3. 模型输入条件与参数设置

1）鄱阳湖 Ecopath 模型

Ⅰ. 鄱阳湖鱼类资源模型功能组设置

EwE 模型中的功能组设置，是按照研究需要，将生态学或者分类地位上相似的物种加以整合，也可以把单个物种或者单个物种的某个年龄阶段成体或幼体作为独立的功能组。本案例主要根据不同生物种类的食性，以及它们的个体大小和生长特性来划分功能组。一些具有重要经济价值或生态功能的物种，则单独作为一个功能组，以便于对其与其他功能组的关系进行分析和研究。功能组中，必须包含一个或数个碎屑组。碎屑组即生态系统中所有无生命有机物的总和，包括死亡动植物的尸体、动物的粪便、投喂饲料的残渣及入湖河流携带进湖的有机物质等，以溶解态或固体颗粒的形式存在。

根据以上原则，本案例将鄱阳湖生态系统模型分成 19 个功能组（表 5-11）。其中 1983 年渔获物中产量占 10%以上的鲴类、鲹类在渔获物中比例逐渐下降，2004～2008 年捕捞量统计中已无记载，而小型底栖鱼类黄颡类的比例则逐渐增大，已超过 6%，成为主要的渔获物品种之一，底栖鱼类鮈的比例也从 5%增加到 10%以上。

表 5-11　鄱阳湖生态系统功能组划分及组成

编号	功能组	生物种类组成
1	鳜类	鳜、大眼鳜、长体鳜等
2	鲌类	翘嘴鲌、蒙古鲌、红鳍原鲌、青梢鲌
3	鮈类	鮈、大口鮈、乌鳢
4	黄颡类	黄颡鱼、长须黄颡、瓦氏黄颡、光泽黄颡、长吻鮠等
5	鲹类	长颌鲚、短颌鲚

续表

编号	功能组	生物种类组成
6	鲢（0，1+）	鲢
7	鳙（0，1+）	鳙
8	草鱼（0，1+）	草鱼
9	青鱼（0，1+）	青鱼
10	鲤	鲤
11	鲫	鲫
12	鳊、鲂	团头鲂、三角鲂、鳊
13	小型鱼类	蛇鮈、麦穗鱼、华鳈、黑鳍鳈、棒花鱼等银鮈、光唇蛇鮈、花鳕、似鳊、鳎类、虾虎鱼、间下鱵等
14	虾类	日本沼虾、秀丽白虾、克氏原螯虾
15	底栖动物	
16	浮游动物	
17	浮游植物	
18	沉水植物	
19	碎屑	

注：0 龄鱼，也称为仔鱼或当年鱼，是种群中最年轻的鱼。它们通常在春季或夏季出生，尚未过完第一年的鱼。1 龄鱼，是指已经过完第一年的鱼

Ⅱ. 食性组成

Ecopath 模型构建中，在确定功能组后，需要明确各功能组之间的摄食关系，建立食物组成矩阵。鄱阳湖水生物组成矩阵数据通过食性分析研究和参考长江流域其他淡水生态系统研究区域湖泊鱼类食性分析结果获得（表 5-12）。

表 5-12　2000 年鄱阳湖 Ecopath 模型鱼类食性组成

编号	功能组	1[a]	2[b, c]	3[d]	4[e, f]	5[f]	6[b, c]	7[b, c]	8[b, c]	9[b, c]	10[b]
1	鳜类										
2	鲌类	0.04									
3	鲇类										
4	黄颡类	0.06									
5	鲚类		0.02								
6	鲢（0）										
7	鲢（1+）										
8	鳙（0）										
9	鳙（1+）										
10	草鱼（0）										
11	草鱼（1+）										
12	青鱼（0）										
13	青鱼（1+）	0.03									
14	鲤	0.18									
15	鲫	0.13									
16	鳊、鲂	0.03	0.01								
17	小型鱼类	0.35	0.81	0.14	0.23	0.11					

续表

编号	功能组	1[a]	2[b,c]	3[d]	4[e,f]	5[f]	6[b,c]	7[b,c]	8[b,c]	9[b,c]	10[b]
18	虾类	0.19	0.15	0.30	0.33	0.21					0.04
19	底栖动物		0.01	0.56	0.34	0.00					0.91
20	浮游动物		0.01			0.68	0.60	0.60	0.75	0.75	
21	浮游植物						0.33	0.33	0.14	0.14	
22	沉水植物					0.07	0.06	0.06	0.11	0.11	
23	碎屑					0.03					0.06

编号	功能组	11[b]	12[c]	13[c]	14[f,g]	15[f,h]	16[i]	17[f]	18[j]	19[f]	20[b,c]
1	鳜类										
2	鲌类										
3	鲇类										
4	黄颡类										
5	鲚类										
6	鲢（0）										
7	鲢（1+）										
8	鳙（0）										
9	鳙（1+）										
10	草鱼（0）										
11	草鱼（1+）										
12	青鱼（0）										
13	青鱼（1+）										
14	鲤										
15	鲫										
16	鳊、鲂										
17	小型鱼类										
18	虾类	0.04			0.02						
19	底栖动物	0.91	0.00	0.00	0.66	0.02					
20	浮游动物						0.11	0.17	0.12	0.57	
21	浮游植物		0.03	0.03	0.01	0.11	0.57	0.37	0.40		0.65
22	沉水植物		0.97	0.97	0.24	0.67	0.26	0.10		0.11	
23	碎屑	0.06			0.07	0.10		0.41	0.04	0.89	0.35

资料来源：a. Li and Yang, 1998；b. Li et al., 2009；c. Guo et al., 2013；d. Wen et al., 1999；e. Liu, 1997；f. Wang et al., 2011；g. Xiong et al., 2009；h. Zhu et al., 2010；i. Zhang, 2005；j. Zhang et al., 2013

Ⅲ. 鱼类生物量（B）、生产量与生物量比值/生物周转速率（P/B）、消耗量与生物量比值（Q/B）

鱼类 B 和 P/B 按以下经验公式估算：

$$B=Y/F \tag{5-19}$$

$$F=Z-M \tag{5-20}$$

$$Z = \frac{P}{B} = K \cdot \frac{L_\infty - \overline{L}}{\overline{L} - L'} \tag{5-21}$$

式中，B 为鱼类的生物量；Y 为鱼类的产量；F 为渔业死亡率；Z 为渔业总死亡率；M 为渔业自然死亡率；P 为鱼类的生产量；L_∞ 为鱼类渐近体长；$\overline{L}$ 为鱼类平均体长；L' 为捕捞临界体长；K 为 von Bertalanffy 生长方程中的生长常数（von Bertalanffy，1938）。

自然死亡率 M 的计算公式为

$$\lg M = -0.0066 - 0.279\lg L_\infty + 0.6543\lg K + 0.4634\lg T \tag{5-22}$$

式中，T 为栖息地的年平均水温。

鱼类的消耗量与生物量比值（Q/B）按照 Palomares 和 Pauly（1998）提供的经验公式进行估算：

$$\lg \frac{Q}{B} = 7.964 - 0.204\lg W_\infty - 1.965T' + 0.083A + 0.532h + 0.398d \tag{5-23}$$

式中，W_∞ 为鱼类渐近体重；T' 为湖泊平均水温，$T'=1000/\text{Kelvin}$（$\text{Kelvin}=℃+273.15$）；A 为鱼类纵横比（$A=H^2/S$，H 为鱼类尾鳍高度，S 为面积）；h 为形容食性的虚拟值（1 代表草食性，0 代表碎屑性和肉食性）；d 为代表食性的虚拟值（1 表示碎屑性，0 表示草食性和肉食性）。

估算 Q/B 值的鱼类形态学数据及食性矩阵来自文献张堂林（2005）。

Ⅳ. 大型水生植物

鄱阳湖的沉水植物生物量数据根据周年采样数据来确定植物的 P/B，设置为 10（Kao et al.，2014）。

Ⅴ. 浮游生物

鄱阳湖的浮游生物生物量数据根据周年采样数据来确定。浮游植物的 P/B 参考同纬度淡水湖泊及水库的值，取值为 185；浮游动物的 P/Q 设置为 0.26（Straile，1997）。

Ⅵ. 底栖动物

鄱阳湖底栖动物的生物量和物种组成采取周年采样来确定，包括软体类、寡毛类、水生昆虫。底栖动物如软体类、寡毛类和水生昆虫的 P/Q 设置为 0.23（Kao et al.，2014）。

Ⅶ. 碎屑

系统中有机碎屑生物量参考 Pauly 等（1993）提出的线性模型进行估算，其公式为

$$\lg D = -2.41 + 0.954\lg \text{PP} + 0.863\lg E \tag{5-24}$$

式中，D 为碎屑生物量；PP 为初级生产力；E 为水体的真光层深度。

各组分中，未同化的消费量（GS）将会进入碎屑组分。各个组分的取值参考其他文献取值，肉食性鱼类为 0.2，草食性鱼类为 0.41，浮游动物、底栖动物和虾类分别设置为 0.65、0.9 和 0.7（闫云君和梁彦龄，2003；宋兵，2004）。本案例中各参数的单位均换算成 t/km^2。

具体输入 2000 年鄱阳湖 Ecopath 模型的参数见表 5-13。

表 5-13　2000 年鄱阳湖 Ecopath 模型输入参数

功能组（年龄段）	生物量/（g/m^2）	P/B 或 Z/年$^{-1}$	Q/B/年$^{-1}$	EE	Y/[g/（m^2·年）]
鳜类	0.774	0.78	3.58	**0.56**	0.336
鲌类	0.460	0.97	4.06	**0.73**	0.212
鲇类	0.537	2.09	7.00	**0.51**	0.571
黄颡类	0.685	2.19	7.72	**0.58**	0.710
鲚类	0.816	1.20	8.50	**0.07**	0.040

续表

功能组（年龄段）	生物量/ (g/m²)	P/B 或 Z/ 年⁻¹	Q/B/ 年⁻¹	EE	Y/ [g/（m²·年）]
鲢（0）	**0.049**	3.00	**46.71**	**0.00**	
鲢（1+）	0.392	1.36	14.26	**0.20**	0.109
鳙（0）	**0.056**	3.00	**32.83**	**0.00**	
鳙（1+）	0.288	1.44	11.67	**0.52**	0.215
青鱼（0）	**0.041**	3.00	**18.62**	**0.00**	
青鱼（1+）	0.429	0.90	6.00	**0.15**	0.057
草鱼（0）	**0.081**	3.00	**26.54**	**0.00**	
草鱼（1+）	0.402	1.13	10.47	**0.46**	0.139
鲤	1.767	1.91	7.54	**0.92**	2.601
鲫	1.491	1.75	14.88	**0.69**	1.440
鳊、鲂	0.728	0.76	20.27	**0.53**	0.195
小型鱼类	2.794	2.22	20.23	**0.98**	1.117
虾类	2.620	3.08	16.35	**0.97**	2.305
底栖动物	148.095	5.83	25.00	**0.02**	
浮游动物	2.127	31.69	120.00	**0.73**	
浮游植物	1.265	185.00		**0.93**	
沉水植物	450.000	10.00		**0.10**	
碎屑	10.906			**0.48**	

注：黑色加粗为 Ecopath 模型估算参数；P/B 为生产量和生物量比值；EE 是营养效率；Q/B 为消耗量和生物量比值；Y 为鱼类的产量

2）鄱阳湖 Ecosim 模型　　在鄱阳湖 Ecosim 模型中使用式（5-25）来模拟生物量的变化：

$$\mathrm{d}B_i/\mathrm{d}t = G_i \times \sum_{j=1}^{n} Q_{ji} - \sum_{j=1}^{n} Q_{ij} - (M_i + F_i) \times B_i \qquad (5\text{-}25)$$

式中，G_i 为总转换效率（无量纲）；Q_{ji} 为功能组 j 被功能组 i 消费的量 [g/（m²·年）]；Q_{ij} 为功能组 i 被功能组 j 捕食的量 [g/（m²·年）]；M_i 为功能组 i 的自然死亡率（年⁻¹）；F_i 为捕捞死亡率（年⁻¹）；B_i 为功能组 i 的生物量。

在 Ecosim 模型中，消费量预测基于觅食竞技场理论（Ahrens et al.，2012），在 Kao 等（2016）的论文中，觅食竞技场理论的公式为

$$Q_{ij} = \frac{p_{ij} \times v_{ij} \times B_i \times B_j \times f_1}{v_{ij} \times (1+f_2) + p_{ij} \times B_j \times f_3} \qquad (5\text{-}26)$$

式中，p_{ij} 为功能组 i 被单位生物量功能组 j 捕食的量（g/年）；v_{ij} 为脆弱性参数（无量纲）；f_1，f_2 和 f_3 为取食时间和处理时间对消费的影响函数，保留为默认参数 [具体见文献 Christensen 等（2008）]。

4. 生态系统模型率定与验证

1）Ecopath 模型调试与优化　　在所有功能组的参数输入完毕后，最关键的部分就是对模型进行调试，使之达到平衡。得出各功能组的参数后，则需要根据系统的能量代谢平衡

调整，即消耗量＝生产量＋未同化食物量＋呼吸量，最终使静态的 Ecopath 模型达到平衡。通常情况下，模型估测的 EE<1，R/Q>0，GE（=P/Q）在 0.1～0.3 才有生理学意义。调试过程中，需要不断检查功能组的各类死亡系数（主要是捕食死亡系数和被摄食的死亡系数）是否符合实际野外调查情况，进而调整输入的食物组成矩阵或者其他参数。

2）Ecosim 模型率定与验证　　Ecosim 校准的目标是根据式（5-26）估计每个消费者功能组的脆弱性（vulnerability）参数，使得在 2000～2009 年校准期间预测和观测的对数转换后，鱼类生物量的平方和最小（Christensen et al.，2008）。使用校准期观测的鱼类捕捞量和水位作为所有 Ecosim 模型模拟的功能组生物量时间动态的驱动因子。由于增殖放流初期投入鱼类幼苗量较少，在 Ecosim 模型校准期间未考虑增殖放流。总之，鄱阳湖的 Ecosim 校准包括观测生物量和捕捞量的时间序列及将初级生产力和水位联系起来的函数。鱼类数据中由于湖鲚的捕捞量在渔获物中所占比例逐年减少，2002 年后未见报道，因而在校准数据中使用了 12 组鱼类捕捞数据（Wang et al.，2014）。

在鄱阳湖 Ecosim 模型中，将水位变化对鄱阳湖食物网的影响表示为初级生产力的控制。基于 Christensen 等（2008）的研究，对生产者的生产力 P_i 建模如下：

$$P_i = B_i \times SF \times (P/B)_{max,i} \times [Nf / (Nf + K_i)] \tag{5-27}$$

式中，$(P/B)_{max,i}$ 为生产力与生物量最大比值；SF 为水位对初级生产力季节性驱动；Nf 为游离营养盐；K_i 为模型常数；i 为生产者类型。

SF 的计算公式为

$$SF = [Depth(month) - 8.4] / 8.4 \tag{5-28}$$

式中，Depth（month）为星子水文站月平均水位（m）；8.4 为鄱阳湖平均水深（m）。

式（5-28）是基于水位增加会增加栖息地可利用性，进而导致初级生产力增加假设而提出的。此前 Wu 等（2013）和 Liu 等（2016）的研究表明鄱阳湖水位和初级生产力（叶绿素 a）之间呈显著正相关。

除了脆弱性参数通过校准过程估算和游离营养盐基本比例设定为 0.75 来代表中营养水生生态系统，Ecosim 模型中其他参数均为默认值（Christensen et al.，2008）。在式（5-27）中，将 $(P/B)_{max,i}$ 设定为 Ecopath 中默认值的 2 倍，$(P/B)_i$、Nf 和 K_i 为由 Ecosim 估算的（Christensen et al.，2008）。最后计算了对数转换后预测与观测生物量之间的均方根偏差（RMSD），用以判断 Ecosim 模型中各组之间的相对拟合优度。

以 2000 年鄱阳湖 Ecopath 静态平衡模型功能组生物学参数作为 Ecosim 模型模拟的主要输入参数，利用 2000～2009 年鄱阳湖鱼类实际生物量数据来校准鄱阳湖 Ecosim 模型，保证各功能组的脆弱性小于 100。校准结果见图 5-7。鄱阳湖 Ecosim 模型模拟的生物量时序结果与实测生物量时序数据基本吻合，对鳡类、鲌类、黄颡类、成年青鱼、成年鳙、鲤、鲫的适配性最好，均方根偏差（RMSD）为 0.15～0.28。

使用 2000～2009 年鄱阳湖实际捕捞鱼类生物量数据校准模型后，针对 27 种情景分析方案组合，进行了 2010～2119 年鄱阳湖鱼类生物量的模拟预测，在分析过程中所有的食物网功能组在模拟开始的 50 年内已达到平衡。

5. 模型输出与结果分析

1）鄱阳湖水生食物网结构和营养关系分析　　Ecopath 模型估算了鄱阳湖水生食物网各功能组的营养级位置，其数值变动于 1.00（初级生产者）和 3.41（鳡类）之间（表 5-14）。初级生产者包括沉水植物、浮游植物，而肉食性鱼类如鳡类、鲌类、鲇类、黄颡类和鲚类等则占据了鄱阳湖生态系统的较高营养级位置。利用 Ecopath 模型分析得出 2000 年鄱阳湖理论营养级为Ⅳ级（图 5-8）。依据 Lindeman（1942）提出的食物网整合营养级，即将食物网的初级生产者和碎屑定义为Ⅰ级，而消费者的营养级则依次递增（Christensen，1995）。鄱阳湖 3 个初级生产者功能组的营养级全部为Ⅰ级，底栖动物和浮游动物的营养级全部为Ⅱ级（表 5-15）。鄱阳湖食物网的能量流动主要有 3 条途径，分别包括 2 条牧食食链和 1 条碎屑食物链，其中大型水生植物是鄱阳湖水生食物网最主要的能量来源（图 5-8）。四大家鱼由于食性的不同，草鱼的营养级最低，鲢较高，鳙次高，青鱼最高。

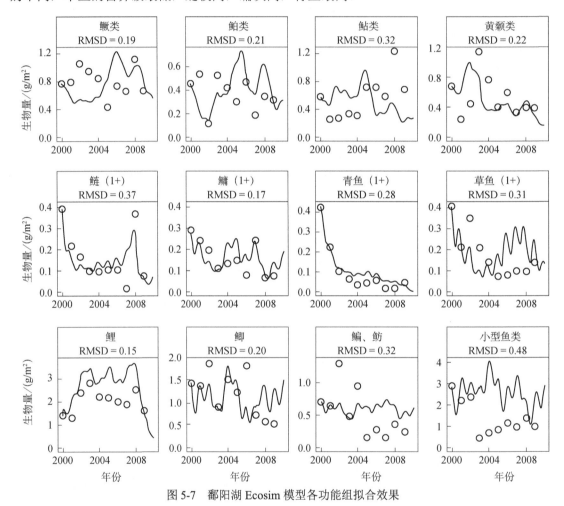

图 5-7 鄱阳湖 Ecosim 模型各功能组拟合效果

表 5-14 鄱阳湖水生食物网中鱼类营养级位置

功能组（年龄段）	营养级
鳜类	3.41
鲌类	3.20
鲇类	3.19
黄颡类	3.11
鲚类	3.13
鲢	2.60
鳙	2.75

续表

功能组（年龄段）	营养级
青鱼	2.97
草鱼	2.00
鲤	2.69
鲫	2.12
鳊、鲂	2.17
小型鱼类	2.12
虾类	2.57
底栖动物	2.00
浮游动物	2.00
浮游植物	1.00
沉水植物	1.00
碎屑	1.00

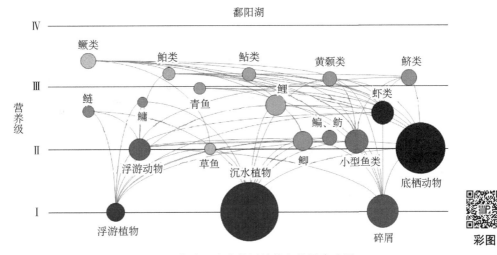

图 5-8　2000 年鄱阳湖食物网结构和能量流动图

一般捕食者能够占据多个离散型的营养级，营养级 Ⅱ 共有 12 个功能组，其中底栖动物和浮游动物 2 个功能组的营养级全部为 Ⅱ 级，而草鱼、鲫、鳊、鲂和小型鱼类处于第 Ⅱ 整合营养级的比例均超过 50%。占据营养级 Ⅲ 的功能组有 14 个，有 10 个功能组处于第 Ⅲ 整合营养级的比例均超过 50%。占据营养级 Ⅳ 的功能组减少为 7 个，处于营养级 Ⅴ 的仅 2 个功能组，且比例少于 3%。因此，营养级 Ⅴ 及以上的能量流动可以忽略不计。

表 5-15　2000 年鄱阳湖各功能组相对能流在不同整合营养级的分布

功能组（年龄段）	Ⅰ	Ⅱ	Ⅲ	Ⅳ	Ⅴ
鳜类	0.000	0.000	0.615	0.363	0.022 5
鲌类	0.000	0.000	0.803	0.196	0.001 96
鲇类	0.000	0.000	0.814	0.186	0.000
黄颡类	0.000	0.100	0.687	0.213	0.000
鲚类	0.000	0.000	0.869	0.131	0.000
鲢	0.000	0.398	0.602	0.000	0.000

功能组（年龄段）	I	II	III	IV	V
鳙	0.000	0.250	0.750	0.000	0.000
青鱼	0.000	0.055	0.922	0.022 6	0.000
草鱼	0.000	0.998	0.002	0.000	0.000
鲤	0.000	0.322	0.667	0.011 3	0.000
鲫	0.000	0.876	0.124	0.000	0.000
鳊、鲂	0.000	0.830	0.170	0.000	0.000
小型鱼类	0.000	0.882	0.118	0.000	0.000
虾类	0.000	0.435	0.565	0.000	0.000
底栖动物	0.000	1.000	0.000	0.000	0.000
浮游动物	0.000	1.000	0.000	0.000	0.000
浮游植物	1.000	0.000	0.000	0.000	0.000
沉水植物	1.000	0.000	0.000	0.000	0.000
碎屑	1.000	0.000	0.000	0.000	0.000

鄱阳湖水生生态系统的总流量、生物量和捕捞量主要分布在前四个整合营养级中（表5-16）。I～IV营养级的生物量占总生物量的比例依次为73.28%、25.51%、1.09%和0.12%。其中营养级I未被捕捞，II～IV营养级的捕捞量占总捕捞量的比例依次为45.38%、50%和4.55%。

表 5-16　鄱阳湖水生生态系统的总流量、生物量和捕捞量分布

营养级位置	总流量/t	生物量/（t/km²）	捕捞量/［t/（km²·年）］
VI	0.000 223	0.000 062	0.000 027
V	0.065 9	0.018 3	0.007 97
IV	4.331	0.754	0.457
III	72.66	6.716	5.024
II	4 074	157.1	4.56
I	11 871	451.3	0
总和	16 022	616	10

各功能组间的相互营养关系利用混合营养作用（mixed trophic impact）分析模块进行分析（图5-9）。初级生产者对多数功能组的混合营养作用有正效应，主要是因为其作为食物来源影响其他高营养级的功能组。浮游动物对高营养级功能组有一定的正效应（上行效应），但对初级生产者的混合营养作用是负效应。鳜类和鲌类功能组通过捕食的下行效应对一些小型鱼类组成的功能组有负效应。

鄱阳湖生态系统所有生物的总生产量为5692.644t/（km²·年），渔获物平均营养级为2.593。系统总净初级生产量为4734.081t/（km²·年），占总生产量的83.16%。系统总初级生产量远大于系统总呼吸量，两者比值为4.734。反映系统内部联系复杂程度的系统连接指数（CI）和系统杂食指数（SOI）分别为0.153和0.100（表5-17）。系统中重新进入再循环

的流量为 3974t/（km²·年），其占总流量比例即 Finn's 循环指数（Finn's cycling index）为 24.80%，每个循环流经食物链的平均长度即 Finn's 平均路径长度（Finn's mean path length）为 3.384。这说明鄱阳湖水生生态系统的成熟程度高，生态系统食物网较为复杂，物种间的营养联系强，能量平均流动路径短，营养物质的再循环比例高，能量利用效率高，而且多数功能组的营养效率（EE）高。

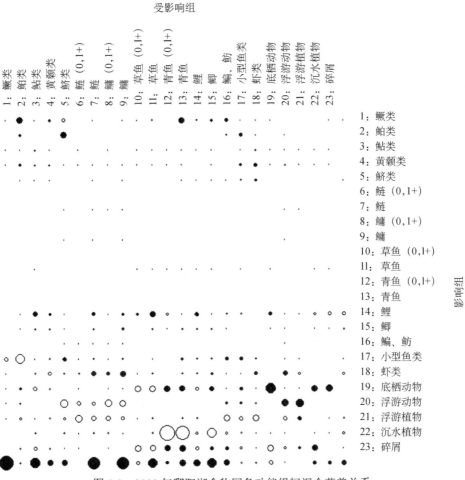

图 5-9　2000 年鄱阳湖食物网各功能组间混合营养关系

实心圈为正效应，空心圈为负效应

表 5-17　鄱阳湖水生生态系统 2000 年总体特征

参数	数值	单位
系统总消耗量	4 150.636	t/（km²·年）
系统总输出量	3 733.991	t/（km²·年）
系统总呼吸量	1 000.073	t/（km²·年）
系统总流入碎屑量	7 136.461	t/（km²·年）
系统总流量	16 021.160	t/（km²·年）
系统总生产量	5 692.644	t/（km²·年）
系统渔获物平均营养级	2.593	
系统总净初级生产量	4 734.081	t/（km²·年）

续表

参数	数值	单位
系统总初级生产量/系统总呼吸量	4.734	
系统净生产量	3 734.008	t/（km²·年）
系统初级生产量	7.686	t/（km²·年）
系统总生物量（除去碎屑部分）	615.898	t/（km²·年）
系统连接指数	0.153	
系统杂食指数	0.100	

2）鄱阳湖四大家鱼模拟产量　　Ecosim 模型分析结果（图 5-10）表明，水位管理、增殖放流和渔业管理均能提高四大家鱼的生物量，其中渔业管理措施的效果最强。然而，即使最佳恢复情景下（最高水位+最大增殖放流量+禁渔）模拟的四大家鱼总生物量仍比三峡工程建设前 2000 年鄱阳湖 Ecopath 模型中使用的生物量低 16%。

四大家鱼总生物量在捕捞强度从最高降至 50%时增加 20%～78%，当全面禁渔时生物量还将进一步增加 50%～85%。渔业管理措施对四大家鱼生物量的正效应随着水位的增加而增高，随着增殖放流量的减少而增大。

模拟水位情景从三峡工程运行后变为鄱阳湖水利枢纽运行后，四大家鱼生物量增加了 35%～88%，但比较鄱阳湖水利枢纽与三峡工程建设前水位情景，发现仅增加了 0.2%～3%。

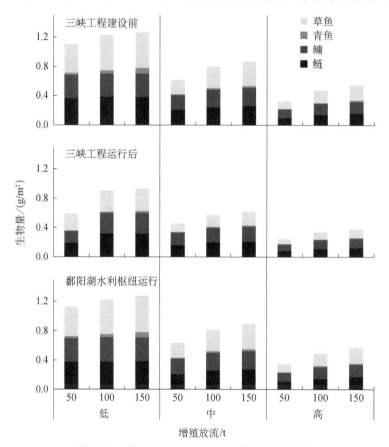

图 5-10　鄱阳湖四大家鱼生物量模型模拟结果

低、中、高分别对应捕捞强度

增殖放流 100t 四大家鱼鱼苗比增殖放流 50t 四大家鱼鱼苗增加了 9%～52%四大家鱼的生物量。进一步增加到放流 150t 鱼苗，四大家鱼生物量会再增加 3%～16%。

6. 结论与建议

随着生态系统逐渐发展成熟，系统总呼吸量（TR）将会接近于初级生产量（TPP），即 TPP/TR 值趋近于 1，系统净生产量下降趋近于 0，生物的累积将导致系统的 P/B 下降；系统内部的营养关系将更加复杂，各功能组的连接程度加强（CI 和 SOI 指数值增加），而且系统中物质的再循环量比例增加，流经的食物链增长。鄱阳湖与其他淡水湖泊相比，其 TPP/TR 值较高，较为成熟（表 5-18）。

表 5-18　中国主要浅水湖泊生态系统特征比较

参数	太湖（1991～1995 年）	巢湖（2000 年）	滆湖（1986～1989 年）	滇池（1991～1993 年）	保安湖（2000 年）	千岛湖（2004 年）	鄱阳湖（2000 年）
渔获物平均营养级	2.92	2.912	2.78	3.064	2.26	2.6	2.593
系统总流量/[t/（km²·年）]	13 586	24 541.85	12 131.76	144 460.766	37 418.04	16 041	16 022
系统初级生产量/系统总呼吸量	3.85	2.132	2.761	1.665	1.64	3.73	4.734
系统初级生产量/[t/（km²·年）]	11.66	111.154	1.76	61.812	6.99	74.050	7.686
系统连接指数	0.206	0.238	0.208	0.94	0.205	0.276	0.153
系统杂食指数	0.042	0.075	0.086	0.061	0.058	0.096	0.100
系统 Finn's 循环指数/%	11.58	9	14.76	39.98	9.25		24.8

当前鄱阳湖水生生态系统内部营养关系较为复杂，食物网的能量流动主要有 3 条途径，分别包括 2 条牧食链和 1 条碎屑食物链。各功能组的连接程度强，系统发育较为成熟。但是由于捕捞强度大，对各营养级鱼类都进行了开发，当前渔获物平均营养级为 2.593，低于太湖、巢湖渔获物的平均营养级。鄱阳湖的水生生态系统能量传递效率较低主要与初级生产者向初级消费者的能量传递效率低有关，当前鄱阳湖的渔获物中小型化、低龄化的定居型鱼类比例较大，导致大量能量并未完全被利用。

经研究发现，将水位管理、增殖放流和渔业管理结合起来可以抵消水文节律变化给四大家鱼产量带来的负面影响，其中禁渔是最有效恢复四大家鱼资源的方法。例如，当水位情景从三峡工程运行前变成三峡工程运行后，增殖放流为最大量（150t），低捕捞强度和高捕捞强度较禁渔将分别减少 26%和 32%的生物量。

但是在本案例模拟的最佳恢复模式下，四大家鱼生物量较 2000 年三峡工程建设前的生物量仍低 16%，这与模型未模拟四大家鱼自然更新和 1997～1999 年长江流域洪水年份大量养殖四大家鱼逃逸至鄱阳湖区有关。

模型中假设水位增高将会增加鄱阳湖生态系统的生产力。之前对于湖区浮游植物、浮游动物和底栖动物生物量与水位关系的研究均表明水位降低会减少生物量，证明了鄱阳湖水生生物网的能量流动是自下而上驱动的。研究表明，维持枯水期高水位对于四大家鱼生物量的重要性，但是关于鄱阳湖水位波动幅度与鱼类产量之间的关系仍需在今后进一步研究。湖区违法网具和违法捕捞仍存在，增殖放流的幼苗死亡率非常高，因而效果不佳，渔业管理措施仍需加强。

第六章 空间生态学数据与建模

空间生态学研究的是生物与环境之间相互关系的空间格局及其影响机制。空间格局是指生物和环境要素在空间上的分布和排列方式，它对生态系统的功能和稳定性具有重要影响。本章将重点介绍空间生态学的基本概念、理论和方法，以及空间生态学在生态系统研究中的应用。

第一节 空间生态学数据特征

一、空间生态学概述

空间生态学是研究空间在种群动态、种间相互作用中的作用的科学（Mautner and Park，2017）。近年来，空间生态学发展迅速，涉及的方法包括集合种群研究、数学模型研究、景观生态学研究。它在研究大尺度、多斑块、高种群数量、高周转率的集合种群中充分显示出了优越性，是迄今为止使理论应用于实际种群方面最为成功的，并在探讨破碎化生境中生物多样性的保育方面有巨大的应用前景（Hanski，2009）。

在空间生态学研究中，各种各样的环境图层是记录和显示研究对象变量的主要方法，也是进一步分析各变量间相互关系的基础（Burrough，1996）。好的变量图层应尽可能地反映变量在研究尺度下的实际分布，并对用于分析和显示的数据进行合理的生态学解释。

二、空间数据获取

空间生态学中用于生成空间图层的空间数据主要来源于野外实测和遥感监测两条途径。在尚未使用计算机分析复杂空间数据时期，常用的数据聚类分析和等值线地图方法被用于分析复杂空间数据特征的研究中。全球定位系统（GPS）的出现为野外实测数据的科学性提供了保证，即根据特定样点值用空间插值的方法决定待估样点值。在 GPS 指导下的野外实查是获得空间数据的一个主要来源。但是用传统的野外调查方法获得空间数据的工作量较大，且在大尺度下的定位非常困难，模拟精度和显示效率也相对不足（Johnston，1998）。

随着数学和计算机技术的发展，新的数学分析模型、数据库技术、遥感分析系统和地理信息系统（GIS）等工具被广泛用于空间数据的模拟和显示，并在湿地生态、森林生态、草原生态等方面取得了不少成果（Mani et al.，2021）。遥感监测系统利用遥感器（摄像、雷达和扫描等）获取观察目标在地球表面的信息（作物、土壤和水）。遥感监测系统提供的航空像片、卫星数据和其他遥感影像，除了自身可作为地理信息系统原始数据被用于一般性参考和粗略判读量算，还可通过各种进一步的处理、解释和信息提取而提供大量有用的空间数据（Schowengerdt，1997）。欧洲遥感卫星（ERS-1）适用于受云覆盖困扰的植被研究和制图项目的应用中。栅格形式的陆地卫星（Landsat）数据可用于计算机分析处理地面对象的生物物理特征和地表覆盖情况，被广泛应用的衡量地表覆盖程度的归一化植被指数（NVI）就是由Landsat 数据计算得到的（Chen，2004）。

三、空间数据模拟方法

显示连续数据在空间中变化的方法有多种。数据表示方法的选择受数据特性、取样方法、研究目标、研究者的专业能力等诸多客观和主观因素的影响。模拟和显示连续数据在景观中变化的方法基本可分为边界估计方法和连续数据插值估计方法两大类。

（一）边界估计方法

最简单的插值方法是用地理景观的外部特征描绘出"景观单元"。这类方法主要用于土壤、地质、植被和土地利用等领域的专题地图处理。图像分析中用于边沿检测的算法——平行面技术，其前提是假设任何重要变化都发生在边界上，边界内的变化则是均匀的和同质的。边界估计方法不一定适用于描述连续而渐变的变量。常用的方法有缓冲法和泰森多边形法（Wu et al.，2005）。大多数的 GIS 和部分统计软件中可提供缓冲法和泰森多边形法的功能。

1. 缓冲法

缓冲法是一种用已知数据点划分区域，从点数据生成表面图的方法。通过缓冲操作，每一已知值可代表一定半径（缓冲距离）的圆或其他多边形面积的值。缓冲方法可能忽视那些未取样或因距离已超过合理的缓冲距离而没有估值的区域，当样点间的距离小于缓冲距离及因缓冲区域重叠合并时，数据值的分配可能不确定（Grinsven et al.，1992）。

2. 泰森多边形法

泰森多边形法的原理是首先确定一个由取样点组成的二维数组，然后未知点的最佳值由最邻近的取样点产生。泰森多边形完全按数据点的分布结构确定区域的划分，因而可覆盖整个研究区域。

（二）连续数据插值估计方法

当样点数据之间不存在相关性或相关性很小时，上述的非内插法非常有用。但是当样点数据之间存在较强的相关性时，构建一个连续起伏的表面须在各样点之间使用空间插值法（Eberhardt and Thomas，1991）。插值法依据邻近的已知样点的值和点之间的距离进行插值，是一种体现连续的空间渐变的方法。最常用的空间插值法有趋势面分析、样条函数、Delaunay 三角形法（Delaunay triangle method）、反距离权重法（inverse distance weighted）和克里金法（Kriging method）。

1. 趋势面分析

此为利用数学曲面模拟地理系统要素在空间上的分布及变化趋势的一种数学方法。应用该方法能把数据分为趋势值和剩余值两部分，趋势值相当于数据中的区部性变化，剩余值又包括局部性变化和随机性变化。由于局部性变化是局部空间上的规律性变化，如果需要获得异常变化，可在局部空间上对剩余值进一步作趋势面分析，把局部性变化和随机性变化分开。趋势面分析主要在数据有规则变化或有明显特征的情况下进行插值。计算趋势面的数学方法有很多，在实际应用中，可根据数据的特征选取不同的方法。例如，空间分布不规则的数据，用多项式函数拟合；分布规则的数据用正交多项式函数拟合；有周期性变化的数据用傅里叶级数拟合；多变量数据可用典型趋势面分析等。对于生态学数据来说，趋势面分析在一般的统计软件中都有，但其实际的应用面并不广（Tilman et al.，1994）。

2. 样条函数

样条函数是灵活曲线规的数学等式，也是分段函数，所以内插速度快，同时样条函数与趋势面和加权平均相反，保留了局部地物特征。样条函数的基本思想是采用分段多项式逐段逼近已知数据点（x_i，y_i）（$i=1$，2，…，n），一次拟合只与少数数据点配准，同时保证曲线段的连接处为平滑连续曲线。样条函数能根据样点数据产生平滑的线条或多边形，进而可用来描述溪流和土地边界等实体。其最主要的缺点是误差不能直接被估算（Burrough et al.，1986）。

3. Delaunay 三角形法

Delaunay 三角形法是一种三相邻加权估计，即把每一相邻泰森多边形的样点用直线连接，由此得到一个不规则三角形的网络结构，一般称此网络为不规则三角网（triangulated irregular network，TIN）。每一 TIN 三角形代表一个平面，该平面的 3 个顶点为相邻的 3 个样点值，未知点的值由 TIN 三角形赋给。在 TIN 法中，相对较远的样点跨越割开的三角形的顶点，覆盖大块的未取样区域，因此 TIN 内插的结果总是在样点的地理区域限制以内，而不用考虑上述的调查条件。

实际工作中，对大面积的未取样区域进行估值的结果通常并不理想。在 TIN 法或在用一个大的调查半径的平均权重法时，插值不理想的大区域就会产生，这种方法倾向扩大每一样点的影响面积。相反，当用小的调查半径和众多的控制点时，单独样点的数据可能被从最后的表面图中排除。一般所采用样点之间的距离选得足够近，而且不要求内插算法使用距离太远的控制点或 TIN 三角形不是太大，以避免产生上述问题（Gerhards et al.，1997）。

4. 反距离权重法

反距离权重法是常用于估计那些没有观测值的点的属性。它通过计算目标点与已知数据点之间的距离，并根据这些距离的倒数进行加权平均。用该方法估计的已知值被当作未取样地的控制点，控制点的挑选受离待估点的距离或方向（或二者共同）的限制，每一待估点的控制点的数目由研究者确立。对于反距离权重法，如果调查条件（如控制点的数目、距离、点的空间分布）与网格交点不相配，则不能产生估计值（Fernando et al.，1997）。

5. 克里金法

任何真实的地质、土壤、水文等区域性特征变量过于杂乱，平滑数学函数不能准确地进行模拟。为了获得未知点或未知区域的最佳估计值，地质统计学提供了一个局部估计方法——克里金法。克里金法是一种对空间分布数据求最优线性无偏估计量（best linear unbiased estimator，BLUE）的方法。该方法首先探查区域化变量的随机状态，然后模拟这些变量的随机状况，最后用前两步产生的信息估计内插值的权因子。克里金法与反距离权重法的差异在于，克里金法在计算每一控制点的权重时，能使估计值与真实值之间的误差最小（Bargaoui and Chebbi，2009）。

克里金法有多种，包括指示克里金法、协同克里金法、正态克里金法、多元高斯克里金法、随机模拟克里金法。普通克里金法的计算方法有主元素消去法、收敛法和迭代法，计算过程均已实现程序自动化（Ha et al.，2014）。但是，计算机软件通常提供的克里金估计过程的灵活性和可参与程度较小，克里金法、Delaunay 三角剖分法和反距离权重法的差异较小（Rossi et al.，1992）。目前，克里金法已被广泛应用于环境科学、农林科学、土壤、水文科学及植物生态学和动物生态学，其在生态学理论研究和生态管理实践中均有着广泛的发展前景。

四、空间数据显示

空间数据一旦产生了内插值或构建了 TIN，变量的具体地面分布图就通常采用以下形式表示：等值线图、正交表面图、不连续值填充网格图和数字高程地图。

（一）不连续值填充网格图

不连续值填充网格图是一种数据结构，它结合了栅格地理信息系统（GIS）软件（如 GRASS、IDRISI、Arc/Info 6 GRID 模块）的基本结构，并使用多个相等的网格来表示每个不同的地理区域，生成表示性图层。通过对研究区域进行网格覆盖并对网格交点进行内插，可以在矢量系统的基础上生成类似栅格的结构。在这种情况下，可以对栅格值进行分类，并将值相等的栅格整合成多边形。通常情况下，样点之间的距离越近，内插结果就越好，但需要注意避免用栅格值来代表所有样本值的情况。

（二）数字高程地图

数字高程地图以数字高程模型（DEM）为基础，反映空间变量的起伏和连续变化。实际上，数字高程地图在地图学中多指反映地表高度的地形图，但也可用其他连续变化的特征代替，在空间生态学研究中指反映环境变量的三维地图。数字高程地图多用于显示专题信息和进行组合分析等方面。

五、常用标准数据集

掌握空间生态学数据模拟的基本插值方法对空间生态学的研究至关重要。全球越来越多的研究团队研究并公开了大量标准化的空间数据集。这些公开的标准化空间数据集，为有效使用空间生态学基本知识，结合当地实际解决生态学问题提供了可能。这些标准数据集包括但不限于四大类环境数据图层：生物气候、地形因子、土地生产力和土地覆盖与土地利用。

（一）生物气候

WorldClim 网站（https://www.worldclim.org）提供下载全球每月最低、平均和最高温度，降水，太阳辐射，风速，水蒸气压和总降水量的气候数据。数据介于 30s（大约 1km²）和 10min（大约 340km²）之间，有 4 种空间分辨率可用。每次下载都是一个"zip"文件，其中包含 12 个 GeoTiff（.tif）文件，一个对应一年中的一个月。

此外，该网站也提供利用 1970～2000 年全球气象站的月平均温度和降雨数据进行插值而生成的 19 种 WorldClim（v2.1）生物气候数据（表 6-1）（Fick and Hijmans，2017）。

表 6-1 常用生物气候因子代码及描述

代码	环境因子描述	代码	环境因子描述
Bio1	年平均气温（×10℃）	Bio3	每月最高气温温差等温值
Bio2	与最低温差值的平均值（×10℃）	Bio4	季节性气温变异系数

代码	环境因子描述	代码	环境因子描述
Bio5	最热月的最高气温（×10℃）	Bio13	最湿月的降水量（mm）
Bio6	最冷月的最低气温（×10℃）	Bio14	最干月的降水量（mm）
Bio7	气温年较差（×10℃）	Bio15	降水量季节性变异系数（%）
Bio8	最湿季度的平均气温（×10℃）	Bio16	最湿季度的降水量（mm）
Bio9	最干季度的平均气温（×10℃）	Bio17	最干季度的降水量（mm）
Bio10	最热季度的平均气温（×10℃）	Bio18	最热季度的降水量（mm）
Bio11	最冷季度的平均气温（×10℃）	Bio19	最冷季度的降水量（mm）
Bio12	年降水量（mm）		

（二）地形因子

美国国家航空航天局（NASA）航天飞机雷达地形测绘任务（Shuttle Radar Topography Mission，SRTM）为全球 80% 以上的地区提供了数字高程模型（DEM）。该数据目前由美国地质勘探局（USGS）免费分发，可从美国国家地图无缝数据分发系统或 USGS ftp 站点下载。SRTM 数据以 3″（约 90m 分辨率）DEM 的形式提供。更高精度的还有 1″ 的数据产品，但不适用于所有国家和地区。DEM 的垂直误差小于 16m。目前由 NASA/USGS 分发的数据包含"无数据"洞，其中水或重影影响了海拔的量化。这些通常是小孔，降低了数据的利用价值，特别是在水文模拟领域。

由 NASA 最初制作的 SRTM 数字高程数据是世界数字制图的重大突破，并为大部分热带地区和发展中国家其他地区的高质量高程数据的可获取性提供了重大帮助。为填补数据空缺，SRTM 90m DEM Digital Elevation Database 网站（https://srtm.csi.cgiar.org/）提供了 SRTM 数字高程数据，并进行处理。提供这些数据的目的是促进地理空间科学在发展中国家的可持续发展和在资源保护中的应用，全球范围 DEM 可在该网站（https://srtm.si.cgiar.org/srtmdata/）下载。SRTM 90m DEM 在赤道处的分辨率为 90m，采用拼接 5 度×5 度切片，便于下载和使用。所有这些都是通过无缝数据集生成的，以便轻松拼接。它们以 ArcInfo ASCII 和 GeoTiff 格式提供，以便于在各种图像处理和 GIS 应用中使用。

通过全球范围数字高程模型数据，EarthEnv 数据库（http://www.earthenv.org/topography）也集合了一系列描述地形的指数，包含但不限于 16 个地形变量：海拔（elevation）、坡度（slope）、局地海拔高差（local deviation from global mean，LDFG）和地形崎岖指数（terrain ruggedness index，TRI）等（Amatulli et al.，2018）。

（三）土地生产力

植物由于其叶子的细胞结构在近红外波段具有高反射值，其叶绿素在红光波段具有强吸收的特征。基于遥感影像根据波段间的比值运算能够提取植被的算法，称为植被指数（vegetation index，VI）。植被指数有归一化植被指数（normalized vegetation index，NVI）、比值植被指数（ratio vegetation index，RVI）、差分植被指数（difference vegetation index，DVI）、调整土壤亮度植被指数（SAVI）、土壤调整植被指数（MSAVI）、增强植被指数（enhanced vegetation index，EVI）等，可通过植被在近红外、红光、绿光和蓝光波段的遥感反射率计算而得到。

通常认为，NVI 是公认表征植被变化最有效的参数之一，可较好地反映植被绿度变化；

EVI 是对 NVI 的改进，在减少背景和大气作用及饱和问题上优于 NVI；RVI 被广泛用于估算和监测绿色植物的生物量；MSAVI 能最大限度地抵消土壤背景的影响；SAVI 适合中密度以下植被的监测。

哥白尼全球土地服务网（CGLS，https://land.copernicus.eu/global/products/ndvi）提供了可公开下载的 10 天/次的全球 EVI 图像，分辨率为 333m×333m。此外，EarthEnv 数据库（http://www.earthenv.org/texture）汇集了全球土地生产力的指数，包含通过 2000～2009 年的全球 EVI 图像，计算获得的 EVI 最大值（EVImax）、EVI 变异性（EVIhom）和 EVI 范围（EVIrange）等描述土地生产力的指标。其中，EVImax 是土地生产率峰值的一个指标，以 10 年间最大 EVI 均值计算。EVIrange 是指土地生产力的范围（即 EVImax−EVImin）。EVIhom 为 3×3 的栅格中，中间栅格与相邻 8 个栅格之间的 EVI 相似度（Tuanmu and Jetz，2015）。

（四）土地覆盖与土地利用

土地覆盖与土地利用是根据土地利用的差异性划分不同的类别。它是土地评价的基础，也是编制土地利用图的基本依据。国际上多数国家土地利用分类采用二级分类系统，如美国、英国。我国的土地利用分类，主要依据的是土地的用途、经营特点、利用方式和覆盖特征等因素，一般采用中国科学院大学土地覆盖与土地利用（LUCC）二级分类体系。

EarthEnv 数据库（http://www.earthenv.org/landcover）汇集了 12 类全球土地覆盖与土地利用数据（Tuanmu and Jetz. 2014）。土地覆盖气候变化倡议（CCI）的卫星观测数据（https://maps.elie.ucl.ac.be/CCI/viewer/download.php），按照联合国粮食及农业组织（FAO）的土地覆盖分类系统将该地图的全球陆地系统划分为 28 个主要类别（Gregorio，2005）。地理空间数据云（http://www.gscloud.cn/）也提供全球的土地利用类型数据。

六、其他常用标准数据集网站

美国国家航空航天局 https://earthdata.nasa.gov/
美国地质勘探局 https://www.usgs.gov/
欧洲航天局（ESA）https://maps.elie.ucl.ac.be/CCI/viewer/index.php
联合极地卫星系统（JPSS）https://www.nnvl.noaa.gov/view/globaldata.html
美国国家大气研究中心（NCAR）http://rda.ucar.edu/
NOAA NCEI https://www.ngdc.noaa.gov/eog/dmsp/
国家地理信息公共服务平台 https://www.tianditu.gov.cn/
中国科学院资源环境科学数据平台 https://www.resdc.cn/
地理空间数据云 https://www.gscloud.cn/
国家地球系统科学数据中心 http://www.geodata.cn/
地理监测云平台 http://www.dsac.cn/
地球大数据科学工程数据共享服务系统 http://data.casearth.cn/
国家综合地球观测数据共享平台 http://www.chinageoss.cn/
中国国家气象科学数据中心 http://data.cma.cn/
寒区旱区科学数据中心 http://bdc.casnw.net/index.html
中国科学院对地观测数字地球科学中心 http://ids.ceode.ac.cn/

OSGeo 中国中心 https://www.osgeo.cn/
北京大学地理数据平台 https://geodata.pku.edu.cn/
中国资源学科创新平台 http://www.data.ac.cn/
中国环境保护数据库 http://hbk.cei.cn/aspx/default.aspx
中国湖泊科学数据库 http://www.lakesci.csdb.cn/extend/jsp/cjzxyzt
地下水资源与环境信息网 https://www.groundwater.cn/#/sy
国际生态足迹网站 https://www.footprintnetwork.org/

第二节　物种分布模型

　　空间以多种方式影响物种，包括如何使用资源、在家域和地理分布范围占据空间、移动、扩散、异质景观中的迁移，以及与其他物种相互作用。分布是物种生态和进化的基本属性（Gaston，2009），也是指示其灭绝风险的关键特征（Ceballos and Ehrlich，2002；Gaston，2009；Purvis et al.，2000）。物种分布与种群数量是衡量物种状态的重要依据，也是物种管理和保护的基础（Martin et al.，2007；Solberg et al.，2006；Yoccoz et al.，2001）。理解和预测物种分布是生态学的核心和基本案例范畴。物种分布研究常作时间和空间的推断，可以获得物种生态的或进化上的认识（Elith and Leathwick，2009）。解释物种现在的分布及预测其未来的分布是空间生态学、保护生物学和生物地理学的重要研究内容。

　　物种分布模型（species distribution model，SDM）是将物种出现点（或丰度）的观测与环境的估测相结合的一系列工具，用于获得物种生态的或进化上的认识，常作时间和空间的推断（Elith and Leathwick，2009）。其根据物种的分布与环境数据，按照一定算法来估计物种的生态需求，并将结果投影到相邻景观来预测物种的实际分布和潜在分布，最终以概率的形式表示物种对不同生境的偏好程度，也可以理解为物种出现概率、栖息地适宜性等（李国庆等，2013）。

　　然而，绝大多数物种的分布数据很少，导致有关物种分布的信息对于许多应用来说是不够的。物种分布模型试图通过将物种的存在或丰度与环境预测因子相关联来提供详细的分布预测，从而为研究人员提供一种创新工具来探索生态、进化和保护方面的各种问题。过去20多年，预测物种分布的模型呈爆发式发展和应用（Elith and Leathwick，2009；Guisan and Zimmermann，2000）。常用的物种分布模型有多元回归和一般线性模型（GLM）、生态位因子模型（ENFA）、广义线性模型（GLM）、广义加性模型（GAM）、随机森林模型（random forest）、神经网络（neural network）、气候包络模型（climatic envelope model）、最大熵模型（maximum entropy model）等。这些模型用于对环境关系的推断和预测，绘制时空分布。这些模型已经在不同的子学科中发展起来，对所解决问题的类型、尺度及所使用的数据各有侧重。总而言之，这些模型都强调物种分布与环境的关系。最大熵原理起源于信息科学，其核心思想是在推断未知概率分布时充分考虑已知信息，而对未知信息不妄加揣测，做到不偏不倚（邢丁亮和郝占庆，2011）。最大熵模型避免过度拟合又解释了变量间的交互关系（Hastie et al.，2005），因而比起其他模型，能更好地处理相关变量的关系（Elith et al.，2011；Phillips and Dudík，2008），其受记录点数量的影响较小，且仅使用"出现点"数据（presence-only data），近年来在保护生物学领域得到广泛应用（Elith et al.，2011；罗翀等，2011）。

基于最大熵原理和生态位理论，Phillips 等构建了物种地理尺度上空间分布的生态位模型——MaxEnt（Phillips et al.，2006；Phillips and Dudík，2008），并开发了可免费获取的软件。MaxEnt 模型的机制是：输入点的环境变量与背景数据中随机点的环境变量对比运算产生研究区域栅格图，其中每个栅格赋有生境适宜性参数。多年来，MaxEnt 被认为是最有效的物种分布模型之一（Elith et al.，2006）。

一、物种分布模型建模过程

（一）物种分布数据

1. 类型

物种分布模型的适用性在很大程度上取决于生物和环境数据的可获得性。选择模型首要考虑的因素即已获得数据属于哪一类型：①极少量（little or no data）数据；②仅有分布点（presence-only）数据（或仅有未分布点数据）；③包含分布点和未分布点（presence-absence）数据；④有序分类（ordinal categorical）数据；⑤计数（count）数据。合适的方法不仅出于对统计方法的考虑，还应在最优准确性和最佳普适性之间权衡，一些模型更适于从理论上反映物种对自然响应（现实生态位）的发现（Guisan and Zimmermann，2000）。

2. 数据获取

通常物种分布数据需要结合调查、文献和网络数据库等多种方式收集。

1）调查　　对某一物种，组织开展专项的分布调查。

2）文献　　查询国内外文献数据库，获得历史分布数据。

3）网络数据库　　主要包括各大物种分布记录的数据库。

（1）全球生物多样性信息网络（Global Biodiversity Information Facility，GBIF），包括全球范围内有关生物多样性的科学数据，可提供免费的开放性访问。其数据由世界各地的许多机构提供，主要包括植物、动物、真菌和微生物的主要分布及科学命名。GBIF 通过参与节点为全球的生物多样性数据提供了通用标准和开源工具，使它们能共享有关物种何时何地被发现的信息。此外，这些数据不仅囊括了 18～19 世纪的博物馆标本，还收集了网络时代由业余自然爱好者共享的带有地理标签的智能手机照片。这有助于科学家、研究人员和其他组织每年将这些数据应用到数百种经过同行评审的出版物和政策文件中。这些分析的主题往往涉及气候变化的影响，入侵性和外来有害生物的扩散，保护区和保护区的优先重点，粮食安全和人类健康。

（2）eBird：eBird 是世界上最大的生物多样性相关的公民科学项目之一，由康奈尔大学鸟类学实验室管理，有鸟类的分布、丰度、栖息地利用和趋势的数据。

（3）INaturalist：由加利福尼亚州科学院与美国国家地理学会共同创办，可获取物种分布点。

（二）环境数据获取

随着长期的研究与积累，美国地质勘探局、世界气象组织等机构建立了全球尺度开放数据库，提供不同空间分辨率的基础地理信息，为濒危物种的潜在生境预测奠定了数据基础（李明阳和巨云为，2009）。

1. 气候

气候变量通过 1950～2003 年全球气象站的月均温和降水数据进行插值产生（Fick and Hijmans，2017；Hijmans et al.，2005），可在网站公开下载（https://www.worldclim.org）。

2. 地形

地形异质性对物种分布的影响具有显著差异（Austin and Niel，2011）。高程数据来自航天飞机雷达地形测绘任务 STRM30 数据包（https://srtm.csi.cgiar.org/）数据，是迄今精度最好、分辨率最高、现势性最好的全球性数字地形数据，并计算相对海拔（local deviation from global mean，LDFG）和地形崎岖指数（terrain ruggedness index，TRI）。

$$LDFG = y_i - \overline{y} \tag{6-1}$$

以 y_i 为中心的大小为 3×3 栅格中，y_i 为中心栅格，$\overline{y}$ 为 9 个栅格的均值。LDFG 为正，表明中心栅格高于周围环境的平均海拔；LDFG 为负，表明中心栅格低于周围环境的平均海拔；LDFG 为 0，表明地形平坦或坡度恒定。

$$TRI = \left[\sum (Z_c - Z_i)^2 \right]^{1/2} \tag{6-2}$$

TRI 是量化一个地区的地形起伏的指标（Riley et al.，1999）。其中，Z_c 为中心栅格的海拔；Z_i 为 8 个相邻网格之一的海拔。

3. 土地利用

土地利用状况对物种分布有很大的影响，面积对种群数量有显著影响（Forcey et al.，2011）。可采用 2015 年欧洲空间局 CCI 土地覆被地图（https://maps.elie.ucl.ac.be/CCI/viewer/download.php）。按照联合国粮食及农业组织（FAO）的土地覆盖分类系统，可划分为 28 个主要类别（di Gregorio，2005）。

4. 土地生产力

可在哥白尼全球土地服务网下载增强植被指数（EVI）或归一化植被指数（NVI）图像。分别计算 EVI 最大值（EVImax）、EVI 变异性（EVIhom）和 EVI 范围（EVIrange）3 个变量。其计算公式为

$$EVIhom = \sum_{i,j=1}^{m} \frac{P_{i,j}}{1+(i-j)^2} \tag{6-3}$$

式中，m 为窗口大小（以像素为单位）；$P_{i,j}$ 为像素位置（i，j）处的 EVI 值；i，j 分别为窗口内像素的行和列坐标。

5. 河流

河流湖泊数据可下载 USGS 开发的各大洲河流网络数据 HydroSHEDS 数据包，用于区域或全球的流域分析。

6. 人类活动干扰

人类活动对鸟类分布与种群数量有重要影响（Vollstädt et al.，2017），增加人类活动干扰的数据可以提高物种分布模型的精度和性能。在全球数据库中，人类活动干扰数据包括以下 4 类。

（1）人为影响指标（human influence indicator，HII）：由国际野生生物保护学会（WCS）与哥伦比亚大学国际地球科学信息网络中心共同开发，通过 4 种类型数据产生，即居民点、土地利用变化、可达性及电力设施。HII 的值为 0～64，分别代表从没有影响到最大的人类活动影响，可在 https://sedac.ciesin.columbia.edu/data/set/wildareas-v2-human-influence-index-geographic 下载。

（2）人类足迹（human footprint，HFP）（Venter et al.，2018）：计算了人类对环境的累积压力，由 8 个指标构成：建筑环境、人口密度、夜间灯光、农田、牧场、公路、铁路和航运水道，有 1993 年和 2009 年两期数据（Venter et al.，2016），精度为 1km，可在 https://sedac.ciesin.columbia. edu/data/set/wildareas-v3-2009-human-footprint 下载。

（3）人口密度：2000 年、2005 年、2010 年、2015 年、2020 年全球人口密度栅格数据（每平方公里的人口数），精度为 30″，可以在美国社会经济数据和应用中心网站（https://sedac.ciesin.columbia.edu/data/set/gpw-v4-population-density-rev11）下载。

（4）距最近村镇距离、距道路距离、距铁路距离及距最近保护地距离。

二、应用案例——中华秋沙鸭适宜栖息地研究

（一）数据获取

1. 物种分布数据

1）鸟类调查　　根据 Google Earth 的卫星影像，在湖南省和江西省确定与已有分布地类似生境的适宜河流及水库进行调查。每次调查采取沿岸车行或乘船调查的方式，使用双筒（Nikon，8×42）和单筒（Swarovski 80，20～60）对鸟类进行识别。从 2011～2013 年越冬季，逐年扩大调查区域，并对已有中华秋沙鸭河段的毗邻水库进行重点调查。

2）历史分布　　通过文献（Shao et al.，2012；Solovyeva et al.，2012；何芬奇等，2006；刘宇等，2008；汪志如等，2010）及其他公共数据库（鸟网、中国观鸟记录中心及其他观鸟网络等）检索近年来中华秋沙鸭在我国的越冬分布状况。

将以上数据收集整理，建立近 20 年来中国中华秋沙鸭越冬历史分布点（附录 1）。为了排除可能的迁徙停歇点，仅记录 12 月至次年 2 月的野外观测信息。对于无地理坐标的地点，咨询信息发布者后在 Google Earth 确定。由于气候数据的精度为 30″，为消除潜在分布区估计中群集效应可能产生的偏差，每 30″ 的网格中只取一条分布记录作为分布点。

2. 环境数据

选取 19 个气候变量（表 6-2）和 4 个环境变量（高程、土地覆盖、河流密度、人类活动）。气候变量通过 1950～2003 年全球气象站的月均温和降水数据进行插值产生，可在网站公开下载（https://www.worldclim.org）。高程数据来自航天飞机雷达地形测绘任务 STRM 30m 分辨率数据。土地覆盖数据来自国际土地覆盖数据库（GLC，2003）。河流密度数据来自 USGS 开发的各大洲河流网络数据 HydroSHEDS 数据包，可用于区域或全球的流域分析。人类活动通过人为影响指标衡量。

表 6-2　MaxEnt 模型中气候指标及描述

指标	描述
BIO1	年均温 mean annual temperature
BIO2	月均温差 mean diurnal range（mean of monthly）
BIO3	等温性 isothermality
BIO4	气温季节性变动系数 temperature seasonality
BIO5	最热月最高温 max temperature of warmest month
BIO6	最冷月最低温 min temperature of coldest month
BIO7	年气温变化范围 temperature annual range

指标	描述
BIO8	最湿季平均温度 mean temperature of wettest quarter
BIO9	最干季平均温度 mean temperature of driest quarter
BIO10	最暖季平均温度 mean temperature of warmest quarter
BIO11	最冷季平均温度 mean temperature of coldest quarter
BIO12	年降水量 annual precipitation
BIO13	最湿月降水量 precipitation of wettest month
BIO14	最干月降水量 precipitation of driest month
BIO15	降水量季节性变化 precipitation seasonality
BIO16	最湿季降水量 precipitation of wettest quarter
BIO17	最干季降水量 precipitation of driest quarter
BIO18	最暖季降水量 precipitation of warmest quarter
BIO19	最冷季降水量 precipitation of coldest quarter

（二）模型运行

本案例使用 MaxEnt（3.3.3k）最大熵模型来预测中华秋沙鸭潜在分布区域，需要中华秋沙鸭越冬的历史分布记录点数据，以及可能对其产生影响的大尺度环境数据。

模型运行中，随机选取 75%的记录点作为训练数据，剩下 25%的记录点作为测试数据，重复运行 30 次以测试模型性能和计算变异，使用 30 次运算的平均值作为最终结果以计算适宜栖息地。使用受试者操作特征曲线（ROC 曲线）及其曲线下面积（area under the curve，AUC）衡量模型的性能。AUC 越来越多地被运用在物种分布模型评估中（Elith，2000），因其不受阈值选择的影响而单独评估模型（Elith et al.，2006；Phillips et al.，2006），被公认为最好的评估方法（Vanagas，2004）。随机预测的 AUC 值为 0.5，而"完美"模型的 AUC 值最大可能为 1.0（Fielding and Bell，1997）。当 AUC>0.75 时，模型被认为适用于保护管理（Lobo et al.，2008；Pearce and Ferrier，2000）。此外，使用 AUC 评估各个环境指标的贡献，因其在一定程度上修正了偏差，比标准百分比贡献率更适用（Strobl et al.，2007）。删除特征重要性（permutation importance）小于 1%的指标并再次运行模型。

（三）结果解读

1. 物种分布

根据模型计算，中华秋沙鸭高度适宜的越冬栖息地在中国中部长江中下游地区，特别是江西省、湖南省和湖北省。河南省、四川省和重庆市等地也是其重要分布区。

30 次运行中，训练数据平均 AUC 为 0.972（测试数据是 0.961），训练数据和测试数据的平均离差也很小，分别为 0.004 和 0.009，指示该模型有很好的预测能力（Lobo et al.，2008）。

2. 环境因子重要性

年均温、最冷季平均温度、最冷月最低温度及最干季降水量是中华秋沙鸭越冬分布中最重要的因子（图 6-1）。河网密度、人为影响指标和土地覆盖等因子的影响力相对较弱（图 6-1）。

3. 响应曲线

图 6-2 选取了高影响因子的反应曲线，呈现出中华秋沙鸭出现的可能性大小与对应环境指标有非常强的非线性关系。中华秋沙鸭最适宜的环境条件为年均温 17℃，最冷季平均温度 6℃，最冷月最低温度 2℃，最干季降水量 170mm。

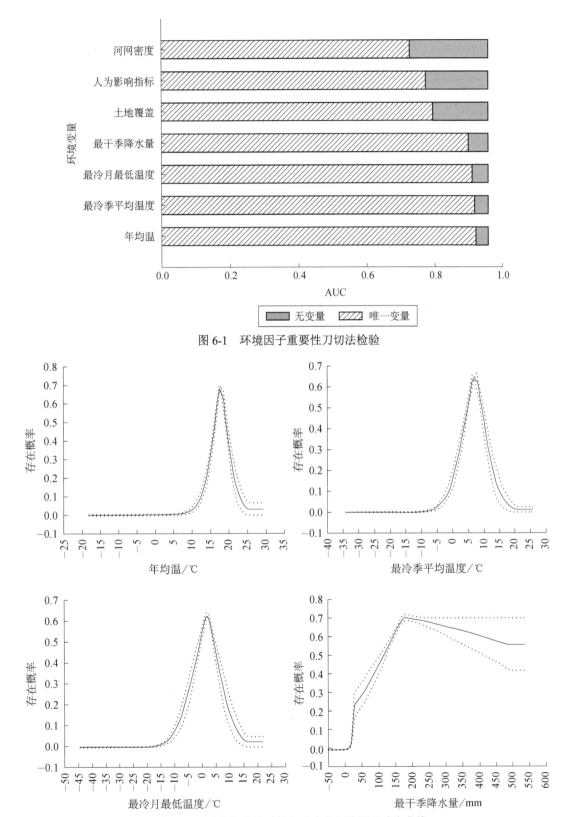

图 6-1　环境因子重要性刀切法检验

图 6-2　影响中华秋沙鸭越冬分布的环境因子响应曲线

实线为中值，虚线为变化幅度

第三节 运动模型

一、运动生态学模型

近年来，新的科学技术的发展，科技产品如卫星追踪器、轨迹记录仪、光敏仪、DNA标记的研发，计算机技术的长足进步，为研究运动生态学提供了绝佳的机会（Inger and Bearhop，2008；Stutchbury et al.，2009；Hooten et al.，2018）。

利用先进的空间跟踪技术（如 GPS）结合数学模型计算鸟类活动区可以量化鸟类的空间利用情况，如活动区、迁徙路线和迁徙时间等方面（Kranstauber et al.，2012）。活动区指的是在一个特定的时间范围内动物出现的区域（Kernohan et al.，2001）。这种方法又可分为基于位置的核密度估计法（location-based kernel density estimation，LKDE）（Worton，1989）和基于运动的核密度估计法（movement-based kernel density estimation，MKDE）（Benhamou，2011）。在计算活动区时，MKDE 能更好地融合两个连续位置的时间、距离、测量误差及不确定性移动，比 LKDE 能更好地解决遥测数据问题。由于动物活动轨迹中时间上自相关是很常见的现象，这也是研究动物迁徙过程中数据的内在属性（Tomkiewicz et al.，2010；Kuhn et al.，2009），因此采用有偏向的随机模型（BRB）的方法来估计动物的活动区（UD）。这种方法类似布朗桥方法（Benhamou，2011），并在其基础上作了进一步改进（Horne et al.，2007）。布朗桥模型可以估计动物活动轨迹经过的区域中任何一点的概率密度。

二、个体活动范围量化方法

动物个体活动范围模型是利用动物个体空间分布数据，并按照一定算法来量化其活动范围，或预测其在空间或时间尺度行为的分析技术。传统的动物活动范围研究方法有最小凸多边形法（MCP）、核密度估计法（kernel density estimation，KDE）等计算方法，随着空间技术的快速发展，利用更大尺度数据的运动模型还有隐马尔可夫模型（hidden Markov model，HMM）、布朗桥运动模型（Brownian bridge movement model，BBMM）、高斯混合模型（Gaussian mixture model）等。家域的估算方法主要包括多边形法、栅格单元法及概率法三种类型。但其中栅格单元法由于只能通过位点在不同栅格中累计出现的数目来绘制三维活动等高线，不能统计精确的家域面积，所以很少被应用（Harris et al.，2013）。

（一）多边形法

多边形法是目前家域估算中应用最广泛的方法（Laver and Kelly，2008；Burt，1943；Seaman et al.，1999），该方法是通过连接动物活动外围位点来形成凹面或者凸面多边形，从而估算家域，其中最小凸多边形法应用最早（Burt，1943）。然而该方法自提出以来饱受质疑，原因包括易受极端值影响，个别边缘位点对估算的影响极大，忽视了内部位点的信息等（Laver and Kelly，2008；Kernohan et al.，2001；Powell，2000）。

（二）概率法

概率法是通过假设某种特定的概率分布来模拟动物家域分布。由于其能够较好地区分动物对不同空间的利用强度，同时也能确定家域的大小和形状，因此是目前公认较科学的方法（Laver and Kelly，2008），其中 KDE 被认为是最适合估算家域的模型。而根据 KDE 衍生出的 BBMM（Horne et al.，2007；Bullard，1991），能够更合理地将时间因素整合，考虑了动物移动速度和测量位点的误差。结合长期、连续高质量的 GPS 卫星跟踪数据，可得到更可信的家域估算。在布朗桥运动模型的基础上改进得到的 BRB（biased random bridge）模型能够更好地计算每一个个体的活动热点。

三、应用案例——小白额雁与豆雁的觅食行为对越冬栖息地变化的响应

大约 80%的雁鸭类东部越冬种群每年都有规律地集中在长江中下游平原湿地（Hobson et al.，2010；Rubenstein and Hobson，2004），越冬栖息地的状况对于这些物种的保护生存至关重要。然而根据以往的研究，世界最大的水电站三峡大坝（TGD）的运行一直在改变长江水文情势，特别是水流量及泥沙沉积。洞庭湖由于仍旧保持着与长江自由连通的状态，因此其水文特征在三峡大坝运行之后也发生了显著变化（Guan et al.，2016），比如在秋季末退水速度更快（Xie et al.，2015；Sun et al.，2012）。作为小白额雁（超过 70%种群）及豆雁越冬种群的主要栖息地，东洞庭湖的雁类越冬生境面临着由提前退水导致的一系列影响。

在本案例中，分析了两种越冬雁类（小白额雁与豆雁）的觅食行为对水文情势变化导致的越冬栖息地变化的响应。分析了 2015 年、2016 年两个不同水文情势下越冬季小白额雁及豆雁在种群水平上的行为差异。本案例主要基于的假设是：当栖息地环境恶化时，雁类会通过增加取食面积来满足日常摄入能量的需求。也就是说，当优质食物匮乏时，雁类会运动得更快且移动距离更远，以便拥有更大的觅食区，去取食一些平时不吃或者不爱吃的食物，这是雁类为了降低其饥饿风险而采取的行为对策。但在扩大觅食区的同时，也必然会增加觅食风险性，增加安全方面的威胁，所以是一种迫不得已，两害取其轻的策略。

（一）研究方法

1. 卫星追踪数据

本案例使用卫星追踪器来对雁类活动进行精确监控，在 2015 年、2016 年两个越冬季提前布置捕捉陷阱，当雁类刚到达越冬地时，通过 24h 盯守，使用翻网和空气炮网进行无损捕捉。在实现对目标雁类的控制之后，首先进行鸟类体长、尾长、翼长、喙峰长、喙裂长、跗趾长、爪长等特征数据测量。在测量工作完成后，进行该鸟类是否适宜佩戴卫星跟踪设备评估（platform transmitter terminal，PTT）（适环性评估，三不环原则：非成鸟不环；受伤、带病或有损鸟不环；迁徙前一月内捕捉的，该种类在放飞前确认只有单只个体的不环）。经适环性评估，并确认可佩戴设备的鸟类，进行卫星追踪器佩戴的环志工作，并编号、记录和存档。佩戴完成的鸟类经 24h（以内）的喂养和观察，在确认跟踪设备对鸟类无影响并适宜放飞的前提下，选择其适宜区域放飞。所有的捕捉行为都经过了当地省林业厅批准且在保护区管理局的监督及帮助下完成。

在进行形态测量和血液采样后，所有捕获的个体都被佩戴了背包式 GPS 追踪器，追踪设备采用背负式产品，尺寸为 55mm×36mm×26mm，质量为 22g（占个体质量的 0.6%～1.6%）（Kölzsch et al.，2016）。追踪器定位间隔设置为每小时一次，有时根据电量情况会调整到 3h/次。追踪器定位精度可分为 A、B、C、D、无效 5 级，分别对应定位误差<10m、10～100m、100～1000m、>1000m 及未定位或者数据无效。在本案例中筛选出 A、B、C 三

个级别的数据来进行处理分析以保证结果的可靠性。

其中 2015 年佩戴追踪器的一部分个体在 2016 年越冬季时也返回了洞庭湖并且被记录到了越冬季的活动位置。但由于没办法对这些个体进行重捕，2016 年这些个体的血液样品缺失，无法与活动位置匹配进行分析，因此剔除了这部分数据。

2. 数据处理与分析方法

1）觅食行为及活动范围（utilization distribution，UD）　本案例中使用每个标记个体在放飞后前 20 天内卫星追踪的定位数据来对觅食行为进行分类及计算每日活动范围。为了减小佩戴追踪器对雁类个体行为的影响，避免记录适应性行为（Vander Zanden et al.，1997），对前三天的数据进行了删除处理。首先使用线性插值方法填充缺失值（由于信号或者定位精度导致的数据缺失），将原始数据记录转换为常规轨迹数据记录（3h/次定位）以便接下来的处理。从处理完的常规轨迹数据中提取了三个代表性的每日变量，即活动平均速度（m/h）、活动距离（m）和平均转向角度（°）来研究觅食行为（Calenge，2011）。核密度估计法被用于计算每日觅食面积，核密度估计法属于非参数的方法，通过在每个重定位点上放置三维核密度函数（x 坐标、y 坐标及时间）来计算动物的活动范围及热点区域（Horne et al.，2007），同时考虑了时间和空间维度的因素。三维核密度函数 K 对应于三个一维核密度函数 K_j 的组合：

$$K_x = \frac{1}{h_x h_y h_t} \sum_{i=1}^{n} \left[\prod_{j=1}^{3} K\left(\frac{x_i - x_{ij}}{h_j} \right) \right] \qquad (6\text{-}4)$$

式中，K_x 为核密度函数；x_i 为第 i 个定位点的坐标；h_j 为第 j 维度的平滑参数；h_x、h_y、h_t 分别为 x、y 和时间维度的平滑参数；n 为重定位的数量（$n=8$，因为使用的常规轨迹是 3h 的时间间隔）；x_{ij} 是第 i 个重定位的坐标第 j 维（x、y 或时间）。计算出的每个个体的 UD，定义 95%的阈值范围为雁类用于休憩及觅食的家域范围（HR）（Anderson，1982；Worton，1989）。由于每日活动面积及觅食行为变量不属于正态分布（豆雁 UD、小白额雁 UD 及所有个体的 UD 叠加 $P=0.003$、$P<0.001$ 和 $P<0.001$，且所有行为变量的 $P<0.001$，Shapiro-Wilk测试）。使用 10 000 次蒙特卡罗复制的置换测试来测试差异的显著性（Mehta et al.，1988）。

2）活动节律计算　在进行个体活动节律计算时，选择了离散时间型隐马尔可夫模型（discrete-time hidden Markov model）。离散时间型隐马尔可夫模型主要应用于动物追踪设备采集的数据分析，是关于时序的概率模型，描述由一个隐藏的马尔可夫链随机生成不可观测的状态的序列，再由各个状态随机生成一个可观测而产生观测序列的过程。马尔可夫链是随机变量 X_0，$\cdots$，X_n 的一个数列。这些变量的范围，即它们所有可能取值的集合，被称为"状态空间"，而 X_n 的值则是在时间 n 的状态。如果 X_{n+1} 对于过去状态的条件概率分布仅是 X_n 的一个函数，则

$$P(X_{n+1} = x \mid X_0, \cdots, X_n) = P(X_{n+1} = x \mid X_n) \qquad (6\text{-}5)$$

上面这个恒等式可被看作马尔可夫性质。HMM 的隐主要体现马尔可夫链中任意时刻的状态变量不可见，无法直接观测到 x_0，$\cdots$，x_n，但是在 HMM 中，每一时刻都有一个与之对应的可观测值，而且有且仅与当前时刻隐状态有关，外化表现出的概率称为输出概率。

离散时间型隐马尔可夫模型越来越多地被应用于从卫星追踪数据来分析动物行为变化模式。它的优势在于当数据流是具有规律相同的时间间隔且没有错误数据时能够快速地、易操作地获得分析结果。但是由于马尔可夫模型对位置数据的依赖性极高，而从位置数据中来推

测个体间生态学关系及行为变化真实性还是略有不足，所以需要更多的地理遥测信息及生物观测信息来辅助。使用 R 中的 momentumHMM 包（maximum likelihood analysis of animal movemENT behavior using multivariate hidden Markov model）及 raster 包来进行动物行为分析。主要使用的功能包括数据预处理及可视化，对应于不同数据流及潜在行为状态下可指定的分布模型、时空环境协变量的无缝整合、模型结果评估分析等。

在数据分析前对数据格式进行标准化处理，将点位时间间隔设定为每小时一次，设定标准时间格式［tz=“亚洲上海”（Asia/Shanghai）］及投影处理，然后用连续时间相关随机游走模型（continuous-time correlated random walk model，CTCRW model）对中间缺失数据进行模拟预测填充。由于时间间隔相对较长，考虑到区分休憩与觅食两个紧密关联状态的难度较大，因此设定个体运动为两个状态，即 En 代表小范围活动状态（包括休憩及觅食等众多行为状态），Ex 代表探索状态（大范围搜寻）。在确立初始模型之后，在模型中加入协变量月份及每日时间来进一步分析这两个状态随时间及月份变化而变化的情况。

3）差异显著性检验　　首先对选取的指标（日活动范围、速度、移动距离、转动角度）进行了差异显著性检验，由于选取的指标并不完全属于正态分布［日活动范围及行为等指标经过 Shapiro-Wilk 检验，结果小于 0.05（豆雁、小白额雁及合并的日活动范围数据 $P=0.003$、$P<0.001$ 和 $P<0.001$，对所有其他行为指标 $P<0.001$，Shapiro-Wilk 检验）］，所以选择了置换检验（permutation test）（Mehta et al.，1988）来进行差异显著性检验（解释：对于不符合正态分布的小样本数据而言，置换检验的结果要优于传统的参数检验）。使用 perm package 中的 permTS（功能）进行 Monte Carlo 重采样（$n=10\ 000$）。

（二）结果

1. 物种体征差异

在湖南省林业局的批准下，在湖南省东洞庭湖国家级自然保护区的大力协助下，在 2015 年 12 月通过无损捕捉的方式捕获到了 23 只小白额雁及 6 只豆雁，在 2016 年底捕获了 33 只小白额雁及 15 只豆雁。

通过比较小白额雁与豆雁的各种形态学特征，发现体征数据都存在着显著差异（对于所有特征变量，$P<0.001$，基于 999 次蒙特卡罗重复）。具体而言，结果显示豆雁具有更长的喙［豆雁与小白额雁的平均喙长分别是（6.61±0.795）cm 与（3.67±0.281）cm，两年平均］。从翼长数据来看，豆雁拥有更长的翼展［豆雁与小白额雁翼长分别为（45.90±2.61）cm 与（37.17±1.54）cm］，且体重明显高于小白额雁［豆雁与小白额雁的体重分别为（3.00±0.407）kg 与（1.55±0.163）kg］。从飞行能力来看（翼长/质量），豆雁明显低于小白额雁［两者分别为（15.50±1.66）cm/kg 与（24.13±2.43）cm/kg］。对于不同年份间样本的差异，发现除了豆雁的质量（$P=0.044$）及翼展（$P=0.044$），其余的体征数据差异并不显著（表 6-3）。

表 6-3　雁类体征测量数据表

物种	喙长/cm			翼展/cm		
	2015	2016	P	2015	2016	P
豆雁（$n=21$）	7.20（1.15）	6.20（1.20）	**0.382**	46.40（1.95）	44.30（3.60）	**0.044**
小白额雁（$n=56$）	3.60（0.40）	3.60（0.30）	**0.161**	37.00（1.50）	37.40（2.00）	**0.242**
P	<0.001			<0.001		

续表

物种	质量/kg			翼长/质量		
	2015	2016	P	2015	2016	P
豆雁（n=21）	3.40（0.64）	2.92（0.61）	**0.044**	14.10（2.70）	15.50（1.45）	**0.189**
小白额雁（n=56）	1.55（0.14）	1.56（1.75）	**0.923**	23.70（2.42）	24.30（2.50）	**0.625**
P		<0.001			<0.001	

注：表中数值包含中值及四分位差（括号中）。该分析基于排列检验999次蒙特卡罗重复计算P值。差异性显著P值显示为粗体

2. 空间生态位时空变化规律

1）行为差异及活动范围年间变化   豆雁和小白额雁在两个越冬期间行为都发生了变化，且变化方向具有相似性。结果表明相较于2015年冬季，这两个物种在2016年越冬季都占据了更大的家域面积，结果差异性显著（$P<0.001$）。豆雁的结果表明两个年份间，其活动速度与距离并没有显著差异（P 分别为0.256和0.146，表6-4），但小白额雁的相同指标表现出了显著差异。此外，两个物种的活动角度在2016年是显著低于2015年的（P 分别为0.032和0.010，表6-4），意味着2016年有更为曲折的活动路线（更仔细的搜寻活动）。

表6-4   雁类活动变量协方差模型计算结果汇总表

活动变量条件		豆雁		小白额雁	
		估计值	P值[2]	平均估计值及其95%的置信区间[3]	P值
家域范围[1]	截距	4.91（4.81，5.03）	<0.001***	5.16（5.10，5.21）	<0.001***
	生长率	1.02（0.05，2.28）	0.034*	1.49（0.67，2.35）	0.001**
	年份	0.60（0.37，0.83）	<0.001***	0.30（0.12，0.47）	<0.001***
距离[1]	截距	3.19（2.65，3.86）	<0.001***	3.59（3.45，3.72）	<0.001***
	生长率	1.32（0.70，1.93）	<0.001***	3.00（0.92，5.04）	0.008**
	年份	1.46（−0.13，2.34）	0.146NS	0.70（0.28，1.13）	0.001**
速度[1]	截距	4.32（4.11，4.82）	<0.001***	4.45（4.32，4.57）	<0.001***
	生长率	−0.53（−1.42，0.25）	0.635NS	3.05（1.26，5.02）	0.003**
	年份	1.06（−0.73，1.99）	0.256NS	0.65（0.24，1.01）	0.004**
转向角度	截距	97.55（89.17，105.41）	<0.001***	77.76（74.48，80.90）	<0.001***
	生长率	51.25（1.87，120.23）	0.080NS	49.19（2.43，107.96）	0.070NS
	年份	−20.31（−28.54，−4.65）	0.032*	−14.66（−25.09，−3.38）	0.1

注：显著水平"***"表示$P<0.001$；"**"表示$P<0.01$；"*"表示$P<0.05$；"NS"表示$P>0.05$

1. 对数变换以减少方差

2. P 基于MCMC（Markov chain Monte Carlo）重采样

3. 基于MCMC重采样的置信区间（CI）

通过协方差分析（ANCOVA），结果发现计算出的雁类行为变化与湖区内早期NVI生长速率呈现显著相关（表6-4）。截距（intercept）结果全部呈现显著差异说明拒绝接受 H_0 假设，即排除掉协方差因素的干扰后，不同年份间的越冬雁类的各项活动指标仍显示显著差异。其中对豆雁而言，当退水早期NVI增长速率增加时，其活动范围面积和每日平均移动距离均呈现显著增长（P 分别为0.034和<0.001，表6-4）。同样对小白额雁来说，其活动范围面积、平均移动距离及速度均与退水早期NVI增长速率呈现正相关关系。虽然在2016年，这两种雁类的转动角度均显著下降，但两年间不同的食物资源质量对两种雁类行为的影

响并不显著。

2）行为状态时间分配与转换概率　　根据模型计算结果，豆雁及小白额雁在 2015 年、2016 年越冬期间分配于 En 及 Ex 状态的时间差别较小。在 2015 年，小白额雁种群有 57.7% 的时间处于小范围活动状态，剩下 42.3% 的时间都用于大范围搜寻，而在 2016 年时间分配比例变为 58.6% 与 41.4%，小白额雁增加了觅食的时间，减少了大范围转移的时间。而同样豆雁用于休憩和觅食等小范围活动的时间在两年间略增（2015 年为 59.7%，2016 年为 60.7%），用于越冬地内转移寻觅的大范围活动的时间略有增减（2015 年为 40.3%，2016 年为 39.3%）。

从 En 与 Ex 状态的平均步长来看，在 2016 年越冬季，豆雁和小白额雁均选择了扩大觅食范围与搜寻范围，每小时活动的步长均呈大幅增加（表 6-5）。从种间比较来看，小白额雁活动步长增加的幅度大于豆雁的增幅（En：92.68m>58.68m，Ex：985.02m>807.78m），表明小白额雁需要更大的觅食范围和增加飞行距离来满足能量需求。从越冬不同时期 En 与 Ex 状态的活动平均步长结果来看（图 6-3～图 6-6），两个不同越冬年份间也存在着模式差异，具体来说，在 2015 年越冬季前期（12 月及之前），小白额雁和豆雁的活动步长均远小于 2016 年同时期，无论是 En 状态还是 Ex 状态，表明雁类搜寻食物的范围和取食难度在增加。在 2015 年越冬中期（1～2 月），两种雁类 En 状态下的活动步长与越冬前期基本保持一致，在迁徙前（越冬后期：3 月及以后）活动步长显著增加。而在 2016 年，只有 1 月 En 状态下活动步长保持较小，2 月便突然升高，表明此时雁类已经开始扩大觅食范围，而后活动步长反而慢慢降低直至最终北迁离开东洞庭湖。从日活动规律计算结果来看（以 12 月为代表月份），不论是 En 还是 Ex 状态下，两种雁类的活动高峰期均在日间，在夜间 0 点及前后基本处于休憩状态（活动步长接近于 0），日间活动步长峰值集中在 12～14 点。但 2015 年越冬季的小白额雁 En 状态的活动步长变化数值相差较大，导致趋势不明显，而同年小白额雁 Ex 状态的活动步长趋势则与其余相反，在夜间活动步长远高于日间，原因尚不明确。

表 6-5　小白额雁和豆雁两个越冬季不同状态的活动平均步长及方差表

状态	指标	小白额雁		豆雁	
		2015 年	2016 年	2015 年	2016 年
小范围活动状态	平均值/m	44.30	136.98	38.93	97.61
	标准差	0.03	127.01	34.09	91.22
探索状态	平均值/m	175.63	1160.64	555.51	1363.29
	标准差	235.12	884.07	401.79	1369.78

根据状态转换概率计算结果，小白额雁在 2015 年越冬季有强烈保持原有状态的意愿（保持 En 概率 98.9%，保持 Ex 概率 99.9%），转换状态的概率较低（En→Ex 转换概率 1.1%，Ex→En 转换概率 0.1%）。而在 2016 年保持已有状态的意愿在降低（保持 En 概率 83.6%，保持 Ex 概率 77.3%），有更大可能性在 En 和 Ex 状态间进行转换（En→Ex 转换概率 16.4%，Ex→En 转换概率 22.7%）。这个结果表明在 2016 年越冬季小白额雁改变状态的概率增加，从而增加了能量消耗的风险。豆雁的状态转换概率矩阵结果与小白额雁相似，在 2015 年越冬季保持 En 状态的概率为 73.6%，保持 Ex 状态为 91.1%，而在 2016 年越冬季保持 En 状态的概率为 75.2%，保持 Ex 状态的概率仅为 65.3%（图 6-7）。因此对豆雁来说，第二个越冬季保持 En 状态的概率并未有太大变化，而是降低了大范围转移活动的可能性，花

费更多时间用于觅食休憩，以保障能量摄取。

从越冬的不同时期结果来看，在 2015 越冬季前期，小白额雁有保持 En 或 Ex 状态较高的概率，意味着其专注于单一状态（或觅食，或飞行），而在 2016 年越冬季前期，其保持原有状态的概率与越冬其他时期差别较小且低于 2015 年同期，表明其可能处于频繁转换觅食搜寻等行为的状态，暗示食物资源质量的降低。但对于豆雁来说，在两个年份的越冬前期，

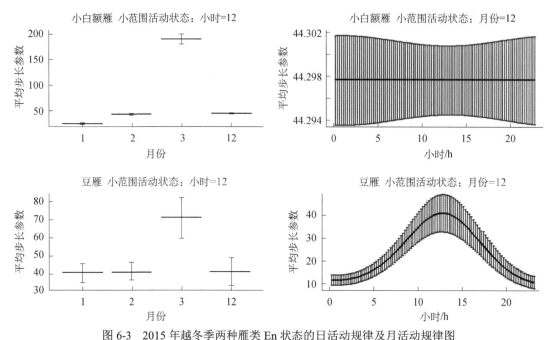

图 6-3　2015 年越冬季两种雁类 En 状态的日活动规律及月活动规律图

"小时=12" 指选择的每日 12 点的平均步长来累计计算当月的平均步长；"月份=12" 指选取 12 月份的数据进行每小时平均步长的计算。第一排两幅图为小白额雁，第二排两幅图为豆雁，参考标准时间为中国上海，阴影部分为 95% 的置信区间。下同

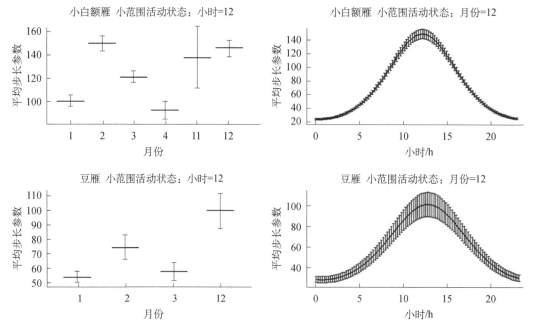

图 6-4　2016 年越冬季两种雁类 En 状态的日活动规律及月活动规律图

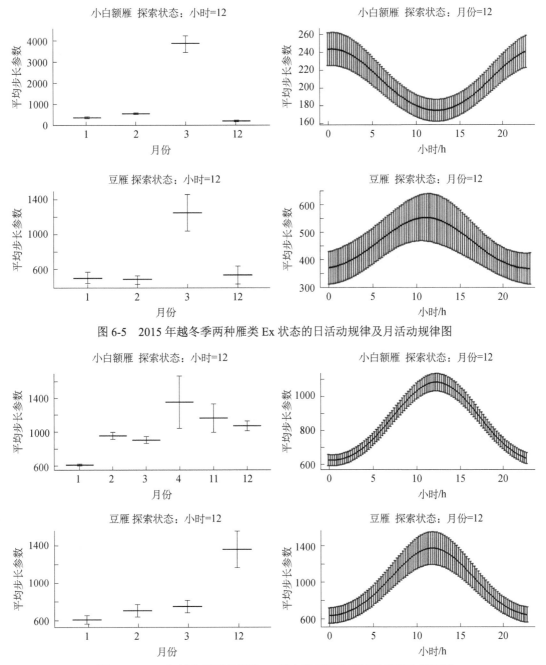

图 6-5　2015 年越冬季两种雁类 Ex 状态的日活动规律及月活动规律图

图 6-6　2016 年越冬季两种雁类 Ex 状态的日活动规律及月活动规律图

其保持原有状态的概率与越冬期相差并不大，表明食物资源质量的变化对其状态转换概率的影响较小。在 2015 年及 2016 年的越冬后期，小白额雁倾向于保持 En 状态，降低了向 Ex 状态转换的概率，意味着其在为迁徙做能量储备，因此增加了觅食和休憩的概率。同样的趋势在两个越冬季豆雁的状态转换概率分布图上也有所反映，证实了雁类在不同越冬时期有对应的能量获取与维持策略（图 6-8）。

　　使用伪残差（pseudo-residual）来评估模型的拟合度，结果表明两个年份小白额雁和豆雁的拟合结果良好（图 6-9），模型结果很好地解释了越冬期活动距离的周期性变化（两种个体均呈现了 24h 周期的步长变化）。

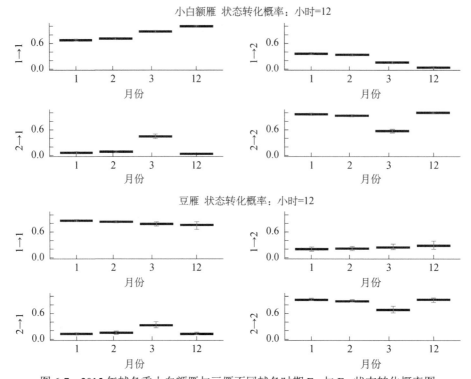

图 6-7　2015 年越冬季小白额雁与豆雁不同越冬时期 En 与 Ex 状态转化概率图

1→1 代表保持 En 状态，1→2 代表 En 状态转化为 Ex 状态，2→2 代表保持 Ex 状态，2→1 代表 Ex 状态转化为 En 状态。下同

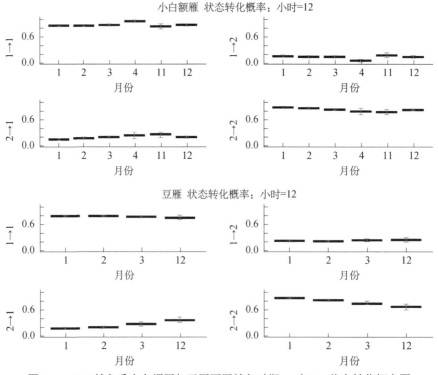

图 6-8　2016 越冬季小白额雁与豆雁不同越冬时期 En 与 Ex 状态转化概率图

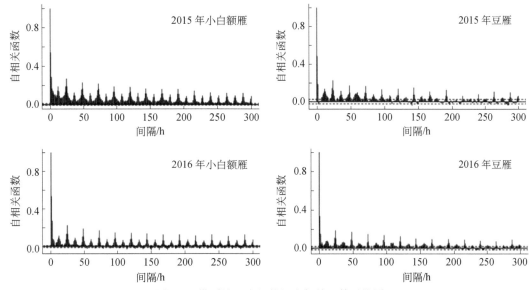

图 6-9　模型结果步长数据自相关函数对比图

3）种内种间关系差异　　通过计算 2015 年及 2016 年两个越冬季豆雁和小白额雁追踪个体种内和种间的互动指数（DI），结果发现无论是种内还是种间，豆雁和小白额雁追踪个体的 DI 差异性均不显著（$P \geqslant 0.05$，表 6-6），尽管从数值来看，豆雁种内及与小白额雁种间的 DI 在 2016 年均有少量降低（0.0538 与 0.0052），而小白额雁种间的互动关系则是相反，略有增加（0.0152）。DI_θ 及 DI_d 结果则进一步解释了雁类间活动位移与活动角度的一致性。与 DI 结果相似，所有种内和种间个体的 DI_θ 结果并没有表现出差异性显著，从数值来看，豆雁种内及小白额雁种内个体间 DI_θ 呈现上升（0.034 及 0.0177），意味着同种个体在活动角度上更为一致，而种间 DI_θ（0.0120）呈现下降表示不同种个体倾向于朝不同方向活动。在三个互动指数中，只有 DI_d 在两个年份间有显著差异，豆雁种内个体在 2016 年的位移一致性有显著提升（0.06），同样的趋势也表现在小白额雁种内个体（0.016）及豆雁和小白额雁种间个体（0.0336）。

表 6-6　雁类种间关系指数计算结果汇总表

	豆雁_豆雁			小白额雁_小白额雁			豆雁_小白额雁		
	DI	DI_θ	DI_d	DI	DI_θ	DI_d	DI	DI_θ	DI_d
2015 年	0.2713	0.0291	0.3898	0.0379	0.0486	0.4624	0.0119	0.0187	0.4015
2016 年	0.0679	0.0631	0.4498	0.0531	0.0663	0.4784	0.0068	0.0120	0.4351
P	0.7297	0.7325	0.0116	0.2165	0.1903	<0.01	0.1906	0.3911	0.0415

除两个不同年份间的对比外，在对豆雁和小白额雁这两种越冬雁类进行同一年份种内和种间关系对比后，发现在 DI 结果上，2015 年的种内及种间指数差异性均不显著，而在 2016 年豆雁和小白额雁的种间互动指数则显著低于其种内个体间的互动指数，意味着种内个体间的协同性更高。DI_θ 的计算结果表明只有 2016 年的小白额雁种内个体间与这两种雁类种间个体的指数有显著差异，其余的组两两之间均不存在显著差异。从 DI_d 来看，2015 年越冬季的豆雁种内个体关系要显著弱于 2015 年及 2016 年越冬季的小白额雁种内个体关系，同样豆雁与小白额雁种间运动距离一致性也显著低于其种内个体。关系指数计算结果基本表明小白额

雁和豆雁在东洞庭湖越冬时与同种个体交流更密切，而与不同种个体间互动相对更少。小白额雁种内个体间的联系紧密度要高于豆雁种内个体。

（三）讨论

研究结果证实了前文列出的猜想，即为了应对人类干扰造成的栖息地质量降低，越冬雁类采取了增加家域范围的方式。而且此结果也表明家域范围的增加是雁类调节自身行为以适应环境的一个结果（Jones，2005），也就是说动物有针对不同环境变化来做出相应响应行为的能力，这被认为能够增强动物在不同时间和空间尺度上对栖息地异质性的适应能力（Pigliucci，2001）。结果计算出的行为变化参数包括每日活动距离、平均飞行速度、移动方向等，在 2015 年和 2016 年两个越冬季显示了明显的差异，特别是小白额雁（所有的指标差异都是显著的，表 6-3）。在 2016 年，退水时间的提前导致了洲滩薹草的提前生长，继而导致薹草生长提前到达顶峰，在雁类刚刚到达的 10 月初，薹草就达到了生物量最大值。而随着地上生物量的增加，适宜栖息地质量则会降低（Bos et al.，2005），所以 2016 年越冬初期累计的植物生物量意味着更低的栖息地质量（Hassall et al.，2001）。雁类对栖息地即使非常微小的变化都有着敏感的响应，这是由雁类的消化道较短食物消化不彻底，食物中的营养不容易吸收决定的（Hassall et al.，2001）。为了能够在食物质量较差的情况下将能量摄入效率最大化，最优觅食理论认为雁类必须要运动更远的距离来寻找更适宜的食物资源（Nabe-Nielsen et al.，2013），这在觅食行为研究结果中有明显的体现。例如，当食物资源情况变差的时候，每日平均移动距离、移动速度及活动范围都有显著增加。对小白额雁和豆雁进一步的行为模型分析结果不仅验证了空间生态位变化结果，更进一步阐释了这两种雁类在食物资源状况不一的两年里的不同行为状态及行为变化概率。为了应对 2016 年食物资源变差的情况，两种雁类都选择扩大觅食范围与搜寻范围，每小时活动的步长均呈大幅增加，这与活动热点计算结果保持一致，表明雁类需要花费更多的时间与能量在搜索食物资源上。活动状态转换结果同样证实了这点，即在食物资源较差时两种雁类保持一种活动状态连续的概率要低于食物资源好的年份，意味着雁类需要不断转换觅食与搜寻的状态才能找到满足质量要求的食物资源。无论是活动距离、步长的增加还是活动状态的频繁转换，都会显著影响越冬雁类的能量积累过程，影响越冬期脂肪能量的积累，从而对接下来的春季迁徙甚至繁殖成功率产生影响。

本案例中数据采集时间间隔为 1h/次，考虑到活动状态的连续性及可区分性，所以只划分成两个状态进行模型计算，即 En（小范围活动状态，包括了除飞行外的其他动作，如取食、休憩、理羽警戒等）与 Ex（大范围飞行转移）。从两个状态占比来看，En 状态的时间占比显著高于 Ex 状态，说明雁类在越冬期以获得和积累能量为主，以此来应对后续的迁徙及繁殖。这与其他研究结果一致，是符合越冬期能量收支平衡及生理需求的行为模式（郭宏等，2016；Krapu，1981）。从越冬期的不同时期对比来看，在食物资源好的年份，小白额雁和豆雁到达越冬地初期活动范围集中，小面积内能够获取充足的食物资源，而在 2016 年食物资源较差的年份，刚到达的雁类还需要拓展觅食范围才能满足能量需求，无疑增加了生存风险。对于 2015 年越冬季的雁类来说，越冬中期的活动步长均处于较低水平，可以推测较小的活动量使得其保留了更多的休憩时间及能量积累，因此等到即将迁飞的 3 月才开始增加活动范围来准备北迁。而 2016 年的雁类从 2 月就开始增加活动范围，意味着更少的休憩及能量积累。

对两种雁类的种间、种内个体关系计算结果表明，本案例所追踪个体之间关系较弱，所有的 DI 结果均显示差异性不显著。研究者认为出现这种结果的原因主要有两方面：其一是由于追踪器数据采集间隔过大。目前用于动态相关指数分析的数据时间间隔主要为 1h/次，这个时间间隔对于分析长时间大尺度的迁徙活动来说是比较合适的，可以充分反映春秋季迁徙路线、停歇地选择及保护空缺等问题。但是对于局域尺度来说，考虑到雁类的飞行能力（最大飞行时速可达 120～130km/h），在两次位点采集的时间间隔之内个体可能已经变换了多种运动方式及互动关系对象，所以以 1h/次为间隔采集的位点数据在计算个体关系方面还略有不足，最终的关系结果理论上应该是远高于目前计算结果的，但实际情况的个体关系指数还需要更高频的数据来进行模型分析。其二推测是由于采样数量相对于洞庭湖越冬的雁类数量来说太小（远低于总体数量的 1%）。即使是在采样数量较多的 2016 年越冬季，采集的个体总占比也不足 0.1%（2017 年 1 月东洞庭湖鸟类调查雁类数量总和为 61 838 只）。由于野外捕捉过程的困难性和随机性，无法保证采样个体的数量平均，可能不足以反映局部地区某些时段可能发生的竞争等关系。但不论如何，通过已有的数据精度，本案例尝试对个体越冬期不同时期的活动状态及种内、种间个体关系进行了连续评估，这是用传统观测手段难以得到的结果。当追踪器采集的数据能够达到每 10min 一次甚至于 1min 1 次时，通过 HMM 及 DI 计算能更准确地分析出不同的行为模式时间占比及种内、种间关系变化规律。

主要参考文献

边疆晖，2021. 中国兽类种群生态学研究进展与展望. 兽类学报，41（5）：556.

曹镓玺，李罡，周延，等，2020. 基于修正的 GHG-RA 模型的三峡库区甲烷排放通量估算. 湿地科学，18（2）：251-256.

曹文宣，2008. 有关长江流域鱼类资源保护的几个问题. 长江流域资源与环境，17：163-164.

陈圣宾，欧阳志云，徐卫华，等，2010. Beta 多样性研究进展. 生物多样性，18（4）：323-335.

陈世骧，1987. 进化论与分类学. 2 版. 北京：科学出版社.

高慧雅，王鑫鑫，张爱军，2020. Origin 2020 软件在单因素方差分析中的绘图应用. 科技资讯，18（36）：4.

戈峰，2008. 昆虫生态学原理与方法. 北京：高等教育出版社.

耿雪萌，2014. Wetland-DNDC 模型模拟密云水库消落带甲烷排放. 北京：北京林业大学硕士学位论文.

关珠珠，李雅楠，郭锦秋，2021. GraphPad Prism 软件在医学论文数据审核中的应用. 科技传播，13（5）：3.

官少飞，郎青，张本，1987. 鄱阳湖水生植被. 水生生物学报，（1）：19-21.

郭宏，邵明勤，胡斌华，等，2016. 鄱阳湖南矶湿地国家级自然保护区 2 种大雁的越冬行为特征及生态位分化. 生态与农村环境学报，32（1）：90-95.

何芬奇，林剑声，杨斌，等，2006. 中华秋沙鸭在中国的近期越冬分布与数量. 动物学杂志，41（5）：52-56.

黄玫，王娜，王昭生，等，2019. 磷影响陆地生态系统碳循环过程及模型表达方法. 植物生态学报，43（6）：471.

黄孝锋，邴旭文，陈家长，2012. 基于 Ecopath 模型的五里湖生态系统营养结构和能量流动研究. 中国水产科学，19（3）：471-481.

贾佩峤，胡忠军，武震，等，2013. 基于 Ecopath 模型对涡湖生态系统结构与功能的定量分析. 长江流域资源与环境，22（2）：189-197.

蒋志刚，马克平，韩兴国，1997. 保护生物学. 杭州：浙江科学技术出版社.

赖江山，2013. 生态学多元数据排序分析软件 Canoco 5 介绍. 生物多样性，21（6）：765-768.

李罡，2019. 北京市水库温室气体碳排放估算方法研究. 北京：北京林业大学博士学位论文.

李国庆，刘长成，刘玉国，等，2013. 物种分布模型理论研究进展. 生态学报，33（16）：4827-4835.

李锦秀，禹雪中，幸治国，2005. 三峡库区支流富营养化模型开发研究. 水科学进展，（6）：777-783.

李俊清，2012. 保护生物学. 北京：科学出版社.

李丽娇，张奇，2008. 一个地表–地下径流耦合模型在西苕溪流域的应用. 水土保持学报，22（4）：56-61.

李婷婷，张稳，2010. 自然湿地甲烷排放模拟研究——模型的灵敏度分析与应用. 气候与环境研究，15（3）：257-268.

李云凯，刘恩生，王辉，等，2014. 基于 Ecopath 模型的太湖生态系统结构与功能分析. 应用生态学报，25（7）：2033-2040.

李云凯，宋兵，陈勇，等，2009. 太湖生态系统发育的 Ecopath with Ecosim 动态模拟. 中国水产科学，16

（2）：257-265.

李云良，张奇，李相虎，2013a. 鄱阳湖流域分布式水文模型的多目标参数率定. 长江流域资源与环境，22（5）：565-572.

李云良，张奇，姚静，等，2013b. 鄱阳湖湖泊流域系统水文水动力联合模拟. 湖泊科学，25（2）：227-235.

刘恩生，李云凯，臧日伟，等，2014. 基于 Ecopath 模型的巢湖生态系统结构与功能初步分析. 水产学报，38（3）：417-425.

刘放，吴明辉，杨梅学，等，2021. DNDC 模型的研究进展及其在高寒生态系统的应用展望. 冰川冻土，42（4）：1321-1333.

刘健，2009. 鄱阳湖流域径流变化特征及其对气候和土地利用变化的响应. 南京：中国科学院南京地理与湖泊研究所博士学位论文.

刘健，张奇，2009. 一个新的分布式水文模型在鄱阳湖赣江流域的验证. 长江流域资源与环境，18（1）：19-26.

刘健，张奇，左海军，等，2009. 鄱阳湖流域径流模型. 湖泊科学，21（4）：570-578.

刘静，2011. 安徽升金湖国家级自然保护区豆雁的越冬食性和行为研究. 北京：中国科学技术大学硕士学位论文.

刘其根，王钰博，陈立侨，等，2010. 保水渔业对千岛湖食物网结构及其相互作用的影响. 生态学报，30（10）：2774-2783.

刘宇，杨志杰，左斌，等，2008. 中华秋沙鸭（*Mergus squamatus*）在江西省的越冬分布及种群数量调查. 东北师大学报：自然科学版，40（1）：111-115.

罗翀，徐卫华，周志翔，等，2011. 基于生态位模型的秦岭山系林麝生境预测. 生态学报，31（5）：1221-1229.

芮孝芳，朱庆平，2002. 分布式流域水文模型研究中的几个问题. 水利水电科技进展，22（3）：56-58.

尚玉昌，2002. 普通生态学. 2 版. 北京：北京大学出版社.

宋兵，2004. 太湖渔业和环境的生态系统模型研究. 上海：华东师范大学博士学位论文.

孙儒泳，1992. 动物生态学原理. 北京：北京师范大学出版社.

汪业勖，赵士洞，1998. 陆地碳循环研究中的模型方法. 应用生态学报，（6）：100-106.

汪志如，单继红，李言阔，等，2010. 江西省中华秋沙鸭越冬种群现状调查与胁迫因素分析. 四川动物，29（4）：597-600.

王苏民，窦鸿身，1998. 中国湖泊志. 北京：科学出版社.

夏少霞，于秀波，刘宇，等，2016. 鄱阳湖湿地现状问题与未来趋势. 长江流域资源与环境，25（7）：1103-1111.

谢小伟，郭水良，2003. 浙江金华市郊地面苔藓植物生态位研究. 广西植物，23（2）：112-120.

邢丁亮，郝占庆，2011. 最大熵原理及其在生态学研究中的应用. 生物多样性，19（3）：295.

闫云君，梁彦龄，2003. 扁担塘底栖动物群落的能量流动. 生态学报，23（3）：527-538.

杨富亿，刘兴土，赵魁义，等，2011. 鄱阳湖的自然渔业功能. 湿地科学，9（1）：82-89.

杨秀丽，2011. 安徽升金湖国家级自然保护区白额雁（*Anser albifrons*）数量分布，觅食行为和食性变化研究. 合肥：中国科技大学硕士学位论文.

叶许春，2010. 近 50 年鄱阳湖水量变化机制与未来变化趋势预估. 南京：中国科学院南京地理与湖泊研究所博士学位论文.

叶许春，张奇，2010. 网格大小选择对大尺度分布式水文模型水文过程模拟的影响. 水土保持通报，30（3）：112-116.

于文波，黎绍鹏，2020. 基于现代物种共存理论的入侵生态学概念框架. 生物多样性，28（11）：1362.

张海清，刘琪璟，陆佩玲，等，2005. 陆地生态系统碳循环模型概述. 中国科技信息，（13）：25, 19.

张奇，2007. 湖泊集水域地表-地下径流联合模拟. 地理科学进展，26（5）：1-10.

张堂林，2005. 扁担塘鱼类生活史策略、营养特征及群落结构研究. 武汉：中国科学院水生生物研究所博士学位论文.

张堂林，李忠杰，2007. 鄱阳湖鱼类资源及渔业利用. 湖泊科学，19（4）：434-444.

张雪，邱鹏飞，2017. 恢复生态学研究热点与动向. 现代园艺，（15）：3.

张燕萍，肖宏恕，谢宪兵，2008. 鄱阳湖鲶属资源衰退原因及恢复对策分析. 江西水产科，（4）：11-13.

郑景明，马克平，2010. 入侵生态学. 北京：高等教育出版社.

周红章，于晓东，罗天宏，等，2000. 物种多样性变化格局与时空尺度. 生物多样性，8（3）：325-336.

ABBOTT M B，REFSGAARA J C，1996. Distributed Hydrological Modelling. Dordrecht：Kluwer Academic Publishers.

AIKENS E O，KAUFFMAN M J，MERKLE J A，et al.，2017. The greenscape shapes surfing of resource waves in a large migratory herbivore. Ecology Letters，20（6）：741-750.

ALLEN A P，BROWN J H，GILLOOLY J F，2002. Global biodiversity，biochemical kinetics，and the Energetic-Equivalence Rule. Science，297：1545-1548.

ALLEN H L，1971. Primary productivity，chemo-organotrophy，and nutritional interactions of epiphytic algae and bacteria on macrophytes in the littoral of a lake. Ecological Monographs，41（2）：97-127.

AMATULLI G，DOMISCH S，TUANMU M N，et al.，2018. A suite of global，cross-scale topographic variables for environmental and biodiversity modeling. Scientific Data，5：180040.

ANDERSON D J，1982. The home range：a new nonparametric estimation technique. Ecology，63：103-112.

ANDERSON M J，CRIST T O，CHASE J M，et al.，2011. Navigating the multiple meanings of β diversity：a roadmap for the practicing ecologist. Ecology Letters，14（1）：19-28.

ARNOLD J G，ALLEN P M，MUTTIAH R，et al.，1995. Automated base flow separation and recession analysis techniques. Ground Water，33（6）：1010-1018.

ARNOLD J G，KINIRY J R，SRINIVASAN R，et al.，2011. Soil and Water Assessment Tool input/output file documentation version 2009. College Station：Texas Water Resources Institute.

ARZEL C，ELMBERG J，2015. Time use and foraging behaviour in pre-breeding dabbling ducks *Anas* spp. in sub-arctic Norway. Journal of Ornithology，156：499-513.

ASAAD I，LUNDQUIST C J，ERDMANN M V，et al.，2017. Ecological criteria to identify areas for biodiversity conservation. Biological Conservation，213：309-316.

AUSTIN M P，VAN NIEL K P，2011. Improving species distribution models for climate change studies：variable selection and scale. Journal of Biogeography，38（1）：1-8.

BARGAOUI Z K，CHEBBI A，2009. Comparison of two kriging interpolation methods applied to spatiotemporal rainfall. Journal of Hydrology，365：56-73.

BARROS N，COLE J J，TRANVIK L J，et al.，2011. Carbon emission from hydroelectric reservoirs linked to reservoir age and latitude. Nature Geoscience，4（9）：593-596.

BARTER M，LEI G，CAO L，2006. Waterbird Survey of The Middle and Lower Yangtze River Floodplain. Beijing：China Forestry Publishing House.

BASELGA A，2010. Partitioning the turnover and nestedness components of beta diversity. Global Ecology &

Biogeography，19：134-143.

BASILLE M，VAN MOORTER B，HERFINDAL I，et al.，2013. Selecting habitat to survive：the impact of road density on survival in a large carnivore. PLoS ONE，8（7）：e65493.

BATTLEY P F，WARNOCK N，TIBBITTS T L，et al.，2012. Contrasting extreme long-distance migration patterns in bar-tailed godwits *Limosa lapponica*. Journal of Avian Biology，43（1）：21-32.

BEALS E W，1984. Bray-Curtis ordination：an effective strategy for analysis of multivariate ecological data. Advances in Ecological Research，14（4）：1-55.

BEARHOP S，ADAMS C E，WALDRON S，et al.，2004. Determining trophic niche width：a novel approach using stable isotope analysis. Journal of Animal Ecology，73：1007-1012.

BELANT J L，MILLSPAUGH J J，MARTIN J A，2012. Multi-dimensional space use：the final frontier. Frontiers in Ecology & the Environment，10：9-28.

BELL G，2001. Ecology-neutral macroecology. Science，293（5539）：2413.

BELLWOOD D R，HOEY A S，CHOAT J H，2003. Limited functional redundancy in high diversity systems：resilience and ecosystem function on coral reefs. Ecology Letters，6：281-285.

BENHAMOU S，2011. Dynamic approach to space and habitat use based on biased random bridges. PLoS ONE，6（1）：e14592.

BESBEAS P，FREEMAN S N，MORGAN B J T，et al.，2002. Integrating mark-recapture-recovery and census data to estimate animal abundance and demographic parameters. Biometrics，58（3）：540-547.

BEST J，2019. Anthropogenic stresses on the world's big rivers. Nature Geoscience，12：7-21.

BEVEN K J，KIRKBY M J，1979. A physically based variable contributing area model of basin hydrology. Hydrology Science Bulletin，24（1）：43-69.

BICKFORD D，POSA M R C，QIE L，et al.，2012. Science communication for biodiversity conservation. Biological Conservation，151（1）：74-76.

BLAKE J G，LOISELLE B A，2000. Diversity of birds along an elevational gradient in the Cordillera Central. Costa Rica. Auk，117：663-686.

BLEDSOE J L，JAMIESON D A，1969. Model Structure of A Grassland Ecosystem. Grassland Ecosystems：A Preliminary Synthesis. Fort Collins：Colorado State University Press.

BLOM C W P M，V OESENEK L A C J，1996. Flooding：the survival strategies of plants. Trends in Ecology & Evolution，11（7）：290-295.

BOITANI L，FULLER T K，2000. Research Techniques in Animal Ecology：Controversies and Consequences. New York：Columbia University Press.

BOLKER B M，BROOKS M E，CLARK C J，et al.，2009. Generalized linear mixed models：a practical guide for ecology and evolution. Trends in Ecology & Evolution，24（3）：127-135.

BOLKER B，2008. Ecological Models and Data in R. Princeton：Princeton University Press.

BONIS A，LEPART J，1994. Vertical structure of seed banks and the impact of depth of burial on recruitment in two temporary marshes. Vegetatio，112（2）：127-139.

BOS D，DRENT R H，RUBINIGG M，et al.，2005. The relative importance of food biomass and quality for patch and habitat choice in Brent Geese *Branta bernicla*. Ardea，93：5-16.

BRIDGE E S，KELLY J F，CONTINA A，et al.，2013. Advances in tracking small migratory birds：a technical review of light-level geolocation. Journal of Field Ornithology，84（2）：121-137.

BRIDGE E S，THORUP K，BOWLIN M S，et al.，2011. Technology on the move：recent and forthcoming innovations for tracking migratory birds. BioScience，61：689-698.

BROOKS T M，MITTERMEIER R A，DA FONSECA G A B，et al.，2006. Global biodiversity conservation priorities. Science，313（5783）：58-61.

BROWN J H，DAVIDSON D W，1977. Competition between seed-eating rodents and ants in desert ecosystems. Science，196：880-882.

BUCKLAND S T，NEWMAN K B，THOMAS L，et al.，2004. State-space models for the dynamics of wild animal populations. Ecological Modelling，171（1-2）：157-175.

BULLARD F，1991. Estimating the Home Range of an Animal：A Brownian Bridge Approach. Chapel Hill：University of North Carolina.

BÜRKNER P C，2018. Advanced Bayesian multilevel modeling with the R package brms. The R Journal，10：395-411.

BURNHAM J，BARZEN J，PIDGEON A M，et al.，2017. Novel foraging by wintering Siberian Cranes *Leucogeranus leucogeranus* at China's Poyang Lake indicates broader changes in the ecosystem and raises new challenges for a critically endangered species. Bird Conservation International，27：204-223.

BURNHAM K P，ANDERSON D A，1998. Model selection and inference. A practical information theoretic approach. Technometrics，45（2）：181.

BURNHAM K P，ANDERSON D R，2002. Model Selection and Multi-model Inference：A Practical Information-theoretic Approach. Berlin：Springer.

BURROUGH P A，JONGMAN R H G，Break C J F T，et al.，1995. Data Analysis in Community and Landscape Ecology. Cambridge：Cambridge University Press：213-251.

BURT W H，1943. Territoriality and home range concepts as applied to mammals. Journal of Mammalogy，24（3）：346-352.

CALENGE C，2011. Analysis of Animal Movements in R：The AdehabitatLT Package. Vienna：R Foundation for Statistical Computing.

CALIZZA E，COSTANTINI M L，CAREDDU G，et al.，2017. Effect of habitat degradation on competition，carrying capacity，and species assemblage stability. Ecology and Evolution，7（15）：5784-5796.

CALVIN DYTHAM，2010. Choosing and Using Statistics：A Biologists' Guide. 3rd ed. New Jersey：Wiley-Blackwell.

CANEPUCCIA A D，ISACCH J P，GAGLIARDINI D A，et al.，2007. Waterbird response to changes in habitat area and diversity generated by rainfall in a SW Atlantic Coastal Lagoon. Waterbirds the International Journal of Waterbird Biology，30：541-553.

CAO M K，WOODWARD F I，1998. Dynamic responses of terrestrial ecosystem carbon cycling to global climate change. Nature，393（6682）：249-252.

CAROL J B，1992. Geographic Information Systems in Ecology（Ecological Methods and Concepts）. Hoboken：Wiley Blackwell.

CARPENTER B，GELMAN A，HOFFMAN M D，et al.，2017. Stan：A probabilistic programming language. Journal of Statistical Software，76（1）：1-32.

CARPENTER S R，KITCHELL J F，Hodgson J R，et al.，1987. Regulation of lake primary productivity by food web structure. Ecology，68：1863-1876.

CARROLL R J，RUPPERT D，STEFANSKI L A，1995. Measurement Error in Nonlinear Models. London：Chapman and Hall.

CARSON W P，PICKETT S，1990. Role of resources and disturbance in the organization of an old-field plant community. Ecology，71（1）：226-238.

CASTRO-INSUA A，GÓMEZ-RODRÍGUEZ C，BASELGA A，2016. Break the pattern：breakpoints in beta diversity of vertebrates are general across clades and suggest common historical causes. Global Ecology & Biogeography，25（11）：1279-1283.

CEBALLOS G，EHRLICH P R，2002. Mammal population losses and the extinction crisis. Science，296（5569）：904-907.

CEBALLOS G，EHRLICH P R，2006. Global mammal distributions，biodiversity hotspots，and conservation. Proceedings of the National Academy of Sciences，103（51）：19374-19379.

CEIA F R，PAIVA V H，GARTHE S，et al.，2014. Can variations in the spatial distribution at sea and isotopic niche width be associated with consistency in the isotopic niche of a pelagic seabird species? Marine Biology，161：1861-1872.

CHAO A，CHAZDON R L，COLWELL R K，et al.，2005. A new statistical approach for assessing similarity of species composition with incidence and abundance data. Ecology Letters，8（2）：148-159.

CHASE J M，2007. Drought mediates the importance of stochastic community assembly. Proceedings of the National Academy of Sciences of the United States of America，104（44）：17430-17434.

CHASE J M，BIRO E G，RYBERG W A，et al.，2009. Predators temper the relative importance of stochastic processes in the assembly of prey metacommunities. Ecology Letters，12（11）：1210-1218.

CHASE J M，LEIBOLD M A，2003. Ecological Niches：Linking Classical and Contemporary Approaches. Chicago：University of Chicago Press.

CHASE J M，MYERS J A，2011. Disentangling the importance of ecological niches from stochastic processes across scales. Philosophical Transactions of the Royal Society of London，366（1576）：2351-2363.

CHAVE J，2004. Neutral theory and community ecology. Ecology Letters，7（3）：241-253.

CHAVE J，LEIGH E G，2002. A spatially explicit neutral model of β-diversity in tropical forests. Theoretical Population Biology，62：153-168.

CHEN D Q，LIU S P，DUAN X B，et al.，2002. A preliminary study of the fisheries biology of main commercial fishes in the middle and upper reaches of the Yangtze River. Acta Hydrobiol Sin，26（6）：618-622.

CHEN J，2004. A simple method for reconstructing a high-quality NDVI time-series data set based on the Savitzky-Golay filter. Remote Sensing of Environment，91（3-4）：332-344.

CHESSON P L，WARNER R R，1981. Environmental variability promotes coexistence in lottery competitive systems. The American Naturalist，117：923-943.

CHESSON P，2000. Mechanisms of maintenance of species diversity. Annual Review of Ecology and Systematics，31（1）：343-366.

CHESSON P，HUNTLY N，1997. The roles of harsh and fluctuating conditions in the dynamics of ecological communities. American Naturalist，150（5）：519-553.

CHRISTENSEN V，1995. Ecosystem maturity-towards quantification. Ecological Modelling，77（1）：3-32.

CHRISTENSEN V，WALTERS C J，2004. Ecopath with Ecosim：methods，capabilities and limitations. Ecol Model，172（2-4）：109-139.

CHRISTENSEN V，WALTERS C J，PAULY D，et al.，2008. Ecopath with Ecosim Version 6：User Guide. Vancouver：University of British Columbia Fisheries Centre.

CLEMENTS F E，1916. Plant Succession. Washington DC：Carnegie Institution of Washington.

CODY M L，1986. Diversity，rarity，and conservation in Mediterranean-climate ecosystems. Conservation Biology：the Science of Scarcity and Diversity. Sunderland，MA：Sinauer Associates：122-152.

COLLINGRIDGE D S，2013. A primer on quantitized data analysis and permutation testing. Journal of Mixed Methods Research，7：81-97.

COLLINS S L，MICHELI F，HARTT L，2000. A method to determine rates and patterns of variability in ecological communities. Oikos，91：285-293.

COLLINS S L，SUDING K N，CLELAND E E，et al.，2008. Rank clocks and plant community dynamics. Ecology，89：3534-3541.

CONG P H，WANG X，CAO L，et al.，2012. Within-winter shifts in lesser white-fronted goose *Anser erythropus* distribution at East Dongting Lake，China. Ardea，100（1）：5-11.

CONNELL J H，1971. On the role of natural enemies in preventing competitive exclusion in some marine animals and in forest trees. Dynamics of Populations，298：312.

CONNELL J H，SOUSA W P，1983. On the evidence needed to judge ecological stability or persistence. The American Naturalist，121：789-824.

CORALIE C，GUILLAUME O，CLAUDE N，2015. Tracking the origins and development of biodiversity offsetting in academic research and its implications for conservation：a review. Biological Conservation，192：492-503.

COTTENIE K，2010. Integrating environmental and spatial processes in ecological community dynamics. Ecology Letters，8（11）：1175-1182.

CREEL S，CREEL M，2009. Density dependence and climate effects in Rocky Mountain elk：an application of regression with instrumental variables for population time series with sampling error. Journal of Animal Ecology，78（6）：1291-1297.

CRIST T O，VEECH J A，2006. Additive partitioning of rarefaction curves and species-area relationships：unifying alpha-，beta- and gamma-diversity with sample size and habitat area. Ecology Letters，9（8）：923-932.

DALBY L，Mcgill B J，Fox A D，et al.，2014. Seasonality drives global-scale diversity patterns in waterfowl（Anseriformes）via temporal niche exploitation. Global Ecology & Biogeography，23：550-562.

DANIEL J，GLEASON J E，COTTENIE K，et al.，2019. Stochastic and deterministic processes drive wetland community assembly across a gradient of environmental filtering. Oikos，128（8）：1158-1169.

DAVID B，JONATHAN C，MICHAEL P，et al.，2004. Methane emissions from lakes：dependence of lake characteristics，two regional assessments，and a global estimate. Global Biogeochemical Cycles，18（4）：10.1029/2004GB002238.

DAWSON T P，JACKSON S T，HOUSE J I，et al.，2011. Beyond predictions：biodiversity conservation in a changing climate. Science，332（6025）：53-58.

DE VALPINE P，HASTINGS A，2002. Fitting population models incorporating process noise and observation error. Ecological Monographs，72（1）：57-76.

DEAN B，FREEMAN R，KIRK H，et al.，2012. Behavioural mapping of a pelagic seabird：combining multiple sensors and a hidden Markov model reveals the distribution of at-sea behaviour. Journal of the Royal Society

Interface，10（78）：20120570.

DEATH R G，WINTERBOURN M J，1994. Environmental stability and community persistence：a multivariate perspective. Journal of the North American Benthological Society，13：125-139.

DEEMER B R，HARRISON J A，LI S，et al.，2016. Greenhouse gas emissions from reservoir water surfaces：a new global synthesis. BioScience，66（11）：949-964.

DENG F Y，2013. Study on the Fish Community Characteristics of Dongjiang Source and The Comparative Biology of *Hemiculter leucisculus* from Different Area. Nanning：Guangxi Normal University.

DENNIS B，MUNHOLLAND P L，SCOTT J M，1991. Estimation of growth and extinction parameters for endangered species. Ecological Monographs，61（2）：115-143.

DENNIS B，PONCIANO J M，LELE S R，et al.，2006. Estimating density dependence，process noise，and observation error. Ecological Monographs，76（3）：323-341.

DENNIS B，TAPER M L，1994. Density dependence in time series observations of natural populations：estimation and testing. Ecological Monographs，64（2）：205-224.

DHI，2007. MIKE 21 Flow Model：Hydrodynamic Module User Guide. Hørsholm：Danish Hydraulic Institute Water and Environment.

DI GREGORIO A，2005. Land Cover Classification System：Classification Concepts and User Manual：LCCS. Roma：Food & Agriculture Org.

DIAMOND J M，1975. Assembly of species communities. Ecology and Evolution of Communities，7：342-444.

DICE L R，1945. Measures of the amount of ecologic association between species. Ecology，26（3）：297-302.

DIRZO R，YOUNG H S，GALETTI M，et al.，2014. Defaunation in the anthropocene. Science，345（6195）：401-406.

DODSON S I，ARNOTT S E，COTTINGHAM K L，2000. The relationship in lake communities between primary productivity and species richness. Ecology，81：2662-2679.

DOI H，AKAMATSU F，GONZÁLEZ A L，2017. Starvation effects on nitrogen and carbon stable isotopes of animals：an insight from meta-analysis of fasting experiments. Royal Society Open Science，4：170633.

DOIRON M，LEGAGNEUX P，GAUTHIER G，et al.，2013. Broad-scale satellite normalized difference vegetation index data predict plant biomass and peak date of nitrogen concentration in Arctic tundra vegetation. Applied Vegetation Science，16：343-351.

DUBITZKY W，WOLKENHAUER O，CHO K H，et al.，2013. Encyclopedia of Systems Biology. New York：Springer.

DUDGEON D，ARTHINGTON A H，GESSNER M O，et al.，2006. Freshwater biodiversity：importance，threats，status and conservation challenges. Biological Reviews，81：163-182.

DUERR A E，MILLER T A，LANZONE M，et al.，2015. Flight response of slope-soaring birds to seasonal variation in thermal generation. Functional Ecology，29（6）：779-790.

EBERHARDT L L，THOMAS J M，1991. Designing environmental field studies. Ecological Monographs，61：53-73.

ECONOMO E P，2011. Biodiversity conservation in metacommunity networks：linking pattern and persistence. American Naturalist，177（6）：E167.

EGLER F E，1954. Vegetation science concepts. Ⅰ. Initial floristic composition—a factor in old-field vegetation development. Vegetatio，4：412-417.

EHRLICH I，1981. On the usefulness of controlling individuals：an economic analysis of rehabilitation，incapacitation and deterrence. The American Economic Review，71（3）：307-322.

EHRLICH P R，EHRLICH P R，EHRLICH A H，2004. One with Nineveh：Politics，Consumption，and The Human Future. Chicago：Island Press.

ELITH J H，GRAHAM C P，ANDERSON R，et al.，2006. Novel methods improve prediction of species' distributions from occurrence data. Ecography，29（2）：129-151.

ELITH J，2000. Quantitative methods for modeling species habitat：comparative performance and an application to Australian plants. *In*：FERSON S，BURGMAN M，Quantitative Methods for Conservation Biology. New York：Springer：39-58.

ELITH J，LEATHWICK J R，2009. Species distribution models：ecological explanation and prediction across space and time. Annual Review of Ecology，Evolution，and Systematics，40：677-697.

ELTON C S，1958. The Ecology of Invasions by Animals and Plants. Grantham：Methuen.

FAABORG J，HOLMES R T，ANDERS A D，et al.，2010. Conserving migratory land birds in the new world：do we know enough? Ecological Applications，20：398-418.

FAGAN W F，2002. Connectivity，fragmentation，and extinction risk in dendritic metapopulations. Ecology，83：3243-3249.

FAY M P，SHAW P A，2010. Exact and asymptotic weighted logrank tests for interval censored data：The interval R package. Journal of Statistical Software，36：i02.

FERNANDO W G D，PAULITZ T C，SEAMAN W L，et al.，1997. Head blight gradients caused by *Gibberella zeae* from area sources of inoculum in wheat field plots. Phytopathology，87（4）：414-421.

FICK S E，HIJMANS R J，2017. WorldClim 2：new 1km spatial resolution climate surfaces for global land areas. International Journal of Climatology，37（12）：4302-4315.

FIEBERG J R，SHERTZER K W，CONN P B，et al.，2010. Integrated population modeling of black bears in Minnesota：implications for monitoring and management. PLoS ONE，5（8）：e12114.

FIELD C B，1995. Global net primary production：combining ecology and remote sensing. Remote Sensing of Environment，51：23-47.

FIELD R，HAWKINS B A，CORNELL H V，et al.，2009. Spatial species-richness gradients across scales：a meta-analysis. Journal of Biogeography，36：132-147.

FIELDING A H，BELL J F，1997. A review of methods for the assessment of prediction errors in conservation presence/absence models. Environmental Conservation，24（1）：38-49.

FORESTER J D，IVES A R，TURNER M G，et al.，2007. State-space models link elk movement patterns to landscape characteristics in Yellowstone National Park. Ecological Monographs，77（2）：285-299.

FOX A D，ABRAHAM K F，2017. Why geese benefit from the transition from natural vegetation to agriculture. Ambio，46：188-197.

FOX A D，CAO L，BARTER M，et al.，2008. The functional use of East Dongting Lake，China，by wintering geese.Wildfowl，58：3-19.

FRECKLETON R P，WATKINSON A R，GREEN R E，et al.，2006. Census error and the detection of density dependence. Journal of Animal Ecology，75（4）：837-851.

FREEZE R A，HARLAN R L，1969. Blueprint for a physically-based，digitally-simulated hydrologic response model. Journal of Hydrology，9（3）：237-258.

FROESE R，PAULY D，2018. Fish Base. www.fishbase.org[2023-10-20].

FRONEMAN A，MANGNALL M J，LITTLE R M，et al.，2001. Waterbird assemblages and associated habitat characteristics of farm ponds in the Western Cape，South Africa. Biodiversity & Conservation，10：251-270.

FULLER W A，1987. Measurement Error Models. Chichester：John Wiley & Sons.

GAILLARD J M，FESTA-BIANCHET M，YOCCOZ N G，1998. Population dynamics of large herbivores：variable recruitment with constant adult survival. Trends in Ecology & Evolution，13（2）：58-63.

GALLUZZI G，EYZAGUIRRE P，NEGRI V，2010. Home gardens：neglected hotspots of agro-biodiversity and cultural diversity. Biodiversity and Conservation，19（13）：3635-3654.

GARCIA-MORENO J，HARRISON I J，DUDGEON D，et al.，2014. Sustaining freshwater biodiversity in the Anthropocene. *In*：Bhaduri A，Bogardi J，Leentvaar J，et al.，The Global Water System in the Anthropocene：Challenges for Science and Governance. Berlin：Springer Water.

GARDNER M R，ASHBY W R，1970. Connectance of large dynamic（cybernetic）systems：critical values for stability. Nature，228（5273）：784.

GARDNER T A，FERREIRA J，BARLOW J，et al.，2013. A social and ecological assessment of tropical land uses at multiple scales：the sustainable amazon network. Philosophical Transactions of the Royal Society B：Biological Sciences，368：20120166.

GASTON K J，2009. Geographic range limits：achieving synthesis. Proceedings of the Royal Society B：Biological Sciences，276（1661）：1395-1406.

GASTON K J，DAVIES R G，ORME C，et al.，2007. Spatial turnover in the global avifauna. Proceedings Biological Sciences，274（1618）：1567-1574.

GASTON K J，FULLER R A，2009. The sizes of species' geographic ranges. Journal of Applied Ecology，46（1）：1-9.

GAUSE G F，1934. Experimental analysis of vito volterra's mathematical theory of the struggle for existence. Science，79：16-17.

GELMAN A，GOODRICH B，GABRY J，et al.，2019. R-squared for Bayesian Regression Models. Alexandria：The American Statistician.

GENG X，YANG M，John G，et al.，2016. Simulating methane emissions from the littoral zone of a reservoir by wetland DNDC model. Journal of Resources and Ecology，7（4）：281-290.

GERHARDS R，WYSE-PESTER D Y，MORTENSEN D，et al.，1997. Characterizing spatial stability of weed populations using interpolated maps. Weed Science，45（1）：108-119.

GERMOGENOV N I，BYSYKATOVA I P，DEGTYAREV A G，et al.，2012. Current status of tundra cranes species populations in Yakutia. Cryobiology，65（3）：358.

GIBSON G J，GILLIGAN C A，KLECZKOWSKI A，1999. Predicting variability in biological control of a plant—pathogen system using stochastic models. Proceedings of the Royal Society of London Series B：Biological Sciences，266（1430）：1743-1753.

GLEASON H A，1927. Further views on the succession concept. Ecology，8：299-326.

GOLDENFUM J A，2018. GHG Measurement Guidelines for Freshwater Reservoirs. London：The International Hydropower Association.

GONG D Y，SHI P J，WANG J A，2004. Daily precipitation changes in the semi-arid region over northern China. Journal of Arid Environments，59：771-784.

GONZALEZ A，LOREAU M，2009. The causes and consequences of compensatory dynamics in ecological communities. Annual Review of Ecology Evolution & Systematics，40（1）：393-414.

GOTELLI N J，2000. Null model analysis of species co-occurrence patterns. Ecology，81（9）：2606-2621.

GOUHIER T C，GUICHARD F，2014. Synchrony：quantifying variability in space and time. Methods in Ecology and Evolution，5（6）：524-533.

GRAVEL D，CANHAM C D，BEAUDET M，et al.，2006. Reconciling niche and neutrality：the continuum hypothesis. Ecology Letters，9（4）：399-409.

GREET J，COUSENS R D，WEBB J A，2013. Seasonal timing of inundation affects riparian plant growth and flowering：implications for riparian vegetation composition. Plant Ecology，214（1）：87-101.

GRINSVEN V，RIEMSDIJK V，OTJES R，et al.，1992. Rates of aluminum dissolution in acid sandy soils observed in column experiments. Journal of Environmental Quality，21（2）：439-447.

GRUBB P J，1977. The maintenance of species-richness in plant communities：the importance of the regeneration niche. Biological Reviews，52（1）：107-145.

GUADAGNIN D L，MALTCHIK L，FONSECA C R，2009. Species-area relationship of neotropical waterbird assemblages in remnant wetlands：looking at the mechanisms. Diversity & Distributions，15：319-327.

GUAN L，LEI J，ZUO A，et al.，2016. Optimizing the timing of water level recession for conservation of wintering geese in Dongting Lake，China. Ecological Engineering，88：90-98.

GUILFORD T C，MEADE J，FREEMAN R，et al.，2008. GPS tracking of the foraging movements of *Manx shearwaters Puffinus puffinus* breeding on Skomer Island，Wales. Ibis，150（3）：462-473.

GUISAN A，ZIMMERMANN N E，2000. Predictive habitat distribution models in ecology. Ecological Modelling，135（2）：147-186.

GÜNERALP B，SETO K C，2013. Futures of global urban expansion：uncertainties and implications for biodiversity conservation. Environmental Research Letters，8（1）：014025.

GUO C，YE S，LEK S，et al.，2013. The need for improved fishery management in a shallow macrophytic lake in the Yangtze River basin：evidence from the food web structure and ecosystem analysis. Ecol Model，267：138-147.

GUPTA V K，WAYMINE E，1990. Multiscalling proper ties of special rainfall and river flow distribution. J Geophysical Research，95（3）：1999-2009.

HA H，OLSON J R，BIAN L，et al.，2014. Analysis of heavy metal sources in soil using kriging interpolation on principal components. Environmental Science & Technology，48（9）：4999-5007.

HABEL J C，DENGLER J，JANIŠOVÁ M，et al.，2013. European grassland ecosystems：threatened hotspots of biodiversity. Biodiversity and Conservation，22（10）：2131-2138.

HADFIELD J D，2010. MCMC methods for multi-response generalized linear mixed models：The MCMCglmm R package. Journal of Statistical Software，33：1-22.

HAIR J F Jr，ANDERSON R E，TATHAM R L，et al.，1995. Multivariate Data Analysis with Readings. 4th ed. New York：Macmillan.

HALLETT L M，HSU J S，CLELAND E E，et al.，2014. Biotic mechanisms of community stability shift along a precipitation gradient. Ecology，95：1693-1700.

HALLETT L M，JONES S K，MACDONALD A A M，et al.，2016. Codyn：An r package of community dynamics metrics. Methods in Ecology & Evolution，7：1146-1151.

HAMILTON A J，2005. Species diversity or biodiversity? Journal of Environmental Management，75（1）：89-92.

HANSKI I，2009. The Theories of Island Biogeography and Metapopulation Dynamics：The Theory of Island Biogeography Revisited. Princeton：Princeton University Press.

HARBAUGH A W，2005. MODFLOW-2005：the U.S. Geological Survey Modular Groundwater Model-The Ground-Water Flow Process. New York：U. S. Geological Survey Techniques and Methods：6～A16.

HARDING K C，MCNAMARA J M，HOLT R D，2006. Understanding invasions in patchy habitats through metapopulation theory. Springer Netherlands，182：243.

HAREL R，HORVITZ N，NATHAN R，2016. Adult vultures outperform juveniles in challenging thermal soaring conditions. Scientific Reports，6（1）：1-8.

HARRIS J B C，YONG D L，SODHI N S，et al.，2013. Changes in autumn arrival of long-distance migratory birds in Southeast Asia. Climate Research，57：133-141.

HARRISON S，LAWTON R，1992. Beta diversity on geographic gradients in Britain. Journal of Animal Ecology，61（1）：151-158.

HARRISON S，VIERS J H，QUINN J F，2000. Climatic and spatial patterns of diversity in the serpentine plants of California. Diversity and Distributions，6（3）：153-162.

HASSALL M，RIDDINGTON R，HELDEN A，2001. Foraging behaviour of brent geese，*Branta bernicla*，on grasslands：effects of sward length and nitrogen content. Oecologia，127：97-104.

HASTIE G D，SWIFT R J，SLESSER G，et al.，2005. Environmental models for predicting oceanic dolphin habitat in the Northeast Atlantic. ICES Journal of Marine Science，62（4）：760-770.

HATFIELD J S，REYNOLDS M H，SEAVY N E，et al.，2012. Population dynamics of Hawaiian seabird colonies vulnerable to sea-level rise. Conservation Biology，26（4）：667-678.

HAWKINS B A，FIELD R，CORNELL H V，et al.，2003. Energy，water，and broad-scale geographic patterns of species richness. Ecology，84：3105-3117.

HAYNE D W，1949. Calculation of size of home range. Journal of Mammalogy，30：1-18.

HEINO J，ALAHUHTA J，BINI L M，et al.，2021. Lakes in the era of global change：moving beyond single-lake thinking in maintaining biodiversity and ecosystem services. Biological Reviews，96：89-106.

HEINO J，MELO A S，SIQUEIRA T，et al.，2015. Metacommunity organisation，spatial extent and dispersal in aquatic systems：patterns，processes and prospects. Freshwater Biology，60（5）：845-869.

HENDRY A P，FARRUGIA T J，KINNISON M T，2008. Human influences on rates of phenotypic change in wild animal populations. Molecular Ecology，17：20-29.

HIJMANS R J，CAMERON S E，PARRA J L，et al.，2005. Very high resolution interpolated climate surfaces for global land areas. International Journal of Climatology：A Journal of the Royal Meteorological Society，25（15）：1965-1978.

HILLER R V，BRETSCHER D，DELSONTRO T，et al.，2014. Anthropogenic and natural methane fluxes in Switzerland synthesized within a spatially explicit inventory. Biogeosciences，11（7）：1941-1959.

HILLERISLAMBERS J，ADLER P B，HARPOLE W S，et al.，2012. Rethinking community assembly through the lens of coexistence theory. Annual Review of Ecology Evolution，and Systematics，43：227-248.

HMS B，HAZEN E L，AIKENS E O，et al.，2019. Memory and resource tracking drive blue whale migrations. Proceedings of The National Academy of Sciences，116（12）：5582-5587.

HOBSON K A，ALISAUSKAS R T，CLARK R G，1993. Stable-nitrogen isotope enrichment in avian tissues due to fasting and nutritional stress: implications for isotopic analyses of diet. Condor，95：388-394.

HOBSON K A，BARNETT-JOHNSON R，CERLING T，2010. Using isoscapes to track animal migration. *In*: WEST J B，BOWEN G J，TU K P，et al.，Isoscapes: Understanding Movement，Pattern，and Process on Earth Through Isotope Mapping. New York: Springer: 273-298.

HOBSON K A，CLARK R W，1992. Assessing avian diets using stable isotopes. Ⅱ. Factors influencing diet-tissue fractionation. Condor，94：189-197.

HOLDO R M，HOLT R D，FRYXELL J M，2009. Opposing rainfall and plant nutritional gradients best explain the wildebeest migration in the Serengeti. The American Naturalist，173（4）：431-445.

HOLGERSON M A，RAYMOND P A，2016. Large contribution to inland water CO_2 and CH_4 emissions from very small ponds. Nature Geoscience，9（3）：222-226.

HOLLING C S，1966. The functional response of invertebrate predators to prey density. The Memoirs of the Entomological Society of Canada，98（S48）：5-86.

HOLMES E E，2001. Estimating risks in declining populations with poor data. Proceedings of the National Academy of Sciences（USA），98：5072-5077.

HOLMES E E，FAGAN W F，2002. Validating population viability analysis for corrupted data sets. Ecology，83（9）：2379-2386.

HOLMES E E，WARD E J，SCHEUERELL M D，2012. Analysis of multivariate time-series using the MARSS package. NOAA Fisheries，Northwest Fisheries Science Center，2725：98112.

HOOTON T M，VECCHIO M，IROZ A，et al.，2018. Effect of increased daily water intake in premenopausal women with recurrent urinary tract infections: a randomized clinical trial. JAMA Internal Medicine，178（11）：1509-1515.

HORN H S，MACARTHUR R H，1972. Competition among fugitive species in a harlequin environment. Ecology，53：749-752.

HORNE J S，GARTON E O，KRONE S M，et al.，2007. Analyzing animal movements using Brownian bridges. Ecology，88：2354-2363.

HORTON R E，1933. The role of infiltration in the hydrologic cycle. Eos，Transactions American Geophysical Union，14（1）：446-460.

HUBBELL S P，1979. Tree dispersion，abundance，and diversity in a tropical dry forest. Science，203（4387）：1299-1309.

HURLBERT A H. 2004. Species-energy relationship and habitat complexity in bird communities. Ecology Letters，7：714-720.

HUTCHINSON G E，1957. Population studies: animal ecology and demography: concluding remarks. Cold Spring Harbor Symposia Quantitative Biology，22：415-427.

INGER R，BEARHOP S，2008. Applications of stable isotope analyses to avian ecology. Ibis，150：447-461.

IUCN，2013. Redlist: Siberian Crane. http://www.iucn.org/about/work/programmes/species/our_work/the_iucn_red_list/[2023-10-20].

IVES C D，LENTINI P E，THRELFALL C G，et al.，2016. Cities are hotspots for threatened species. Global Ecology and Biogeography，25（1）：117-126.

JACKSON A L，INGER R，PARNELL A C，et al.，2011. Comparing isotopic niche widths among and within communities: SIBER-Stable isotope Bayesian ellipses in R. Journal of Animal Ecology，80：595-602.

JACKSON LJ，TREBITZ A S，COTTINGHAM K L，2000. An Introduction to the practice of ecological modeling. BioScience，50：694-706.

JAIN M K，SINgh V P，2005. DEM-based modelling of surface runoff using diffusion wave equation. Journal of Hydrology，302（1-4）：107-126.

JAKEMAN A J，LETCHER R A，NORTON J P，2006. Ten iterative steps in development and evaluation of environmental models. Environmental Modelling & Software，21：602-614.

JANKOWIAK Ł，SKÓRKA P，ŁAWICKI Ł，et al.，2015. Patterns of occurrence and abundance of roosting geese：the role of spatial scale for site selection and consequences for conservation. Ecological Research，30：833-842.

JANKOWSKI J E，CIECKA A L，MEYER N Y，2009. Beta diversity along environmental gradients：implications of habitat specialization in tropical montane landscapes. Journal of Animal Ecology，78：315-327.

JANZEN D H，1970. Herbivores and the number of tree species in tropical forests. The American Naturalist，104：501-528.

JI W，ZENG N，WANG Y，et al.，2007. Analysis on the waterbirds community survey of Poyang Lake in winter. Geographic Information Sciences，13（1-2）：51-64.

JIA Y F，ZENG Q，WANG Y Y，et al.，2020. Processes shaping wintering waterbird communities in an intensive modified landscape：neutral assembly with dispersal limitation and localized competition. Ecological Indicators，114：106330.

JIA Y，JIAO S，ZHANG Y，et al.，2013. Diet shift and its impact on foraging behavior of Siberian crane（*Grus leucogeranus*）in Poyang Lake. PLoS ONE，8：e65843.

JIANG H，CHEN K J，ZOU F Y，et al.，2004. Study on the age and growth of Bighead in Yueyang Zhong Zhou fishing ground. Inland Fish，29：35-37.

JING L，LU C，XIA Y，et al.，2017. Effects of hydrological regime on development of *Carex* wet meadows in East Dongting Lake，a Ramsar Wetland for wintering waterbirds. Scientific Reports，7：41761.

JOHNSTON C A，1998. Geographic Information System in Ecology. Oxford：Blackwell Science.

JONES C B，2005. Behavioral Flexibility in Primates：Causes and Consequences. New York：Springer US：318.

JONES S K，RIPPLINGER J，COLLINS S L，2017. Species reordering，not changes in richness，drives long-term dynamics in grassland communities. Ecology Letters，20：1556-1565.

JONGMAN R，BRAAK C，TONGEREN O，1995. Data Analysis in Community and Landscape Ecology. Cambridge：Cambridge University Press：103.

JURASINSKI G，RETZER V，BEIERKUHNLEIN C，2009. Inventory，differentiation，and proportional diversity：a consistent terminology for quantifying species diversity. Oecologia，159：15-26.

KAHM M，HASENBRINK G，LICHTENBERG-FRATÉ H，et al.，2010. Grofit：fitting biological growth curves with R. J Stat Softw，33：1-21.

KAO Y C，ADLERSTEIN S，RUTHERFORD E，2014. The relative impacts of nutrient loads and invasive species on a Great Lakes food web：an Ecopath with Ecosim analysis. J Great Lakes Res，40：35-52.

KARMIRIS I，KAZANTZIDIS S，PLATIS P，et al.，2017. Diet selection by wintering lesser white-fronted goose *Anser erythropus* and the role of food availability. Bird Conservation International，27：355-370.

KATTEL G R，DONG X，YANG X，2016. A century-scale，human-induced ecohydrological evolution of wetlands of two large river basins in Australia（Murray）and China（Yangtze）. Hydrology and Earth System

Sciences，20：2151.

KAWAMURA K，AKIYAMA T，YOKOTA H O，et al.，2005. Comparing MODIS vegetation indices with AVHRR NDVI for monitoring the forage quantity and quality in Inner Mongolia grassland，China. Grassland Science，51：33-40.

KÉFI S，DOMÍNGUEZ-GARCÍA V，DONOHUE I，et al.，2019. Advancing our understanding of ecological stability. Ecology Letters，22（9）：1349-1356.

KEIL P，STORCH D，JETZ W，2015. On the decline of biodiversity due to area loss. Nature Communications，6：8837.

KERNOHAN B J，GITZEN R A，MILLSPAUGH J J，2001. Radio Tracking and Animal Populations. New York：Academic Press：125-166.

KERR J T，Ostrovsky M，2003. From space to species：ecological applications for remote sensing. Trends in Ecology & Evolution，101：501-527.

KHAN M L，KHUMBONGMAYUM A D，TRIPATHI R S，2008. The sacred groves and their significance in conserving biodiversity：an overview. International Journal of Ecology and Environmental Sciences，34（3）：277-291.

KIENAST F，1993. Analysis of historic landscape patterns with a Geographical Information System—a methodological outline. Landscape Ecology，8（2）：103-118.

KINDSVATER H K，DULVY N K，HORSWILL C，et al.，2018. Overcoming the data crisis in biodiversity conservation. Trends in Ecology & Evolution，33（9）：676-688.

KING A J，HUMPHRIES P，LAKE P S，2003. Fish recruitment on floodplains：the roles of patterns of flooding and life history characteristics. Canadian Journal of Fisheries & Aquatic Sciences，60（7）：773-786.

KIRBY J S，STATTERSFIELD A J，BUTCHART S H，et al.，2008. Key conservation issues for migratory land- and waterbird species on the world's major flyways. Bird Conservation International，18：S49-S73.

KISS A，2004. Is community-based ecotourism a good use of biodiversity conservation funds? Trends in Ecology & Evolution，19（5）：232-237.

KLOPFER P H，1959. Environmental determinants of faunal diversity. American Naturalist，93（873）：337-342.

KLOPFER P H，MACARTHUR P，1960. Niche size and faunal diversity. American Naturalist，94（877）：293-300.

KOLEFF P，GASTON K J，LENNON J J，2003. Measuring beta diversity for presence-absence data. Journal of Animal Ecology，72（3）：367-382.

KÖLZSCH A，MÜSKENS G J，KRUCKENBERG H，et al.，2016. Towards a new understanding of migration timing：slower spring than autumn migration in geese reflects different decision rules for stopover use and departure. Oikos，125（10）：1496-1507.

KORHONEN J J，SOININEN J，HILLEBRAND H，2010. A quantitative analysis of temporal turnover in aquatic species assemblages across ecosystems. Ecology，91（2）：508-517.

KRAFT N J B，ADLER P B，GODOY O，et al.，2015. Community assembly，coexistence and the environmental filtering metaphor. Functional Ecology，29（5）：592-599.

KRANSTAUBER B，KAYS R，LAPOINT S D，et al.，2012. A dynamic Brownian bridge movement model to estimate utilization distributions for heterogeneous animal movement. Journal of Animal Ecology，81（4）：738-746.

KRAPU G L，1981. The role of nutrient reserves in mallard reproduction. The Auk，98（1）：29-38.

KUHN C E，CROCKER D E，TREMBLAY Y，et al.，2009. Time to eat：measurements of feeding behaviour in a large marine predator，the northern elephant seal *Mirounga angustirostris*. Journal of Animal Ecology，78（3）：513-523.

LANDE R，ENGEN S，SAETHER B E，2003. Stochastic Population Dynamics in Ecology and Conservation. Oxford：Oxford University Press.

LAVER P N，KELLY M J，2008. A critical review of home range studies. The Journal of Wildlife Management，72（1）：290-298.

LAYMAN C A，ARRINGTON D A，MONTANA C G，et al.，2007. Can stable isotope ratios provide for community-wide measures of trophic structure? Ecology，88：42-48.

LEGENDRE P，2019. A temporal beta-diversity index to identify sites that have changed in exceptional ways in space-time surveys. Ecology and Evolution，9：3500-3514.

LEGENDRE P，BORCARD D，PERES-NETO P R，2005. Analyzing beta diversity：partitioning the spatial variation of community composition data. Ecological Monographs，75（4）：435-450.

LEGENDRE P，GAUTHIER O，2014. Statistical methods for temporal and space-time analysis of community composition data. Proceedings of the Royal Society B：Biological Sciences，281（1778）：20132728.

LEIBOLD M A，HOLYOAK M，MOUQUET N，et al.，2004. The metacommunity concept：a framework for multi-scale community ecology. Ecology Letters，7：601-613.

LELE S R，DENNIS B，LUTSCHER F，2007. Data cloning：easy maximum likelihood estimation for complex ecological models using Bayesian Markov chain Monte Carlo methods. Ecology Letters，10（7）：551-563.

LELE S，WILSHUSEN P，BROCKINGTON D，et al.，2010. Beyond exclusion：alternative approaches to biodiversity conservation in the developing tropics. Current Opinion in Environmental Sustainability，2（1-2）：94-100.

LEPCZYK C A，ARONSON M F J，EVANS K L，et al.，2017. Biodiversity in the city：fundamental questions for understanding the ecology of urban green spaces for biodiversity conservation. BioScience，67（9）：799-807.

LEPŠ J，GÖTZENBERGER L，VALENCIA E，et al.，2019. Accounting for long-term directional trends on year-to-year synchrony in species fluctuations. Ecography，42（10）：1728-1741.

LEVINS R，1966. The strategy of model building in population biology. American Scientist，54（4）：421-431.

LI B，TAN W，WEN L，et al.，2020a. Anthropogenic habitat alternation significantly decreases α- and β-diversity of benthopelagic metacommunity in a large floodplain lake. Hydrobiologia，847：293-307.

LI D，YANG C，1998. The biology of mandarin fish in Poyang Lake. Acta Agr Jiangxi，10：14-22.

LI G，YANG M，ZHANG Y，et al.，2020c. Comparison model learning methods for methane emission prediction of reservoirs on a regional field scale：performance and adaptation of methods with different experimental datasets. Ecological Engineering，157：105990.

LI T，HUANG Y，ZHANG W，et al.，2010. $CH_4MOD_{wetland}$：A biogeophysical model for simulating methane emissions from natural wetlands. Ecological Modelling，221（4）：666-680.

LI T，LU Y，YU L，et al.，2020b. Evaluation of $CH_4MOD_{wetland}$ and terrestrial ecosystem model（TEM）used to estimate global CH_4 emissions from natural wetlands. Geoscientific Model Development，13（8）：3769-3788.

LI T，XIE B，WANG G，et al.，2016a. Field-scale simulation of methane emissions from coastal wetlands in China using an improved version of $CH_4MOD_{wetland}$. Science of the Total Environment，559：256-267.

LI T，ZHANG Q，CHENG Z，et al.，2016b. Modeling CH$_4$ emissions from natural wetlands on the Tibetan Plateau over the past 60 years：influence of climate change and wetland loss. Atmosphere，7（7）：90.

LI T，ZHANG Q，ZHANG W，et al.，2016c. Prediction CH$_4$ emissions from the wetlands in the Sanjiang Plain of Northeastern China in the 21st century. PLoS ONE，11（7）：e0158872.

LI X H，ZHANG Q，XU C Y，2012b. Suitability of the TRMM satellite rainfalls in driving a distributed hydrological model for water balance computations in Xinjiang catchment，Poyang lake basin. Journal of Hydrology，426/427：28-38.

LI Y K，CHEN Y，BING S，et al.，2009. Ecosystem structure and functioning of Lake Taihu（China）and the impacts of fishing. Fish Res，95（2）：309-324.

LI Y L，ZHANG Q，YAO J，et al.，2012a. An integrated hydrological model for Poyang lake watershed，China. Nanjing：Remote Sensing，Environment and Transportation Engineering（RSETE），International Conference：1-4.

LI Y L，ZHANG Q，YAO J，et al.，2013. Hydrodynamic and hydrological modeling of Poyang Lake-catchment system in China. Journal of Hydrologic Engineering，9（3）：607-616.

LIEBHOLD A，1993. Geostatistics and geographical information system in applied insect ecology. Annu Rev Entomol，38：125-151.

LINDEMAN R L，1942. The trophic-dynamic aspect of ecology. Ecology，43（4）：399-417.

LINDENMAYER D，2019. Small patches make critical contributions to biodiversity conservation. Proceedings of the National Academy of Sciences，116（3）：717-719.

LIU J，2011. Diet and Activities of Wintering Tundra Bean Geese *Anser fabalis* Serrirostris at Shengjin Lake，NNR，Anhui province. Hefei：Dissertaion，University of Science and Technology of China.

LIU S P，1997. A study on the biology of *Pseudobagrus fulvidraco* in Poyang Lake. Chin J Zool，（4）：10-16.

LIU X，TEUBNER K，CHEN Y，2016. Water quality characteristics of Poyang Lake，China，in response to changes in the water level. Hydrology Research，47（S1）：238-248.

LOBO J M，JIMÉNEZ-VALVERDE A，REAL R，2008. AUC：a misleading measure of the performance of predictive distribution models. Global Ecology and Biogeography，17（2）：145-151.

LOREAU M，MAZANCOURT C D，2008. Species synchrony and its drivers：neutral and nonneutral community dynamics in fluctuating environments. American Naturalist，172（2）：48-66.

LOREAU M，MOUQUET N，1999. Immigration and the maintenance of local species diversity. American Naturalist，154：427-440.

LOREAU M，NAEEM S，INCHAUSTI P，et al.，2001. Biodiversity and ecosystem functioning：current knowledge and future challenges. Science，294（5543）：804-808.

LU C，JIA Y，JING L，et al.，2018. Shifts in river-floodplain relationship reveal the impacts of river regulation：a case study of Dongting Lake in China. Journal of Hydrology，559：932-941.

LUCK G W，2007. A review of the relationships between human population density and biodiversity. Biological Reviews，82（4）：607-645.

MA R，DUAN H，HU C，et al.，2010. A half-century of changes in China's lakes：Global warming or human influence? Geophysical Research Letters，37（24）：L24106.

MACARTHUR R H，1957. On the relative abundance of bird species. Proceedings of the National Academy of Sciences of the United States of America，43（3）：293-295.

MACARTHUR R H，LEVINS R，1964. Competition，habitat selection，and character displacement in patchy environment. Proceedings of the National Academy of Sciences of the United States of America，51：1207-1210.

MACARTHUR R H，WILSON E O，1967. The Theory of Island Biogeography. Princeton：Princeton University Press.

MACARTHUR R，1955. Fluctuations of animal populations and a measure of community stability. Ecology，36 （3）：533-536.

MAGURRAN A E，DEACON A E，MOYES F，et al.，2018. Divergent biodiversity change within ecosystems. Proceedings of the National Academy of Sciences of the United States of America，115（8）：1843-1847.

MAGURRAN A E，DORNELAS M，MOYES F，et al.，2019. Temporal β diversity—A macroecological perspective. Global Ecology and Biogeography，28（12）：1949-1960.

MANI P K，MANDAL A，BISWAS S，et al.，2021. Remote sensing and geographic information system：a tool for precision farming. Geospatial Technologies for Crops and Soils，20：11-34.

Manny B A，Johnson W C，Wetzel R G，1994. Nutrient additions by waterfowl to lakes and reservoirs：predicting their effects on productivity and water quality. Hydrobiologia，279：121-132.

MARCHESE C，2015. Biodiversity hotspots：a shortcut for a more complicated concept. Global Ecology and Conservation，3：297-309.

MARDIYANTO A，MAKALEW A D，HIGUCHI H，2015. Spatial distribution model of stopover habitats used by oriental honey buzzards in East Belitung based on satellite-tracking data. Procedia Environmental Sciences，24：95-103.

MARGALEF D R，1958. Information theory in ecology. General Systems，3：36-71.

MARTIN J，KITCHENS W M，HINES J E，2007. Importance of well-designed monitoring programs for the conservation of endangered species：case study of the snail kite. Conservation Biology，21（2）：472-481.

MAUTNER M N，PARK S，2017. Space ecology. Springer International Publishing，20：211.

MAWDSLEY J R，O' MALLEY R，OJIMA D S，2009. A review of climate-change adaptation strategies for wildlife management and biodiversity conservation. Conservation Biology，23（5）：1080-1089.

MAY R M，1976. Patterns in multi-species communities. In：May R M，Theoretical Ecology：Principles and Applications. Oxford：Oxford University Press.

MAYNARD-SMITH J，1973. Models in Ecology. Cambridge：Cambridge University Press.

MCGILl B J，2003. A test of the unified neutral theory of biodiversity. Nature，422（6934）：881-885.

MCGILL B J，DORNELAS M，GOTELLI N J，et al.，2015. Fifteen forms of biodiversity trend in the Anthropocene. Trends in Ecology & Evolution，30（2）：104-113.

MCGILL B J，ENQUIST B J，WEIHER E，et al.，2006. Rebuilding community ecology from functional traits. Trends in Ecology & Evolution，21（4）：178-185.

MCKNIGHT S K，1998. Effects of food abundance and environmental parameters on foraging behavior of gadwalls and American coots in winter. Canadian Journal of Zoology，76：1993-1998.

MCMANAMAY R A，FRIMPONG E A，2015. Hydrologic filtering of fish life history strategies across the United States：implications for stream flow alteration. Ecological Applications，25：243-263.

MEHTA C R，PATEL N R，SENCHAUDHURI P，1988. Importance sampling for estimating exact probabilities in permutational inference. Journal of the American Statistical Association，83：999-1005.

MERKLE J A，MONTEITH K L，AIKENS E O，et al.，2016. Large herbivores surf waves of green-up during spring. Proceedings of the Royal Society B：Biological Sciences，283（1833）：20160456.

MESSERLI B，GROSJEAN M，HOFER T，et al.，2000. From nature-dominated to human-dominated environmental changes. Quaternary Science Reviews，19：459-479.

MESSINGER S M，2012. Space：the final frontier of predator evolution. Dissertations & Theses Gradworks，182：301.

MICHAEL E L，1920. Marine ecology and the coefficient of association：a plea in behalf of quantitative biology. Journal of Ecology，8（1）：54-59.

MIDDLETON A D，MERKLE J A，MCWHIRTER D E，et al.，2018. Green-wave surfing increases fat gain in a migratory ungulate. Oikos，127（7）：1060-1068.

MILLAR R B，MEYER R，2000. Bayesian state-space modeling of age-structured data：fitting a model is just the beginning. Canadian Journal of Fisheries and Aquatic Sciences，57（1）：43-50.

MILLER J R，RUSSELL G L，1997. Investigating the interactions among river flow，salinity and sea ice using a global coupled atmosphere-ocean-ice model. Annals of Glaciology，25：121-126.

MIMS M C，OLDEN J D，2012. Life history theory predicts fish assemblage response to hydrologic regimes. Ecology，93：35-45.

MITTELBACH G G，MCGILL B J，2019. Community Ecology. Oxford：Oxford University Press.

MITTELBACH G G，STEINER C F，SCHEINER S M，et al.，2001. What is the observed relationship between species richness and productivity? Ecology，82：2381-2396.

MONTEITH J L，1972. Solar radiation and productivity in tropical ecosystems. Journal of Applied Ecology，9（3）：747-766.

MORI A S，FUJII S，KITAGAWA R，et al.，2015. Null model approaches to evaluating the relative role of different assembly processes in shaping ecological communities. Oecologia，178（1）：261-273.

MORI A S，ISBELL F，SEIDL R，2018. β-diversity，community assembly，and ecosystem functioning. Trends in Ecology & Evolution，33（7）：549-564.

MORI A S，SHIONO T，KOIDE D，et al.，2013. Community assembly processes shape an altitudinal gradient of forest biodiversity. Global Ecology & Biogeography，22（7）：878-888.

MUSTERS C J M，HUNTING E R，SCHRAMA M，et al.，2019. Spatial and temporal homogenisation of freshwater macrofaunal communities in ditches. Freshwater Biology，64（12）：2260-2268.

MYERS N，MITTERMEIER R A，MITTERMEIER C G，et al.，2000. Biodiversity hotspots for conservation priorities. Nature，403（6772）：853-858.

NABE-NIELSEN J，TOUGAARD J，TEILMANN J，et al.，2013. How a simple adaptive foraging strategy can lead to emergent home ranges and increased food intake. Oikos，122：1307-1316.

NASH J E，SUTCLIFFE I V，1970. River flow for casting through conceptual models part1-A discussion of priciples. Journal of Hydrology，10：282-290.

NEW T，XIE Z，2008. Impacts of large dams on riparian vegetation：applying global experience to the case of China's Three Gorges Dam. Biodiversity and Conservation，17（13）：3149-3163.

NING D，DENG Y，TIEDJE J M，et al.，2019. A general framework for quantitatively assessing ecological stochasticity. Proceedings of the National Academy of Sciences of the United States of America，116：16892-16898.

OKES N C，HOCKEY P A，CUMMING G S，2008. Habitat use and life history as predictors of bird responses to habitat change. Conservation biology，22：151-162.

ØKLAND R H, 1986. Rescaling of ecological gradients. I. calculation of ecological distance between vegetation stands by means of their floristic composition. Nordic Journal of Botany, 6: 651-660.

OPPERMAN J J, GALLOWAY G E, FARGIONE J, et al., 2009. Sustainable floodplains through large-scale reconnection to rivers. Science, 326: 1487-1488.

OWEN M, 1972. Some factors affecting food intake and selection in White-Fronted Geese. Journal of Animal Ecology, 41: 79-92.

OWENS N W, 1977. Responses of wintering brent geese to human disturbance. Wildfowl, 28 (28): 5-14.

PASINELLI G, SCHAUB M, HÄFLIGER G, et al., 2011. Impact of density and environmental factors on population fluctuations in a migratory passerine. Journal of Animal Ecology, 80 (1): 225-234.

PAULUS S L, 1988. Time-activity budgets of nonbreeding Anatidae: a review. In: Weller M W, Waterfowl in Winter. Minneapolis: University of Minnesota Press: 135-152.

PAULY D, SORIANO-BARTZ M L, PALOMARES M L D, 1993. Improved construction, parametrization and interpretation of steady-state ecosystem models. Trophic models of aquatic ecosystems. ICLARM Conf Proc, 26: 1-13.

PEARCE J, FERRIER S, 2000. An evaluation of alternative algorithms for fitting species distribution models using logistic regression. Ecological Modelling, 128 (2-3): 127-147.

PEARSON R G, 2006. Climate change and the migration capacity of species. Trends in Ecology & Evolution, 21 (3): 111-113.

PEET R K, 1974. The measurement of species diversity. Annual Review of Ecology & Systematics, 5 (1): 285-307.

PENMAN H L, 1948. Natural evaporation from open water, bare soil and grass. Proceedings of the Royal Society of London Series A: Mathematical and Physical Sciences, 193 (1032): 120-145.

PETERSON B J, FRY B, 1987. Stable isotopes in ecosystem studies. Annual Review of Ecology and Systematics, 18: 293-320.

PETERSON C H, 1984. Does a rigorous criterion for environmental identity preclude the existence of multiple stable points? The American Naturalist, 124 (1): 127-133.

PEZZANITE B, ROCKWELL R F, DAVIES J C, et al., 2005. Has habitat degradation affected foraging behaviour and reproductive success of lesser snow geese (*Chen caerulescens caerulescens*)? Ecoscience, 12 (4): 439-446.

PHILLIPS S J, ANDERSON R P, SCHAPIRE R E, 2006. Maximum entropy modeling of species geographic distributions. Ecological Modelling, 190 (3-4): 231-259.

PHILLIPS S J, DUDÍK M, 2008. Modeling of species distributions with MaxEnt: new extensions and a comprehensive evaluation. Ecography, 31 (2): 161-175.

PIERSMA T, DRENT J, 2003. Phenotypic flexibility and the evolution of organismal design. Trends in Ecology & Evolution, 18: 228-233.

PIGLIUCCI M, 2001. Phenotypic Plasticity: Beyond Nature and Nurture. Baltimore, MD: The John Hopkins University Press.

PIMM S L, 1984. The complexity and stability of ecosystems. Nature, 307: 321-326.

POST D M. 2002. Using stable isotopes to estimate trophic position: models, methods, and assumptions. Ecology, 83: 703-718.

POWELL R A，2000. Animal home ranges and territories and home range estimators. Research Techniques in Animal Ecology：Controversies and Consequences，442：65-110.

PRABHAKARA K，HIVELY W D，MCCARTY G W，2015. Evaluating the relationship between biomass，percent groundcover and remote sensing indices across six winter cover crop fields in Maryland，United States. International Journal of Applied Earth Observation and Geoinformation，39：88-102.

PRAIRIE YT，ALM J，HARBY A，et al.，2017. The GHG Reservoir Tool（G-res）User guide，UNESCO/IHA Research Project on The GHG Status of Freshwater Reservoirs. Joint publication of the UNESCO Chair in Global Environmental Change and the International Hydropower Association：44.

PRESTON F W，1960. Time and space and the variation of species. Ecology，41（4）：612-627.

PROP J，VULINK T，1992. Digestion by barnacle geese in the annual cycle：the interplay between retention time and food quality. Functional Ecology，6：180-189.

PURVIS A，GITTLEMAN J L，COWLISHAW G，et al.，2000. Predicting extinction risk in declining species. Proceedings of the Royal Society of London Series B：Biological Sciences，267（1456）：1947-1952.

PÜTTKER T，BUENO A A，PRADO P I，et al.，2014. Ecological filtering or random extinction? Beta-diversity patterns and the importance of niche-based and neutral processes following habitat loss. Oikos，124：206-215.

PYKE G H，PULLIAM H R，CHARNOV E L，1977. Optimal foraging：A selective review of theory and tests. The Quarterly Review of Biology，52：137-154.

QIAN H，BADGLEY C，FOX D L，2009. The latitudinal gradient of beta diversity in relation to climate and topography for mammals in North America. Global Ecology and Biogeography，18（1）：111-122.

QIN T L，SHEN J Z，LI Z D，et al.，2016. Resource analysis of *Silver carp* in Poyang Lake，Ganjiang River and Yangtze River and its protection. Yangtze River，47（12）：23-27.

QUATTROCHI D A，PELLETIER R E，1991. Remote sensing for analysis of landscapes：an introduction，Ecological Studies，97：801-832.

QUEIROZ C，BEILIN R，FOLKE C，et al.，2014. Farmland abandonment：threat or opportunity for biodiversity conservation? A global review. Frontiers in Ecology and the Environment，12（5）：288-296.

QUINN J F，HARRISON S P，1988. Effects of habitat fragmentation and isolation on species richness：evidence from biogeographic patterns. Oecologia，75：132-140.

R CORE TEAM，2016. R：A Language and Environment for Statistical Computing. Vienna：R Foundation for Statistical Computing.

R DEVELOPMENT CORE TEAM，2012. R：A Language and Environment for Statistical Computing，Reference Index Version 2.15.0. Vienna：R Foundation for Statistical Computing.

Rahbek C，1995. The elevational gradient of species richness：a uniform pattern? Ecography，18：200-205.

RAMÍREZ F，AFÁN I，DAVIS L S，et al.，2017. Climate impacts on global hot spots of marine biodiversity. Science Advances，3（2）：e1601198.

RAMOS J A，RODRIGUES I，MELO T，et al.，2018. Variation in ocean conditions affects chick growth，trophic ecology，and foraging range in Cape Verde Shearwater. The Condor，120：283-290.

RANDS M R W，ADAMS W M，BENNUN L，et al.，2010. Biodiversity conservation：challenges beyond 2010. Science，329（5997）：1298-1303.

RANTA E，LUNDBERG P，KAITALA V，2006. Ecology of Populations. Cambridge：Cambridge University

Press.

REED S C，YANG X，THORNTON P E，2015. Incorporating phosphorus cycling into global modeling efforts： a worthwhile，tractable endeavor. New Phytologist，208（2）：324-329.

REES M，PAYNTER Q，1997. Biological control of Scotch broom： modeling the determinants of abundance and the potential impact of introduced insect herbivores. Journal of Applied Ecology，34（5）：1203-1221.

REN M L，1994. The biology of mandarin fish *Siniperea chuatsi* Basilewsky in Heilongjiang River. Chin J Fish，7：17-26.

RICHARDS J A，1996. Classifier performance and map accuracy. Remote Sensing of Environment，57（3）：161-166.

RICKLEFS R E，2004. A comprehensive framework for global patterns in biodiversity. Ecology Letters，7（1）：1-15.

RIGBY R A，STASINOPOULOS D M，2005. Generalized additive models for location，scale and shape，（with discussion）. Applied Statistics，54：507-554.

RILEY S J，DEGLORIA S D，ELLIOT R，1999. Index that quantifies topographic heterogeneity. Intermountain Journal of Sciences，5（1-4）：23-27.

ROBERTS E A，RAVLIN F W，Fleischer S J，1993. Spatial data representation for integrated pest management programs. American Entomologist，54（2）：92-108.

ROBERTS G O，ROSENTHAL J S，2004. General state space Markov chains and MCMC algorithms. Probability Surveys，1：20-71.

ROBINSON W D，BOWLIN M S，BISSON I，et al.，2010. Integrating concepts and technologies to advance the study of bird migration. Frontiers in Ecology and the Environment，8（7）：354-361.

ROBLEDO-ARNUNCIO J J，KLEIN E K，MULLER-LANDAU H C，et al.，2014. Space，time and complexity in plant dispersal ecology. Movement Ecology，2（1）：16.

ROCKSTRÖM J，STEFFEN W，NOONE K，et al.，2009. A safe operating space for humanity. Nature，461：472-475.

ROSENZWEIG M L，1995. Species Diversity in Space and Time. Cambridge： Cambridge University Press.

ROSINDELL J，HUBBELL S P，HE F，et al.，2012. The case for ecological neutral theory. Trends in Ecology & Evolution，27（4）：203-208.

ROSSET V，RUHI A，BOGAN M T，et al.，2017. Do lentic and lotic communities respond similarly to drying? Ecosphere，8（7）：e01809.

ROSSI R E，MULLA D J，FRANZ J E H，1992. Geostatistical tools for modeling and interpreting ecological spatial dependence. Ecological Monographs，62（2）：277-314.

ROYSTON P，1992. Approximating the Shapiro-Wilk W-Test for non-normality. Statistics and Computing，2（3）：117-119.

RUBENSTEIN D R，HOBSON K A，2004. From birds to butterflies： animal movement patterns and stable isotopes. Trends in Ecology & Evolution，19（5）：256-263.

RUHÍ A，DATRY T，SABO J L，2017. Interpreting beta-diversity components over time to conserve metacommunities in highly dynamic ecosystems. Conservation Biology，31（6）：1459-1468.

SALAFSKY N，SALZER D，STATTERSFIELD A J，et al.，2008. A standard lexicon for biodiversity conservation: unified classifications of threats and actions. Conservation Biology, 22（4）: 897-911.

SALE P F, 1977. Maintenance of high diversity in coral reef fish communities. The American Naturalist, 111（978）: 337-359.

SALE P F, 1982. Stock-recruit relationships and regional coexistence in a lottery competitive system: a Simulation study. The American Naturalist, 120（2）: 139-159.

SALINAS-MELGOZA A, SALINAS-MELGOZA V, WRIGHT T F, 2013. Behavioural plasticity of a threatened parrot in human-modified landscapes. Biological Conservation, 159: 303-312.

SAMUEL M D, GREEN R E, 1988. A revised test procedure for identifying core areas within the home range. Journal of Animal Ecology, 57（3）: 1067-1068.

SCHAUB M, ABADI F, 2011. Integrated population models: a novel analysis framework for deeper insights into population dynamics. Journal of Ornithology, 152: 227-237.

SCHINDLER D W, 1990. Experimental perturbations of whole lakes as tests of hypotheses concerning ecosystem structure and function. Oikos, 57（1）: 25.

SCHLUTER D, 1984. A variance test for detecting species associations, with some example applications. Ecology, 65: 998-1005.

SCHMIDT-NIELSEN K, 1997. Animal physiology: adaptation and environment. Cambridge: Cambridge University Press.

SCHOENER T W, 1983. Rate of species turnover decreases from lower to higher organisms—a review of the data. Oikos, 41: 372-377.

SCHOWENGERDT R A, 1997. Remote Sensing: Models and Methods for Image Processing. Orlando: Academic Press: 326.

SEAMAN D E, MILLSPAUGH J J, KERNOHAN B J, et al., 1999. Effects of sample size on kernel home range estimates. The Journal of Wildlife Management, 63（2）: 739-747.

SEBER G A E, 1982. The Estimation of Animal Abundance and Related Parameters. New York: John Wiley.

SEEGAR W S, CUTCHIS P N, FULLER M R, et al., 1996. Fifteen years of satellite tracking development and application to wildlife research and conservation. Johns Hopkins APL Technical Digest, 17（4）: 401-411.

SELIG E R, TURNER W R, TROËNG S, et al., 2014. Global priorities for marine biodiversity conservation. PLoS ONE, 9（1）: e82898.

SENFT R L, COUGHENOUR M B, BAILEY D W, et al., 1987. Large herbivore foraging and ecological hierarchies. BioScience, 37: 789-799.

SEPKOSKI J J, 1989. Periodicity in extinction and the problem of catastrophism in the history of life. Journal of the Geological Society, 146（1）: 7-19.

SETON E T, 1909. Life-histories of Northern Animals: An Account of The Mammals of Manitoba. Farmington: Scribner.

SHANKMAN D, KEIM B D, SONG J, 2006. Flood frequency in China's Poyang Lake region: trends and teleconnections. International Journal of Climatology, 26（9）: 1255-1266.

SHAO M, ZENG B, TIM H, et al., 2012. Winter ecology and conservation threats of Scaly-sided Merganser Mergus squamatus in Poyang Lake Watershed, China. Pakistan Journal of Zoology, 44（2）: 503-510.

SHELFORD V E, POWERS E B, 1915. An experimental study of the movements of herring and other marine fishes.

The Biological Bulletin，28（5）：315-334.

SHEPARD E L C，WILSON R P，REES W G，et al.，2013. Energy landscapes shape animal movement ecology. The American Naturalist，182（3）：298-312.

SHEPHERD A，WU LIANHAI，CHADWICK D，et al.，2011. A review of quantitative tools for assessing the diffuse pollution response to farmer adaptations and mitigation methods under climate change. Advances in Agronomy，112：1-54.

SHERMAN L R K，1932. The relation of hydrographs of runoff to size and character of drainage-basins. Eos，Transactions American Geophysical Union，13（1）：332-339.

SHI L，JIA Y，LU C，et al.，2017. Vegetation cover dynamics and resilience to climatic and hydrological disturbances in seasonal floodplain：the effects of hydrological connectivity. Frontiers in Plant Science，8：2196.

SHI X Z，YU D S，WARNER E D，et al.，2004. Soil database of 1：1,000,000 digital soil survey and reference system of the Chinese Genetic Soil Classification System. Soil Survey Horizons，45（4）：129-136.

SHOEMAKER K T，BREISCH A R，JAYCOX J W，et al.，2014. Disambiguating the minimum viable population concept：response to Reed and McCoy. Conservation Biology，28（3）：871-873.

SIBLY R M，BARKER D，DENHAM M C，et al.，2005. On the regulation of populations of mammals，birds，fish，and insects. Science，309：607-610.

SIBLY R M，BARKER D，HONE J，et al.，2007. On the stability of populations of mammals，birds，fish and insects. Ecology Letters，10：970-976.

SIH A，2013. Understanding variation in behavioural responses to human-induced rapid environmental change：a conceptual overview. Animal Behaviour，85：1077-1088.

SIMBERLOFF D S，ABELE L G，1976. Island biogeography theory and conservation practice. Science，191（4224）：285-286.

SINGH J S，2002. The biodiversity crisis：a multifaceted review. Current Science，82：638-647.

SINGH N J，GRACHEV I A，BEKENOV A B，et al.，2010. Tracking greenery across a latitudinal gradient in central Asia-the migration of the *Saiga antelope*. Diversity and Distributions，16（4）：663-675.

SLOAN S，JENKINS C N，JOPPA L N，et al.，2014. Remaining natural vegetation in the global biodiversity hotspots. Biological Conservation，177：12-24.

SOCOLAR J B，GILROY J J，KUNIN W E，et al.，2016. How should beta-diversity inform biodiversity conservation? Trends in Ecology & Evolution，31（1）：67-80.

SOININEN J，MCDONALD R，HILLEBRAND H，2007. The distance decay of similarity in ecological communities. Ecography，30：3-12.

SOLBERG K H，BELLEMAIN E，DRAGESET O M，et al.，2006. An evaluation of field and non-invasive genetic methods to estimate brown bear（*Ursus arctos*）population size. Biological Conservation，128（2）：158-168.

SOLOVYEVA D V，AFANASIEV V，FOX J W，et al.，2012. Use of geolocators reveals previously unknown Chinese and Korean scaly-sided merganser wintering sites. Endangered Species Research，17（3）：217-225.

SONG W，ZHU D M，WANG Y Z，et al.，2014. Age and growth characteristics of bluntnose black bream *Megalobrama amblycephala* in Liangzi Lake. J Dalian Ocean Univ，29（1）：11-16.

SONG J，CHEN X，2010. Variation of specific yield with depth in an alluvial aquifer of the Platte River valley，USA.

International Journal of Sediment Research，25：185-193.

SOUSA W P，1985. Disturbance and patch dynamics on rocky intertidal shores. *In*：PICKETT S T A，WHITE P S，The Ecology of Natural Disturbance and Patch Dynamics. New York：Academic Press：101-124.

ST LOUIS V L，KELLY C A，DUCHEMIN É，et al.，2000. Reservoir surfaces as sources of greenhouse gases to the atmosphere：a global estimate：reservoirs are sources of greenhouse gases to the atmosphere，and their surface areas have increased to the point where they should be included in global inventories of anthropogenic emissions of greenhouse gases. BioScience，50（9）：766-775.

STEIN A，GERSTNER K，KREFT H，2014. Environmental heterogeneity as a universal driver of species richness across taxa，biomes and spatial scales. Ecology Letters，17：866.

STENSETH N C，MYSTERUD A，OTTERSEN G，et al.，2002. Ecological effects of climate fluctuations. Science，297（5585）：1292-1296.

STEPHENS D W，KREBS J R，1986. Foraging Theory. Princeton：Princeton University Press.

STEVENS A，MIRALLES I，VAN WESEMAEL B，2012. Soil organic carbon predictions by airborne imaging spectroscopy：comparing cross-validation and validation. Soil Science Society of America Journal，76（6）：2174-2183.

STEVENS G C，1989. The latitudinal gradient in geographical range：how so many species coexist in the tropics. American Naturalist，133（2）：240-256.

STEVENS G C，1996. Extending Rapoport's rule to Pacific marine fishes. Journal of Biogeography，23（2）：149-154.

ST-HILAIRE F，WU J，ROULET N T，et al.，2010. McGill wetland model：evaluation of a peatland carbon simulator developed for global assessments. Biogeosciences，7（11）：3517-3530.

STICKEL L F，1954. A comparison of certain methods of measuring ranges of small mammals. Journal of Mammalogy，35（1）：1-15.

STILLMAN R A，WOOD K，GILKERSON W，et al.，2015. Predicting effects of environmental change on a migratory herbivore. Ecosphere，6：1-19.

STORCH D，DAVIES R G，ZAJÍ S，et al.，2006. Energy，range dynamics and global species richness patterns：reconciling mid-domain effects and environmental determinants of avian diversity. Ecology Letters，9：1308-1320.

STRAILE D，1997. Gross growth efficiencies of protozoan and metazoan zooplankton and their dependence on food concentration，predator-prey weight ratio，and taxonomic group. Limnol Oceanogr，42（6）：1375-1385.

STROBL C，BOULESTEIX A L，ZEILEIS A，et al.，2007. Bias in random forest variable importance measures：illustrations，sources and a solution. BMC Bioinformatics，8（1）：1-21.

STRONG D R，SIMBERLOFF D，ABELE L G，et al.，1984. Ecological Communities：Conceptual Issues and The Evidence. Princeton：Princeton University Press.

STUTCHBURY B J M，TAROF S A，DONE T，et al.，2009. Tracking long-distance songbird migration by using geolocators. Science，323（5916）：896.

SUN Z，HUANG Q，OPP C，et al.，2012. Impacts and implications of major changes caused by the Three Gorges Dam in the middle reaches of the Yangtze River，China. Water Resources Management，26（12）：3367-3378.

SUTER W，1994. Overwintering waterfowl on Swiss lakes：how are abundance and species richness influenced by trophic status and lake morphology? Hydrobiologia，279：1-14.

SUTHERLAND J P, 1974. Multiple stable points in natural communities. The American Naturalist, 108: 859-873.

SUTHERLAND J P, 1990. Perturbations, resistance, and alternative views of the existence of multiple stable points in nature. American Naturalist, 136 (2): 270-275.

SUTHERLAND W J, 1996. From Individual Behaviour to Population Ecology. Hoboken: Blackwell.

SVENNING J C, NORMAND S, SKOV F, 2008. Postglacial dispersal limitation of widespread forest plant species in nemoral Europe. Ecography, 31 (3): 316-326.

SWANSON S S, ARDOIN N M, 2021. Communities behind the lens: A review and critical analysis of visual participation. Biological Conservation, 262: 109293.

SWINGLAND I R, GREENWOOD P J, 1983. Ecology of animal movement. Oxford: Clarendon Press.

TANSLEY A G, 1935. The use and abuse of vegetational concepts and terms. Ecology, 16: 284-307.

TAVECCHIA G, BESBEAS P, COULSON T, et al., 2009. Estimating population size and hidden demographic parameters with state-space modeling. The American Naturalist, 173 (6): 722-733.

TERBORGH J, 2012. Enemies maintain hyperdiverse tropical forests. The American Naturalist, 179: 303-314.

THOMPSON K, BAKKER J P, BEKKER R M, 1997. The Soil Seed Banks of North West Europe: Methodology, Density and Longevity. Cambridge: Cambridge University Press.

TILMAN D, 1980. Resources: A graphical-mechanistic approach to competition and predation. American Naturalist, 116 (3): 362-393.

TILMAN D, DOWNING J A, 1994. Biodiversity and stability in grasslands. Nature, 367: 363-365.

TILMAN D, KAREIVA P, HOLMES E E, et al., 1994. Space: the final frontier for ecological theory. Ecology, 75 (1): 1-19.

TINGLEY M W, WILLIAM W B, BEISSINGER S R, 2009. Birds track their Grinnellian niche through a century of climate change. Proceedings of the National Academy of Sciences of the United States of America, 106: 19637-19643.

TISSEUIL C, CORNU J F, BEAUCHARD O, et al., 2013. Global diversity patterns and cross-taxa convergence in freshwater systems. Journal of Animal Ecology, 82: 365-376.

TOMKIEWICZ S M, FULLER M R, KIE J G, et al., 2010. Global positioning system and associated technologies in animal behaviour and ecological research. Philosophical Transactions of the Royal Society B: Biological Sciences, 365 (1550): 2163-2176.

TOSUM C, 2002. Host perceptions of impacts: A comparative tourism study. Annals of Tourism Research, 29 (1): 231-253.

TSCHARNTKE T, CLOUGH Y, WANGER T C, et al., 2012. Global food security, biodiversity conservation and the future of agricultural intensification. Biological Conservation, 151 (1): 53-59.

TSCHARNTKE T, STEFFAN-DEWENTER I, KRUESS A, 2002. Contribution of small habitat fragments to conservation of insect communities of grassland-cropland landscapes. Ecological Applications, 12 (2): 354-363.

TUANMU M N, JETZ W, 2014. A global 1-km consensus land-cover product for biodiversity and ecosystem modeling. Global Ecology and Biogeography, 23 (9): 1031-1045.

TUANMU M N, JETZ W, 2015. A global, remote sensing-based characterization of terrestrial habitat heterogeneity for biodiversity and ecosystem modeling. Global Ecology and Biogeography, 36: 51-70.

TUCKER C M, SHOEMAKER L G, DAVIES K F, et al., 2016. Differentiating between niche and neutral assembly in metacommunities using null models of β-diversity. Oikos，125：778-789.

TUOMAINEN U，CANDOLIN U，2011. Behavioural responses to human-induced environmental change. Biological Reviews，86：640-657.

TUOMISTO H，RUOKOLAINEN K，YLI-HALLA M，2003. Dispersal，environment，and floristic variation of western Amazonian forests. Science，299（5604）：241-244.

UNITED STATES ENVIRONMENTAL PROTECTION AGENCY，1995. Inventory of US Greenhouse Gas Emissions and Sinks：1990-1994. Washington，D. C.：United States Environmental Protection Agency.

VAN DE MEUTTER F，BEZDENJESNJI O，REGGE N，et al.，2019. The cross-shore distribution of epibenthic predators and its effect on zonation of intertidal macrobenthos：a case study in the river Scheldt. Hydrobiologia，846（1）：1-11.

VANAGAS G，2004. Receiver operating characteristic curves and comparison of cardiac surgery risk stratification systems. Interactive Cardiovascular and Thoracic Surgery，3（2）：319-322.

VANDER ZANDEN M J，CABANA G，RASMUSSEN J B，1997. Comparing trophic position of freshwater fish calculated using stable nitrogen isotope ratios（δ^{15} N）and literature dietary data. Canadian Journal of Fisheries and Aquatic Sciences，54：1142-1158.

VEHTARI A，GELMAN A，GABRY J，2017. Practical Bayesian model evaluation using leave-one-out cross-validation and WAIC. Statisitics and Computing，27：1413-1432.

VENTER O，FULLER R A，SEGAN D B，et al.，2014. Targeting global protected area expansion for imperiled biodiversity. PLoS Biology，12（6）：e1001891.

VENTER O，SANDERSON E W，MAGRACH A，et al.，2016. Sixteen years of change in the global terrestrial human footprint and implications for biodiversity conservation. Nature Communications，7（1）：1-11.

VENTER O，SANDERSON E W，MAGRACH A，et al.，2018. Last of the wild project，version 3（LWP-3）：2009 human footprint，2018 release. Palisades：NASA Socioeconomic Data and Applications Center（SEDAC），10：H46T0JQ4.

VICKERY J A，GILL J A，1999. Managing grassland for wild geese in Britain：a review. Biological Conservation，89（1）：93-106.

VILJUGREIN H，STENSETH N C，SMITH G W，et al.，2005. Density dependence in North American ducks. Ecology，86（1）：245-254.

VIOLLE C，NAVAS M L，VILE D，et al.，2007. Let the concept of trait be functional! Oikos，116（5）：882-892.

VOLLSTÄDT M G R，FERGER S W，HEMP A，et al.，2017. Direct and indirect effects of climate，human disturbance and plant traits on avian functional diversity. Global Ecology and Biogeography，26（8）：963-972.

VON BERTALANFFY L，1938. A quantitative theory of organic growth（inquiries on growth laws Ⅱ）. Hum Biol，10：181-213.

WAIDE R B，WILLIG M R，STEINER C F，et al.，1999. The relationship between productivity and species richness. Annual Review of Ecology Evolution and Systematics，30：257-300.

WALKER B，KINZIG A，LANGRIDGE J，1999. Plant attribute diversity，resilience，and ecosystem function：the nature and significance of dominant and minor species. Ecosystems，2：95-113.

WALKER D，1988. Diversity and stability. In：Cherrett J M，Ecological Concepts：The Contribution of Ecology to The Understanding of The Natural World. Oxford: Blackwell Scientific Publications.

WANG G, 2007. On the latent estimation of nonlinear population dynamics using Bayesian and non-Bayesian state-space models. Ecological Modeling, 200: 521-528.

WANG H Z, XU Q Q, CUI Y D, et al., 2007. Macrozoobenthic community of Poyang Lake, the largest freshwater lake of China, in the Yangtze floodplain. Limnology, 8 (1): 65-71.

WANG Y P, HOULTON B Z, FIELD C B, 2007. A model of biogeochemical cycles of carbon, nitrogen, and phosphorus including symbiotic nitrogen fixation and phosphatase production. Global Biogeochemical Cycles, 21 (1): 10.1029/2006GB002797.

WANG Y Y, YU X B, LI W H, et al., 2011. Potential influence of water level changes on energy flows in a lake food web. Chin Sci Bull, 56 (26): 2794-2802.

WANG Y, JIA Y, GUAN L E I, et al., 2013. Optimizing hydrological conditions to sustain wintering waterbird population in Poyang Lake National Natural Reserve: implications for dam operations. Freshwater Biology, 58 (11): 2366-2379.

WANG Y, XU J, YU X, et al., 2014. Fishing down or fishing up in Chinese freshwater lakes. Fisheries Manag Ecol, 21 (5): 374-382.

WARD E J, CHIRAKKAL H, GONZÁLEZ-SUÁREZ M, et al., 2010. Inferring spatial structure from time-series data: using multivariate state-space models to detect metapopulation structure of California sea lions in the Gulf of California, Mexico. Journal of Applied Ecology, 47 (1): 47-56.

WARD J, TOCKNER K, ARSCOTT D, et al., 2002. Riverine landscape diversity. Freshwater Biology, 47: 517-539.

WATSON J E M, RAO M, AI-LIK, et al., 2012. Climate change adaptation planning for biodiversity conservation: a review. Advances in Climate Change Research, 3 (1): 1-11.

WEBB C O, ACKERLY D D, MCPEEK M A, et al., 2003. Phylogenies and community ecology. Annual Review of Ecology and Systematics, 33 (1): 475.

WEI L, GUIHUA L, BINGHONG X, et al., 2004. The restoration of aquatic vegetation in lakes of Poyang Lake Nature Reserve after catastrophic flooding in 1998. Journal of Wuhan Botanical Research, 22 (4): 301-306.

WELKER J M, JÓNSDÓTTIR I S, FAHNESTOCK J T, 2003. Leaf isotopic (δ^{13} C and δ^{15} N) and nitrogen contents of Carex plants along the Eurasian Coastal Arctic: results from the Northeast Passage expedition. Polar Biology, 27: 29-37.

WEN H S, WANG L, MAO Y Z, et al., 1999. Growth, diet and population exploitation of *Silurus silurus*. Reserv Fish, 2: 33-35.

WEN L, ROGERS K, SAINTILAN N, et al., 2011. The influences of climate and hydrology on population dynamics of waterbirds in the lower Murrumbidgee River floodplains in Southeast Australia: implications for environmental water management. Ecological Modeling, 222 (1): 154-163.

WEN L, SAINTILAN N, REID J R W, et al., 2016. Changes in distribution of waterbirds following prolonged drought reflect habitat availability in coastal and inland regions. Ecology & Evolution, 6: 6672-6689.

WENCHAO L, GUANGHUA L, 1996. Light demand for brood-bud germination of submerged plant. Journal of Lake Sciences, 8 (suppl.): 25-29.

WETLAND INTERNATIONAL, 2013. Waterbird Population Estimates. 5th ed. Wageningen: Wetlands International.

WHITTAKER R H，1960. Vegetation of the Siskiyou Mountains，Oregon and California. Ecological Monographs，30（4）：10.2307/1948435.

WHITTAKER R H，1972. Evolution and measurement of species diversity. Taxon，21（2-3）：213-251.

WHITTAKER R H，1977. Evolution of Species Diversity in Land Communities Evolutionary Biology. New York：Plenum.

WHITTAKER R H，1978. Classification of Plant Communities. Berlin：Springer.

WHITTAKER R，NOGUES-BRAVO D，ARAUJO M，2007. Geographical gradients of species richness：a test of the water-energy conjecture of Hawkins et al.（2003）using European data for five taxa. Global Ecology and Biogeography，16：76-89.

WIERSMA Y F，URBAN D L，2005. Beta diversity and nature reserve system design in the Yukon，Canada. Conservation Biology，19：1262-1272.

WILLIAMS C B，1944. Some applications of the logarithmic series and the index of diversity to ecological problems. Journal of Ecology，32：1-44.

WILLIAMS C K，IVES A R，APPLEGATE R D，2003. Population dynamics across geographical ranges：time-series analyses of three small game species. Ecology，84（10）：2654-2667.

WILLIAMS E J，HUTCHINSON G L，FEHSENFELD F C，1992. NO_x and N_2O emissions from soil. Global Biogeochemical Cycles，6（4）：351-388.

WILLIG M R，KAUFMAN D M，STEVENS R D，2003. Latitudinal gradients of biodiversity：pattern，process，scale，and synthesis. Annual Review of Ecology Evolution & Systematics，34（34）：273-309.

WOLFF A，PAUL J P，MARTIN J L，et al.，2002. The benefits of extensive agriculture to birds：the case of the little bustard. Journal of Applied Ecology，38（5）：963-975.

WONG B，CANDOLIN U，2015. Behavioral responses to changing environments. Behavioral Ecology，26：665-673.

WOOD S N，2010. Statistical inference for noisy nonlinear ecological dynamic systems. Nature，466（7310）：1102-1104.

WORTON B J，1989. Kernel methods for estimating the utilization distribution in home-range studies. Ecology，70（1）：164-168.

WRIGHT D H，1983. Species-energy theory：an extension of species-area theory. Oikos，41（3）：496-506.

WU B，FANG C L，FU P F，et al.，2015. Growth characteristics of *Coilia brachygnathus* in the Poyang Lake-Yangtze River waterway. J Hydroecology，36（5）：26-30.

WU G，CUI L，HE J，et al.，2013. Comparison of MODIS-based models for retrieving suspended particulate matter concentrations in Poyang Lake，China. International Journal of Applied Earth Observation and Geoinformation，24：63-72.

WU G，DE LEEUW J，SKIDMORE A K，et al.，2009. Will the Three Gorges Dam affect the underwater light climate of *Vallisneria spiralis* L. and food habitat of Siberian crane in Poyang Lake? Hydrobiologia，623：213-222.

XIA S，LIU Y，WANG Y，et al.，2016. Wintering waterbirds in a large river floodplain：hydrological connectivity is the key for reconciling development and conservation. Science of the Total Environment，573：645-660.

XIAO T Y，ZHANG H Y，WANG X Q，et al.，2003. Biological characteristics of *Pelteobagrus fulvidraco* in Dongting Lake. Chin J Zool，（5）：83-88.

XIE Y H，YUE T，XIN SHENG C，et al.，2014. The impact of Three Gorges Dam on the downstream ecohydrological environment and vegetation distribution of East Dongting Lake. Ecohydrology，8（4）：738-746.

XIONG F，LIU S P，DUAN X B，et al.，2009. Age and growth of *Cyprinus carpio* in Poyang Lake. J Hydroecology，30（4）：66-70.

XIONG X，HU X，2003. Effects of Poyang Lake Control Project on the wetland ecosystem in Poyang Lake region. Journal of Jiangxi Normal University，27：89-93.

XU J，YAN Y，2005. Scale effects on specific sediment yield in the Yellow River basin and geomorphological explanations. Journal of Hydrology，307：219-232.

XU M J，YU L，ZHAO Y W，et al.，2012. The simulation of shallow reservoir eutrophication based on MIKE 21：a case study of Douhe Reservoir in north China. Procedia Environmental Sciences，13：1975-1988.

YE X C，ZHANG Q，BAI L，et al.，2011. A modeling study of catchment discharge to Poyang Lake under future climate in China. Quaternary International，244：221-229.

YOCCOZ N G，NICHOLS J D，BOULINIER T，2001. Monitoring of biological diversity in space and time. Trends in Ecology & Evolution，16（8）：446-453.

YU H，WANG X，CAO L，et al.，2017. Are declining populations of wild geese in China 'prisoners' of their natural habitats? Current Biology，27：R376-R377.

YURKONIS K A，WACHHOLDER M，2005. Invasion impacts diversity through altered community dynamics. Journal of Ecology，93（6）：1053-1061.

ZEIGLER S L，CHE-CASTALDO J P，NEEL M C，2013. Actual and potential use of population viability analyses in recovery of plant species listed under the U.S. endangered species act. Conservation Biology，27：1265-1278.

ZHANG H，XIE P，WU G G，et al.，2013. Studies on trophic niches of *Macrobrachium nipponensis* and *Exopalaemon modestus*. Res Environ Sci，26（1）：22-26.

ZHANG Q，LI L J，2009. Development and application of an integrated surface runoff and groundwater flow model for a catchment of Lake Taihu watershed，China. Quaternary International，208（1-2）：102-108.

ZHANG Q，WANG Y P，Matear R J，et al.，2014. Nitrogen and phosphorous limitations significantly reduce future allowable CO_2 emissions. Geophysical Research Letters，41（2）：632-637.

ZHANG W，LI Y，ZHU B，et al.，2018. A process-oriented hydro-biogeochemical model enabling simulation of gaseous carbon and nitrogen emissions and hydrologic nitrogen losses from a subtropical catchment. Science of The Total Environment，616：305-317.

ZHANG Y P，WU B，FANG C L，et al.，2015. The estimation of biological parameters for *Culter alburnus* in the waterway connecting the Poyang Lake and the Yangtze River. Prog Fish Sci，36（5）：26-30.

ZHAO M J，CONG P H，BARTER M，et al.，2012. The changing abundance and distribution of greater white-fronted geese *Anser albifrons* in the Yangtze River floodplain：Impacts of recent hydrological changes. Bird Conservation International，22：135-143.

ZHOU J，DENG Y，ZHANG P，et al.，2014. Stochasticity，succession，and environmental perturbations in a fluidic ecosystem. Proceedings of the National Academy of Sciences，111（9）：836-845.

ZHU Q G，WU Z Q，LIU H Z，2010. Age and growth characteristics of *Carassius auratus* in Poyang Lake. Jiangxi

Fish Sci Technol，124：25-29.

ZOU Y A，TANG Y，XIE Y H，et al.，2017. Response of herbivorous geese to wintering habitat changes：Conservation insights from long-term population monitoring in the East Dongting Lake，China. Regional Environmental Change，17：879-888.

ZHANG T L，2005. Life-history Strategies，Trophic Patterns and Community Structure in the Fishes of Lake Biandan Lake. Wu Han：Institute of Hydrobiology，Chinese Academy of Sciences.

ZHANG Q，WERNER A D，2009. Integrated surface-subsurface modeling of Fuxianhu Lake catchment，Southwest China. Water Resource Management，2：2189-2204.

附录　中国中华秋沙鸭越冬历史分布点

省（自治区/直辖市）	地点
安徽省	肥东县
	南陵县
	金寨县
重庆市	石柱县藤子沟
	笋溪河
	綦江区
	开州区汉丰湖
	万州区
福建省	光泽县
	福州市永泰县
	文武砂水库
	南平市塔下村
	武夷山市
	邵武市
甘肃省	兰州市
广东省	广州市石门国家森林公园
	白盆珠水库
广西壮族自治区	天峨县
	鹿寨县
	百色市
贵州省	草海国家级自然保护区
	平塘县掌布镇
	都匀市
	贵定县
河南省	嵩县北汝河
	嵩县陆浑水库
	栾川县伊河
	卢氏县洛河
	宜阳县
	洛阳市洛浦公园
	洛宁县
	信阳市汤泉池
	焦作市青天河
	商城县
	新县

省（自治区/直辖市）	地点
陕西省	商洛市洛南县
湖北省	京山市
	随州市白云湖
	竹山县堵河源国家级自然保护区
	襄阳市南漳县
	潜江市兴隆水利枢纽
	宜昌市
湖南省	东洞庭湖国家级自然保护区
	南洞庭省级自然保护区
	桃源县凌津滩水电站
	临湘市南洋洲
	桃源县吴家洲
	沅水桃源县城段
	桃源县会人溪水库
	桃源县竹园水库
	桃源县黄石水库
	沅陵县明溪口镇
	沅陵县鸟儿巢水电站
	沅陵县凤滩电站
	沅陵县高滩电站
	壶瓶山国家级自然保护区
江苏省	盐城国家级自然保护区
	金湖县高宝湖
	句容市赤山湖
	无锡市鹅湖镇
	扬州市邵伯湖
江西省	婺源县湖村
	婺源县坑口村
	婺源县梅岭下水库
	德兴市泗洲镇
	弋阳县清湖乡庙脚村
	浮梁县下明溪
	浮梁县樟树坑水电站
	鹰潭市上清镇汉浦村
	鹰潭市嗣汉天师府
	贵溪市耳口村
	修水县车田村
	修河国家湿地公园
	修水县双井村
	武宁县
	宜黄县桃陂镇

续表

省（自治区/直辖市）	地点
江西省	宜黄县东陂村
	抚州市黄陂村
	广昌县
	抚州市黎滩河
	抚州市观音山水库
	宜春市靖安县
	宜春市潦河
	吉安县
辽宁省	本溪市太子河
山东省	青岛市胶州湾
	聊城市东昌湖
	长岛国家级自然保护区
	荣成大天鹅国家级自然保护区
	东营市
	枣庄市微山湖
上海市	奉贤区海湾
	奉贤区碧海金沙水利风景区
	青草沙水库
四川省	江油市涪江
	乐山市岷江
	广汉市鸭子河
	德阳市旌湖
	西昌市邛海
	雅安市芦山县
	南充市嘉陵江
云南省	丽江市拉市海
浙江省	景宁县小溪
	松阳县松荫溪
	台州市长潭湖
	杭州市钱江
	兰西县
	乌溪江国家湿地公园